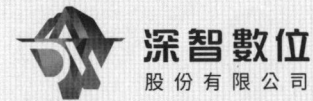

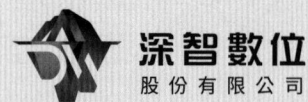

目錄

第 0 章 導讀

- 前言 0-1
- 為什麼想寫這本書 0-3
- AI 時代下，學習的理由是什麼 0-4
- 本書架構 0-5
- 關於作者 0-6
- 致謝 0-6

第 1 章 從重新認識 JavaScript 開始

- 1.1 JavaScript 的誕生：它跟 Java 真的無關嗎？ 1-3
- 1.2 JavaScript 的包袱：想丟也丟不掉 1-10
  - SmooshGate 事件 1-11
  - Don't break the Web：別把網站弄壞！ 1-16
  - 被淘汰的 HTML 標籤 1-17
- 1.3 JavaScript 的真理：該如何區分知識的真偽？ 1-21
  - 初探 ECMAScript 1-21
  - String.prototype.repeat 的實作 1-23
  - 知名的 typeof bug 1-25
  - 你所不知道的註解 1-26

i

	來看看 JavaScript 引擎的實作 1-30
1.4	JavaScript 的執行環境：為什麼這個不能用？.. 1-40
	薛丁格的函式 1-41
	什麼是 runtime？.. 1-42
	從不同 runtime 學習 JavaScript... 1-46
	小結 1-47

第 2 章 重要與不重要的資料型別

2.1	JavaScript 到底有幾種資料型別？... 2-3
2.2	Number 與 BigInt 2-18
	數字與字串的轉換 2-19
	浮點數與 IEEE 754 2-28
	特別的 NaN 2-30
	數字的範圍 2-32
	有趣的位元運算 2-36
2.3	編碼與字串 2-39
	從傳紙條學習編碼 2-40
	真實世界中的編碼 2-46
	字串與 UTF-16 跟 UCS-2 2-50
	有趣的字串冷知識 2-55
2.4	函式與 arguments 2-59
	腦力激盪時間 2-60
	有趣的 function 2-63
	自動綁定的變數 2-70
	多種建立函式的方法 2-73

	腦力激盪解答時間 2-80
2.5	型別轉換與魔法 2-82
	轉成原始型別的 Magic methods 2-87
	從被講爛的 == 與 === 中找到新鮮事 2-90
	更多的魔術方法 2-96
	看不見的 Boxing 2-101
	小結 2-104

第 3 章　物件與有趣的 prototype

3.1	從物件導向理解 prototype 3-2
	探究原理 3-6
	模擬尋找 key 的過程 3-8
	constructor 與 new 3-12
3.2	獨特的攻擊手法：Prototype pollution 3-15
	Prototype pollution 是怎麼發生的？ 3-17
	script gadgets 3-19
	防禦方式 3-21
3.3	管他 call by value 還是 reference 3-22
	求值策略（Evaluation strategy）的紛爭 3-23
	名詞真的這麼重要嗎？ 3-26
	理解機制，而非名詞 3-27
3.4	有趣的 defineProperty 與 Proxy 3-31
	更多的屬性以及 Object.defineProperty 3-35
	Vue2 與 Object.defineProperty 3-45
	物件的代理：Proxy 3-52

iii

	Proxy 的其他應用 3-65
3.5	淺層複製與深層複製 3-70
	自己做一個深層複製 3-74
	從 lodash 原始碼中學習 3-81
	內建的深層複製 structuredClone 3-89
	小結 3-108

第 4 章　從 scope、closure 與 this 談底層運作

4.1	JavaScript 如何解析變數？談談 scope 4-2
	常見的 scope 問題 4-8
4.2	Hoisting 不是重點，理解底層機制才是 4-12
	V8 引擎的執行流程 4-12
	V8 的加速秘密武器：TurboFan 4-19
	來看變數宣告的規格吧 4-27
4.3	Closure 的實際運用 4-31
	環境隔離的妙用 4-33
	幫函式加上功能 4-38
	被忽略的記憶體怪獸 4-44
4.4	This 是什麼，真的重要嗎？ 4-49
	從 Java 的 this 開始 4-50
	走樣的 this 4-53
	刻意改變 this 4-60
	小結 4-62

第 5 章 理解非同步

- 5.1 逼不得已的非同步 5-4
  - 阻塞與非阻塞 5-5
  - 同步與非同步 5-10
  - 瀏覽器上的同步與非同步 5-12
  - 你以為陌生卻熟悉的 callback 5-16
  - Callback function 的參數 5-19
- 5.2 理解非同步的關鍵：Event loop 5-25
  - 什麼是 event loop？ 5-25
  - 從範例中學習 event loop 5-28
  - 解答時間 5-35
- 5.3 Promise 與 async/await 5-40
  - Promise 的基本使用方式 5-41
  - 讓非同步看起來像同步：async 與 await 5-47
  - 該如何理解 async/await 的執行順序？ 5-50
  - 再多瞭解 Promise 一點 5-58
- 5.4 從 Promise 開始擴充 event loop 模型 5-67
  - Task 與 microtask 5-68
  - Event handler 的同步與非同步 5-72
  - Event loop 與畫面的更新 5-75
  - 在 React 以及 Vue 中的應用 5-81
  - Event loop 的規格 5-103
  - 小結 5-111

結語 5-113

附錄 5-115

授權條款 5-115

ECMAScript® 2024 Language Specification 5-115

facebook/react 5-116

ungap/structured-clone 5-117

v8/v8 5-117

vercel/next.js 5-118

vuejs/core 5-119

zloirock/core-js 5-120

導讀

前言

　　JavaScript，一個令人又愛又恨的程式語言。

　　在我的認知中，討厭 JavaScript 的人遠比喜歡它的來得多，甚至有許多人從來不覺得寫 JavaScript 開心過。而它也是最常被做為迷因的程式語言之一，例如說 JavaScript 中的三位一體、callback 波動拳或是展現一堆奇怪執行結果的「Thanks for inveting JavaScript」，只要隨手上網搜尋：「JavaScript meme」，就會出現一大堆內容。

0 導讀

雖然說你不一定喜歡這個程式語言,但當要撰寫網頁前端程式的時候,卻幾乎沒辦法避開它(真的要避開也可以啦,例如說使用 Flutter 或是 Kotlin 等等)。況且現在除了網頁前端以外,可以用 Node.js 來寫網頁後端,也可以用 React Native 寫出手機應用程式,或是用 Electron 寫桌面應用,JavaScript 已經變成了隨處可見的程式語言,被廣泛運用在各個地方。

JavaScript 確實有許多設計不良的地方,這點我完全同意,但身為軟體工程師,我們還是必須試著去熟悉它,熟悉它的基本特性,也熟悉它的各種奇怪之處,才能在開發時避開這些危險之處,不讓自己的程式碼出現問題。

熟悉 JavaScript 有幾個好處,例如說開發的時候如果碰到 bug,會更容易找出問題在哪裡。這點是很重要的,雖然說現在網路上的資料已經很多,況且 ChatGPT 或是 GitHub Copilot 等等的 AI 工具也能夠輔助開發,但有些問題可能是網路上根本找不到資料的,就算去問 ChatGPT 它也只會煞有其事地胡說八道,給你一個根本不存在的錯誤答案。在對程式語言理解不夠深刻的狀況之下,有時候很難找到問題的癥結點,就算找到了,也很有可能是誤解;無論是無解或是誤解,都是應該避免的事情。

除此之外,在寫 JavaScript 的時候,你會更有自信。儘管熟悉 JavaScript 的重要概念,並不等同於熟悉各式各樣的用法,碰到忘記或是沒看過的語法時,還是要查一些資料,但因為已經理解了 JavaScript 中的各種重要特性,在基本概念紮實的狀況下,大多數的情境應該都不是問題。舉例來說,在寫非同步程式碼的時候,你腦中會知道這一段程式碼的運行順序是什麼,而不是用猜的或是憑直覺。

在玩遊戲的時候,有一個名詞叫做「二周目」,意思是當你把遊戲破關之後,會開啟一個新的模式,在這個第二次破關的途中,會解鎖更多道具或是副本等等,而通常遊戲的難度可能也會變得更高了一些。

一周目的時候每個人都是新手,都是第一次闖關,但是到了二周目就不同了,畢竟都順利通關一次了,所有的玩家都對遊戲有了一定的熟悉程度。儘管如此,卻還是能從已經玩過的遊戲中再次得到樂趣。

而重修也是類似的，你以為已經學過的東西，再學一次才發現第一次完全沒有學進去。本書並不是設計給 JavaScript 初學者看的，不會講解那些基本語法，或是帶著你一個一個認識 if、while 以及 for 等等的基礎。這本書的目標讀者是那些「已經修過一次的學生」，換句話說，已經對於 JavaScript 有一些的認識以及理解，在這樣的基礎之下，再重修一次 JavaScript，從這本書中得到更多關於 JavaScript 的知識。從頭開始，重新再好好地認識一次 JavaScript。

我希望讀者們能夠有跟玩遊戲二周目時一樣的遊玩體驗，也就是雖然已經玩過一遍了，但第二次還是能夠發現一些有趣的新元素，並且樂在其中，覺得再玩一次是有價值的，是值得的。

在這本書當中，我們會逐個擊破那些 JavaScript 中的重要概念，沒錯，就是你一定聽過的那些，包含 this、型態（type）、原型（prototype）、作用域（scope）以及非同步（asynchronous）等等，更進一步去理解它的原理，以及它的特別之處，還有在實際開發上的應用。

話說我必須先澄清一點，雖然說這本書叫做 JavaScript 重修就好，而且需要讀者先有 JavaScript 相關知識，但我會盡量以平易近人且好懂的角度去解釋這些東西，就算是艱澀的主題也是一樣。我相信只要能找到好的切入角度，一樣可以把艱澀的東西描述地簡單易懂，而這才是這本書的價值所在。

除此之外，如果有機會的話我也會補充一些純屬好玩的 JavaScript 冷知識，冷到你可能 Google 不到，問 ChatGPT 也問不到的那種。知道這些知識對於實際開發沒有太大用處，但誰說知識一定要對開發有幫助呢，「好玩」不也是一種用途嗎？至少我是這樣認為的。

為什麼想寫這本書

從大約 2017 年開始，我就在自己的部落格 blog.huli.tw 上偶爾會寫一些 JavaScript 的相關知識，就這樣寫著寫著也累積了不少篇，幾乎把一些常見的概念都寫過一遍了。過這麼多年後，覺得自己對這些基礎概念的知識累積到了一個程度，部落格文章的缺點是比較分散，都是單個單個主題，想說是時候寫一本完整的書了，把知識全部都集中在一起，變得更系統化。

0 導讀

我幾乎把我自己對 JavaScript 的理解全部寫出來放在這本書裡了，有許多概念或是想法都是這幾年間我自己得出來的領悟，而我也覺得這些領悟多少有點價值，因此才想要寫成書籍分享給更多人知道。市面上講進階 JavaScript 的書籍很多，但我有自信我的切入點能夠跟其他書籍不太一樣，能夠為大家帶來不同的感受。

還有另一個原因是我有些部落格文章寫了開頭就斷尾了，沒有把主題完整寫完，趁著這次寫書的機會，也能把以前的遺憾補完，讓那些文章有個完整的結尾（書中限定，部落格可是看不到的）。

▍AI 時代下，學習的理由是什麼

最一開始寫這本書的時候是 2022 年初（抱歉，拖稿了三年），那時候 ChatGPT 還沒出來，但後來的故事大家都知道了，ChatGPT 橫空出世之後，宣告著 AI 時代正式來臨，而軟體工程師這個職業也被影響得比想像中更為快速。

剛開始知道 AI 能寫程式時，我試了一下，覺得新奇但是用處不大，寫一些小玩具倒是可以，但要融入在工作上有點困難，沒辦法根據現有的 codebase 去發展，只能寫新的東西。可是一年過去以後，各種針對寫程式的 AI 工具不斷進化，現在 AI 程式助手已經是工作時必備的工具了，無論是 Cursor 也好，GitHub Copilot 也罷，這個趨勢肯定是回不去的。

那在這樣的時代背景之下，更深入去學習 JavaScript 還有什麼用意嗎？會不會哪天軟體工程師這職業就全部被 AI 取代了？根本不需要知道 JavaScript 怎麼寫，我管你 this 是什麼，反正 AI 會幫我搞定。

這就要看每個人對未來的想像是什麼了，有一群人堅定地相信 AI 會完全取代人類，以後就不需要寫程式了，都靠 AI 就好，軟體工程師沒飯吃了。但我自己是認為 AI 能夠輔助人類，但不可能完全取代。

有些業務上的需求或是 bug，AI 還是沒辦法完全處理，就算能處理好，也還是要有人進行檢查，並且負起責任。或許整個產業的職缺會因為被 AI 取代而變少，但只要還需要人力的一天，學習程式就有它的目的。

當職缺變得越來越少，能活下來的或許都是能力較好的人，不好的都被幹掉了。追根究底，獲勝的理由都是相同的，只要事情能做得更快更好，無論是 AI 還是人類，都有留下的價值。

若是你認為 AI 終將完全取代軟體工程師，或是自己已經在這產業毫無立足之地，那確實沒有學習的必要，早點轉行比較實在。但既然你拿起了這本書，說明你可能還留在這裡，想要繼續努力下去。當僧多粥少時，誰的硬實力比較強，就有越多的籌碼，而這就是在 AI 時代下繼續學習的理由。

本書架構

這本書共分成了五個章節，分別是：

1. 從重新認識 JavaScript 開始
2. 重要與不重要的資料型別
3. 物件與有趣的 prototype
4. 從 scope、closure 以及 this 談底層運作
5. 理解非同步

每個章節都對應到了一些令初學者很頭痛的話題。推薦的閱讀順序是按照順序讀，但是章節之間其實並沒有嚴格的順序關係，所以想要跳著讀也是可以的，可以隨著自己的喜好而定。

本書提到的話題範圍很廣，深度也算深，有些地方白話，有些地方則是會直接深入到去看瀏覽器的原始碼。而書裡也有不少篇幅是帶著大家一起看技術規格，探索 JavaScript 的核心。如果某些段落讓你覺得艱澀難懂，建議可以先不要執著在那邊，而是繼續往後面看。

有些知識的吸收是需要時間的，當你越往後看，雖然乍看與之前卡住的問題無關，但說不定潛移默化後，會發現兩者其實有關聯，就兩個點都通了。本書所寫的知識也不是每一項都很重要，有些內容不必 100% 理解也沒關係。

0　導讀

對於本書中使用到的技術名詞，如果已經有通俗並且好理解的繁體中文翻譯，我會優先使用，比如說變數（variable）或是非同步（asynchronous），如果我認為英文原名比翻譯更好，那我會傾向用英文原名，例如說 scope 或是 call by value 等等。

本書中會經常引用 ECMAScript Language Specification（© 2024 Ecma International）中的內容，以搭配講解語法與原理。

▌關於作者

Huli，1994 年生，如果是看我的文章長大的讀者們，或許這一刻才會發現我比想像中還要年輕。喜歡寫 code，喜歡寫部落格，有些人的興趣是旅遊、露營、看電影，而寫文章就是我的興趣。不為了什麼特殊目的而寫，單純只是寫了會快樂。

大學唸的是文組，但從國中就開始寫程式，在大學之前的歷程跟許多本科系的差不多，學過的東西也類似，只是大學休學後我就去工作了。從寫部落格的歷程中漸漸發現自己似乎有「把某些東西講得更清楚」的能力，雖然自己覺得這項能力近年來有些下滑，但希望仍然是堪用的。

在生活上是重度拖延症患者，你看我這本書從 2022 年拖到 2025 年就知道了。最後這本書能夠寫完，最開心的一定是我自己。目前在東京工作與生活，沒意外的話應該會一直待下去。

對這本書有任何想法的話，都歡迎透過我的部落格 https://blog.huli.tw 或是信箱 aszx87410@gmail.com 直接與我聯絡。

▌致謝

感謝我的父母，我的太太，我的家人，以及我自己。

從重新認識 JavaScript 開始

如同我開頭所提過的，這本書是 JavaScript 重修就好，藉由再修一次 JavaScript，讓我們與它重修舊好。

因此，我們的第一個任務就是重新認識 JavaScript。

從重新認識 JavaScript 開始

說起來也是滿神奇的，有些事情當你從不同的角度去看待、去理解的時候，會有完全不同的體悟。例如說你剛進公司的時候可能看到專案裡的程式碼有一堆不知所云的地方，或甚至出現了許多重複的程式碼，一看就知道是複製貼上的，有四五個地方都一模一樣，或是只有一點點極小的差別。

於是，你不禁想說：「這誰寫的爛 code？為什麼不抽出來就好？」，所以你決定當那個救世主，下凡拯救這一堆腐爛的程式碼，讓它煥然一新，重獲新生。改完的那瞬間你覺得世界真是美好，以後要維護終於不會這麼麻煩了。

但過了三個月之後，你漸漸發現你似乎做錯了什麼。從產品經理那邊來的需求不斷暗示著這些看似相同的地方，可能會有不同的需求以及邏輯，於是你開始在抽出來的函式中加了一堆 if 判斷以及 flag，根據不同的狀況做不同的事情。又過了三個月以後，你悟了，你開始理解為什麼前人要把它切分開來，而理解過後，你又把程式碼拆了回去。看 code 是 code，看 code 不是 code，看 code 又是 code，經歷了這三個階段以後，你看待那些「雷同」的程式碼的角度不一樣了，開始會去思考背後可能是有什麼原因，才會讓它變成現在這樣，而不只是單單一句：「這誰寫的爛 code」。

這就是我所說的，同樣一個現象，根據觀察者的不同，會有不同的理解。

而 JavaScript 也是類似的，你可能知道 JavaScript 有一些不合理的設計，也知道 JavaScript 跟 Java 明明一點關係都沒有，卻還是扯在一起，那會不會這些背後都是有理由的呢？

放心，我不是要幫它護航，不合理的設計就是不合理，但理解它背後的原因，或許能讓你從另外一個角度去看待它。從「這什麼爛設計」，變成「這設計滿爛的，但居然是因為ＯＯＸＸ，這理由倒是有點意思」。

在這個章節中，我們會簡單瞭解 JavaScript 的誕生，知道它跟 Java 的特殊關係，接著去看 JavaScript 的包袱，去理解為什麼有些功能就算設計不良，也沒辦法輕易移除，再來則是探索 JavaScript 的真理，到底哪些知識是可以相信的？要怎麼確定這件事情？最後，也會學習區分 JavaScript 的守備範圍，學習哪些是屬於程式語言本身的規範，哪些其實是屬於網頁或是執行環境。

1.1 JavaScript 的誕生：它跟 Java 真的無關嗎？

我認為想要真正認識 JavaScript 的話，要從歷史開始。為什麼？因為從它的歷史，可以知道為什麼某些部分是這樣子設計，為什麼會有這些看似奇怪的行為。雖然有些古早的知識可能沒什麼實際用途，但對我來說是很有趣的。

學習它的歷史，並不是死背它出現的年代或是當初花了幾天開發設計，而是要去理解它出現的脈絡，去理解為什麼需要它，又為什麼它是這樣子被設計的。

想了解 JavaScript 的歷史，我最推薦的是在 2020 年所發布的《JavaScript:The First 20 Years》，推薦的理由除了 JavaScript 之父 Brendan Eich 也是作者之一以外，它發表於 HOPL，全名為 The History of Programming Languages Conferences，是專門研究程式語言歷史的研討會，如果要說有哪個著作能夠比較權威地紀錄 JavaScript 的歷史，那非這本書莫屬了。

這本書紀錄了從 1995 年到 2015 年，一共二十年的 JavaScript 歷史，如果讀者有時間的話，我其實滿建議把它全部看完，會對 JavaScript 有不同的體會，還會知道很多冷知識。如果擔心是英文的，這本書也有中譯版，可以直接找中譯版來看。

我覺得在讀歷史的時候，講到年代有個重點，那就是要讓大家感同身受，否則就只是冷冰冰的文字而已，因此我們先來做個簡單的年代回顧，讓大家對時間軸更有感受一點。

1993 年，知名的圖形瀏覽器 Mosaic 誕生（是知名的，但不是第一個）。你可能會疑惑為什麼我要強調「圖形」這兩個字，難道有瀏覽器是純文字的嗎？還真的有。

像是 1992 年出現的 Lynx，或者是 2011 年推出的 w3m，都是純文字的瀏覽器。有興趣想玩玩看的，可以在 Linux 系統上把 w3m 裝起來：*apt-get install w3m*，然後 *w3m https://blog.huli.tw*，就可以看到了。

從重新認識 JavaScript 開始

接著 1994 年年底,可能許多人都聽過的網景(Netscape)開發的 Netscape Navigator 推出了,並且迅速地擴展,在幾個月後就成為了瀏覽器中的霸主。

1994 年是什麼樣的年代?是 iPhone 第一代誕生前 13 年,Windows 95 誕生的前一年,那時候還沒有「手機」這個名稱,而是叫做大哥大。神機 Nokia 3310 是在 2000 年推出的,這也是六年以後的事情了。

台灣的網路是從 1985 年學術網路開始,在 1991 才正式連接全球,1994 年 HiNet 才成立,1995 年才有蕃薯藤與 Ptt。在 1994 年的時候,這些都還不存在,可見那是一個相對早期的時代,也是網路正要開始蓬勃發展的年代。

而這樣一個正要興起的市場,自然人人都想要來分一杯羹。微軟在 1994 年年底時提出了收購 Netscape 的計畫,但是被拒絕了,而 Netscape 的管理層在那時便意識到未來很有可能會面臨到來自微軟的競爭——大名鼎鼎的 IE,就是在不久後的 1995 年 8 月所推出的。

那時的 Netscape 原本就想在瀏覽器上加入一個腳本語言,正好在 1995 年年初時 Sun 帶著還沒正式發佈的 Java 找上了 Netscape,並且達成了合作,同意把 Java 整合進 Netscape 2 中,兩間公司手牽手一起擊敗微軟,這就是後來的 Java Applet。

我相信有很多跟我一樣年輕的人,都不知道 Java Applet 是什麼。總之呢,你可以用 Java 寫一個應用程式,編譯過後放到網頁上面去,讓瀏覽器幫你開啟 Java 來執行,這樣的好處是使用者不需要主動下載 Java application,都靠瀏覽器幫你搞定就好。

底下是一個非常簡單的 Java Applet 範例:

```java
import java.applet.Applet;
import java.awt.Graphics;

public class HelloApplet extends Applet {
    public void paint(Graphics g) {
        g.drawString("Hello, World", 20, 20);
    }
}
```

這樣的程式碼會在網頁上畫出一個 Hello, World 來。把上面的 Java 編譯過後產生 class 檔，就可以嵌入到網頁中了：

```html
<html>
  <body>
    <applet code="HelloApplet.class" width="200" height="100">
      Your browser does not support Java Applets.
    </applet>
  </body>
</html>
```

那既然有了這麼強大的網頁應用程式，為什麼還需要一個腳本語言呢？不能也用 Java 嗎？

原因是有些簡單的應用如果用 Java 來寫會顯得太笨重，例如說你可能只是想要做個 input 的欄位檢查，但如果用 Java 你還要先學會物件導向 class 的概念，並且熟悉整個 Java 生態系，寫了 10 幾行的 boilerplate 後才能開始寫你想要的功能。

因此，在 1995 年加入 Netscape 的 Brendan Eich，接到的任務就是要開發出一個在瀏覽器上執行的程式語言，要輕量，而且要長得像 Java。為什麼要長得像 Java？因為一開始，它就是做為 Java 的輔助語言而誕生的，而這個語言暫時命名為 Mocha。

因為時間緊迫的關係，Brendan Eich 花了十天打造出了 Mocha 的 prototype，這就是你可能常聽到的「JavaScript 只花了十天開發」的由來。而「長得像 Java」這個來自上層的需求，也影響了 JavaScript 的設計，不過除了 Java，JavaScript 也參考了 C、AWK、Scheme 以及 Self 等程式語言。

許多人都聽過一句話，「Java 跟 JavaScript 的關係，就像狗跟熱狗一樣」，但實際上，或許他們的淵源比你想得還要深，並不只是跟風或是名字類似而已。

舉例來說，有許多人應該都碰過一個莫名其妙的設計：

```
console.log(new Date())
// Wed Jan 08 2025 20:43:21 GMT+0900（日本標準時間）
```

從重新認識 JavaScript 開始

```
console.log(new Date().getMonth())
// 0
```

明明是一月,為什麼 log 出來卻是 0?這個設計你以為是 JavaScript 獨創的嗎?不是,其實是從 JDK 1.0 的 java.util.Date 抄來的[1],當時的文件如下:

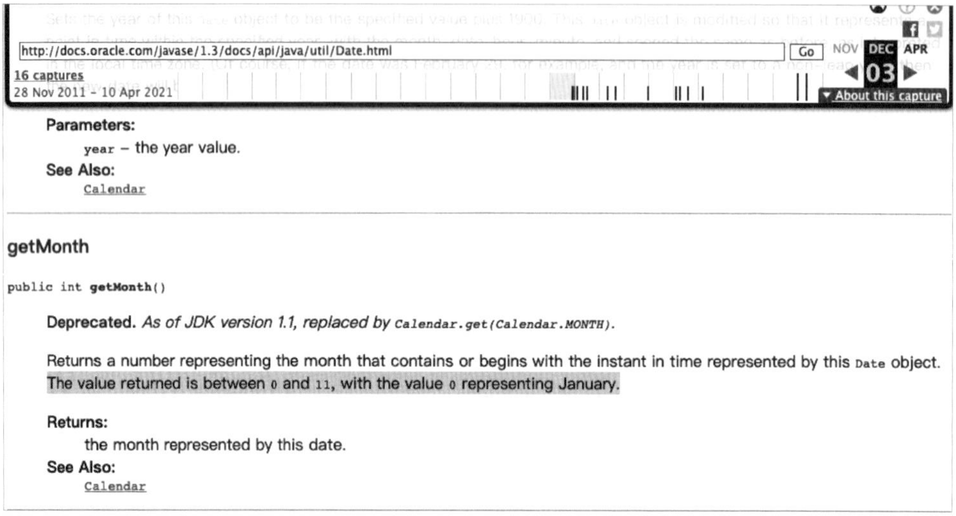

▲ 圖片 1-1

那為什麼 Java 要這樣做呢?有人指出可能是因為在更古老的 C 的 localtime 中,month 就是從 0 開始的。

而 JavaScript 之父的推特上也有對於這些討論做出回覆,他的回覆如下:

> quote

We were under "Make It Look Like Java"mgmt orders,and I had ten days to demo.No time to invent our own date API or even fix Java's.

---

1 https://web.archive.org/web/20111203213751/http://docs.oracle.com/javase/1.3/docs/api/java/util/Date.html

1.1 JavaScript 的誕生：它跟 Java 真的無關嗎？

意思大概就是當時管理層的命令就是希望這個程式語言要長得像 Java，而且十天後就要 demo 了，因此並沒有時間發明新的 library，也沒有時間去修正 Java 現有的功能。從這個回覆中，也可以再次看出「JavaScript 要長得像 Java」這個需求。

在 1995 年 5 月一篇由 Netscape 所發布的新聞稿中，正式推出了 JavaScript，副標題如下：

> **quote**
>
> 28 INDUSTRY-LEADING COMPANIES TO ENDORSE JAVASCRIPT AS A COMPLEMENT TO JAVA FOR EASY ONLINE APPLICATION DEVELOPMENT

直接寫明了 JavaScript 是為了輔助 Java 的存在而誕生的。

在這篇新聞稿中其實也可以看到許多 JavaScript 的特性，像是：

> **quote**
>
> JavaScript is analogous to Visual Basic in that it can be used by people with little or no programming experience to quickly construct complex applications.JavaScript's design represents the next generation of software designed specifically for the Internet and is:
>
> 1.designed for creating network-centric applications
>
> 2.complementary to and integrated with Java
>
> 3.complementary to and integrated with HTML
>
> 4.open and cross-platform.

他們把 JavaScript 比喻成 Visual Basic，簡單容易上手，而 JavaScript 更是 Java Applet 與 HTML 的橋樑。你可以把 Java Applet 想成是一個獨立的應用程式，脫離網頁而存在，如果想要改變網頁上的內容，需要透過 JavaScript 這個橋樑來輔助，如同下面這一段所說：

從重新認識 JavaScript 開始

 quote

With JavaScript,an HTML page might contain an intelligent form that performs loan payment or currency exchange calculations right on the client in response to user input.A multimedia weather forecast applet written in Java can be scripted by JavaScript to display appropriate images and sounds based on the current weather readings in a region

JavaScript 可以獨立存在,做為 HTML 的輔助,處理一些基本邏輯,也可以跟 Java Applet 一起使用。在早期的文件中,有提到 Java 跟 JavaScript 彼此之間如何溝通(程式碼參考自 Java-to-Javascript Communication[2])。

```
import netscape.javascript.*;
import java.applet.*;
import java.awt.*;
class MyApplet extends Applet {
    public void init() {
        JSObject win = JSObject.getWindow(this);
        JSObject doc = (JSObject) win.getMember("document");
        JSObject loc = (JSObject) doc.getMember("location");

        String s = (String) loc.getMember("href");
        // document.location.href
        win.call("f", null);   // Call f() in HTML page
    }
}
```

會利用 JSObject 這個物件來取得 DOM,並且進行後續的操作。

值得一提的是,新聞稿中還有另一段更有趣的:

 quote

A server-side JavaScript script might pull data out of a relational database and format it in HTML on the fly.A page might contain JavaScript

---

2 http://www.gedlc.ulpgc.es/docencia/lp/documentacion/javadocs/guide/plugin/developer_guide/java_js.html

scripts that run on both the client and the server.On the server,the scripts might dynamically compose and format HTML content based on user preferences stored in a relational database,and on the client,the scripts would glue together an assortment of Java applets and HTML form elements into a live interactive user interface for specifying a net-wide search for information.

關鍵字是「A page might contain JavaScript scripts that run on both the client and the server.」。雖然說 Node.js 從大約 2012 年流行起來以後,把 JavaScript 應用在伺服器端才成為了一種常態,但其實早在 1995 年,JavaScript 就可以跑在 server side 了!JavaScript 早在 25 年前就已經前後端通吃,程式碼長得像這樣:

```
<html>
<body>
  <h1>Demo</h1>
  <server>
    if (client.first == null) {
      client.first = "true"
    }
  </server>
  Is it first time?
  <server>write(client.first)</server>
</body>
</html>
```

看起來有點像是 PHP,利用 <server> 標籤可以嵌入只會在後端執行的程式碼,並且輸出結果。

如果想知道更多關於這一段的有趣歷史,想要查資料的話可以用 Netscape LiveWire 當作關鍵字,不能只用 LiveWire JS,因為你會找到 Laravel Livewire,一個基於 Laravel 的全端框架。

從歷史中可以得知,當初在創造 JavaScript 時,時間確實很短,所以有些地方沒有時間考慮得太周詳,導致一些設計上的失誤。而另一個重點是 Java 與

從重新認識 JavaScript 開始

JavaScript 雖然是兩個完全不同的程式語言，但是 JavaScript 當初在設計時，是有意識地去參考 Java，而影響最大的則是某些 API 的設計，如前面有提過的 Date 等等。

但是，每個程式語言早期應該都會有些設計不好的地方吧？像是一直不斷被提到的 Date，雖然是從 Java 抄過來的，但在 Java 早就已經棄用（deprecated）了，那為什麼 JavaScript 不照著做呢？

問得好，這就是 JavaScript 與其他程式語言最大的不同之處了。

1.2 JavaScript 的包袱：想丟也丟不掉

就在剛剛，我們認識了 JavaScript 早期的歷史，在 1995 年的時候，JavaScript 就被放進了瀏覽器裡面，跟著網路一起散佈到了全世界去。而我之前所提到的「要去理解它出現的脈絡，去理解為什麼需要它，又為什麼它是這樣子被設計的」其實就與這個特性有關。

JavaScript 跟其他程式語言有個決定性的差異，而就是這個差異，造就了 JavaScript 的一些不同。舉例來說，其他程式語言升級了版本以後，舊的東西可以用舊版繼續跑，不會壞掉，但 JavaScript 不一樣。

哪裡不一樣？JavaScript 無法指定版本，因為瀏覽器並沒有支援這件事情。假設有個功能在新版中被拔除，那使用到這個功能的網站就會跟著一起壞掉。

而為了不讓網站壞掉，就出現了一個原則，叫做：「Don't break the Web」，盡可能不讓以前的東西壞掉。也因為這個原則，導致 JavaScript 無法從根本上去修正問題，例如說 typeof null === 'object' 是個知名的 bug，但如果把這 bug 修掉，說不定有些網站就會因此而壞掉。

我們來看一個經典的案例。

1-10

SmooshGate 事件

有個組織叫做 TC39，全名為 Technical Committee 39，第 39 號技術委員會，負責與 ECMAScript 規範相關的事項，例如說決定哪些提案可以過關之類的，而最後那些提案就會被納入新的 ECMAScript 標準之中。

提案一共分成六個 stage，分別是：

stage 0：構想階段，可能只有初步點子而已

stage 1：提案階段，需要詳細描述問題並且提出解法

stage 2：草案階段，已經把基本的 spec 設計出來了

stage 2.7：驗證階段，需要進行更多測試以及實作 polyfill

stage 3：候選階段，差不多完成了，進行最後測試看看是否有相容性問題

stage 4：完成階段，已經確定會納入之後的規格中

越後面的 stage 完成度越高，能走到 stage3 就很不容易了，有許多的提案都還卡在前面的階段。

而 TC39 以前有一個提案是要加上 Array.prototype.flatten 以及 Array.prototype.flatMap。這邊先幫不清楚什麼是 flatten 的讀者介紹一下它的功用，簡單來說就是把巢狀的東西攤平，例如說底下範例：

```
let arr = [1, 2, [3], [4], [5, 6, 7]]
console.log(arr.flatten()) // [1, 2, 3, 4, 5, 6, 7]
```

原本巢狀的陣列會被攤平，這就是 flatten 的意思，如果你有用過 lodash 或是 underscore 的話，跟裡面的 flatten 方法是差不多的。

而 flatMap 就是先 map 之後再 flat，熟悉 RxJS 的朋友們應該會感到滿親切的，在 RxJS 裡面又稱作 mergeMap，而且 mergeMap 比較常用。

這個提案看似很不錯，乍看之下也相當安全，但其實有一個潛在的問題。

從重新認識 JavaScript 開始

問題就出在一個前端新鮮人可能沒聽過的工具：MooTools。這個函式庫是跟 jQuery 差不多時期出現的，目的也很類似，都是把常見的操作包裝起來，然後在實作裡面去解決跨瀏覽器的相容性問題，讓開發者不用去煩惱這些。

舉例來說，可以用底下的語法幫一個元素加上多個 event handler：

```
$$('.test').addEvents({
    mouseover: function(){
        alert('mouseover');
    },
    click: function(){
        alert('click');
    }
});
```

在那個年代，有些 library 喜歡改動 prototype 並且加上新的方法，如此一來就能更方便地使用，而 MooTools 也不例外，它定義了自己的 flatten 方法，在 code 裡面做了類似這樣的事：

```
Array.prototype.flatten = /* ... */;
```

雖然說有一條自古以來流傳下來的開發者守則是「不要亂改不屬於自己的東西」，像這樣去修改 Array.prototype 很顯然就違背了這個守則，是一種不推薦的做法，但看起來問題其實也不大。因為如果 flatten 正式列入標準並且變成原生的方法，也只是把它覆蓋掉而已，不會造成其他問題。等到那個時候，其實 MooTools 的 flatten 就比較像是 polyfill 了，在還沒支援前先加上實作。

然而，事情並沒有這麼簡單，MooTools 還有一段程式碼是把 Array 的方法都複製到 Elements（MooTools 自定義的 API）上面去：

```
for (var key in Array.prototype) {
  Elements.prototype[key] = Array.prototype[key];
}
```

for...in 這個語法會遍歷所有可列舉的（enumerable）屬性，而原生的方法並不包含在裡面。

1-12

例如說在 Chrome DevTools 的 console 執行以下這段程式碼，會發現什麼都沒有印出來：

```
for (var key in Array.prototype) {
  console.log(key)
}
```

但如果你加上了幾個自定義的屬性之後：

```
Array.prototype.foo = 123
Array.prototype.sort = 456
Array.prototype.you_can_see_me = 789
for (var key in Array.prototype) {
  console.log(key) // foo, you_can_see_me
}
```

會發現只有自定義的屬性會是 enumerable 的，而原生的方法你就算覆寫，也還是不會變成 enumerable。

那問題是什麼呢？問題就出在當 flatten 還沒正式變成 Array 的方法時，它就只是一個 MooTools 自定義的屬性，是 enumerable 的，所以會被複製到 Elements 去。但是當 flatten 納入標準並且被瀏覽器正式支援以後，flatten 就不是 enumerable 的了。

意思就是，Elements.prototype.flatten 就會變成 undefined，所有使用到這個方法的程式碼都會掛掉，會出現錯誤。

此時有些人可能會想說：「既然如此，那就把 flatten 變成 enumerable 的吧！」，但這樣搞不好會產生更多問題，因為一堆舊的 for...in 就會突然多出一個 flatten 的屬性，很有可能反而產生其他的 bug。

確認有了這個問題以後，大家就開始討論要把 flatten 換成什麼詞，有人提議說要把 flatten 重新命名成 smoosh，引起了廣大討論，也就是 #SmooshGate 事件的起源。除了討論改名以外，也有人認為乾脆就讓那些網站壞掉好了。

從重新認識 JavaScript 開始

smoosh 這個字其實跟 flatten 或是其他人提議的 squash 差不多，都有把東西弄平的意思在，不過這個字實在是非常少見，聽到這事件以前我也完全沒聽過這個單字。然而，這個提議其實從來沒有正式被 TC39 討論過就是了。

總之呢，TC39 在 2018 年 5 月的會議上，正式把 flatten 改成 flat，結束了這個事件。

這個 flatten 提案的時間軸大概是這樣：

- 2017 年 7 月：stage 0
- 2017 年 7 月：stage 1
- 2017 年 9 月：stage 2
- 2017 年 11 月：stage 3
- 2018 年 3 月：發現 flatten 會讓 MooTools 壞掉
- 2018 年 3 月：有人提議改名為 smoosh
- 2018 年 5 月：flatten 改名為 flat
- 2019 年 1 月：stage 4

而 Chrome 背後的 JavaScript 引擎 V8 是在 2018 年 3 月的時候實作這個功能[3]，其中我覺得最值得大家學習的是測試的部分：

```
const elements = new Set([
  -Infinity,
  -1,
  -0,
  +0,
  +1,
  Infinity,
  null,
  undefined,
  true,
  false,
```

---

3 https://github.com/v8/v8/commit/697d39abff90510523f297bb8577d5c64322229f

1.2 JavaScript 的包袱：想丟也丟不掉

```
  '',
  'foo',
  /./,
  [],
  {},
  Object.create(null),
  new Proxy({}, {}),
  Symbol(),
  x => x ** 2,
  String
]);

for (const value of elements) {
  assertEquals(
    [value].flatMap((element) => [element, element]),
    [value, value]
  );
}
```

之所以這個測試值得學習，是因為它考慮到了很多狀況，基本上把可以丟進去的東西都丟進去測了，確保在各種情況下都沒有問題。

簡單總結一下，總之 #SmooshGate 事件就是：

1. 有人提議 Array 的新方法：Array.prototype.flatten

2. 發現了如果用 flatten 會讓 MooTools 壞掉，因此要改名

3. 有人提議改名 smoosh，也有人覺得不該改名，引起一番討論

4. TC39 決議改成 flat，事情落幕

其中的第二點可能有些人會很疑惑，想說 MooTools 都是這麼古早的東西了，為什麼不直接讓它壞掉就好，反正都是一些老舊的網站了——其原因正是剛剛開頭所講的。

1-15

1 從重新認識 JavaScript 開始

Don't break the Web：別把網站弄壞！

有些網站儘管過了 20 幾年都沒有改動，卻依舊可以順利執行而不會出錯，就是因為在制定網頁相關新標準時都會注意到「Don't break the Web」這個大原則。

「Breaking change」指的是「有可能會讓東西壞掉的改動」，如果以 library 當作例子，通常會跟版本號掛鉤，會跳一個大版本號。舉例來說，從 Vue2 到 Vue3 就有許多 breaking changes，因此有些專案一旦升級到了 Vue3 就會壞掉。

如果仔細想想的話，會發現 HTML、JavaScript 以及 CSS 幾乎沒有什麼所謂的 breaking change，你以前可以用的 JavaScript 語法現在還是可以用，只是多了一些新的東西，而不是把舊的東西改掉或者是拿掉。儘管有很多語法在文件上面會標註為 deprecated，不推薦使用，但你真的要用的話也還是可以使用。

因為一旦出現 breaking change，就可能會有網站遭殃，像是出現 bug 甚至是整個壞掉。雖然有很多網站好幾年都沒有在維護了，但我們也不應該讓它就這樣壞掉。如果今天制定新標準時有了 breaking change，最後吃虧的還是使用者，使用者只會知道網站壞了，卻不知道是為什麼壞掉。

所以在 SmooshGate 事件的選擇上，比起「flatten 就是最符合語義，讓那些使用 MooTools 的老舊網站壞掉有什麼關係！」，TC39 最終選擇了「把 flatten 改一下名字就好，雖然不是最理想的命名，但我們不能讓那些網頁壞掉」，這就是我所說的原則：「Don't break the Web」。

不過話雖如此，這不代表糟糕的設計一旦出現以後，就完全沒有辦法被移除。

事實上，有些東西就悄悄地被移除掉了，但因為這些東西太過冷門，所以你我可能都沒注意到。在 WHATWG（Web Hypertext Application Technology Working Group，網頁超文字應用技術工作小組）的 FAQ 中有寫到：

> **quote**
>
> That said,we do sometimes remove things from the platform!This is usually a very tricky effort,involving the coordination among multiple implementations and extensive telemetry to quantify how many web pages would have their behavior changed.But when the feature is sufficiently insecure,harmful to users,or is used very rarely,this can be done.And once implementers have agreed to remove the feature from their browsers,we can work together to remove it from the standard.

大意是有些功能還是會被移除的，但在移除之前都會做過協調以及測量，去看有多少網站使用到了這個功能，一旦確定很少人在用，或是這個功能會對使用者有害的時候，就會從瀏覽器以及規格中被移除。

接著我們來看一下，以前有哪些東西被移除過。

被淘汰的 HTML 標籤

有聽過 <keygen> 這個標籤的話，請舉手一下。舉手的人麻煩大家幫他們鼓鼓掌，你很厲害，封你為冷門 HTML 標籤之王。

我以前從來沒有看過或聽過這個標籤，就算看了 MDN 上面的範例，也沒有很清楚這個標籤在幹嘛。只知道這是一個可以用在表單裡的標籤，人如其名，是用來產生與憑證相關的 key 用的。

從 MDN 給的資料裡面，我們可以進一步找到其他也被「淘汰」的標籤，例如說：

1. applet

2. acronym

3. bgsound

4. dir

從重新認識 JavaScript 開始

5.isindex

6.keygen

7.nextid

不過被標示為 obsolete 不代表就沒有作用，應該只是說明你不該再使用這些標籤。我猜根據 don't break the web 的原則，裡面有些標籤還是可以正常運作，例如說小時候很愛用的跑馬燈 marquee 也在 Non-conforming features 裡面。

在另外一份 DOM 相關的標準當中，有說明了該如何處理 HTML 的 tag，我猜這些才是真的被淘汰而且沒作用的標籤：

 quote

If name is applet,bgsound,blink,isindex,keygen,multicol,nextid,or spacer,then return HTMLUnknownElement.

如果你拿這些標籤到 Chrome 上面去試，例如說這樣：

```
<!DOCTYPE html>
<html>
  <head>
    <meta charset="UTF-8">
  </head>
  <body>
    <bgsound>123</bgsound>
    <isindex>123</isindex>
    <multicol>123</multicol>
    <foo>123</foo>
  </body>
</html>
```

就會發現表現起來跟 <span> 差不多，因此我猜測 Chrome 應該會把這些不認識的 tag 當作 span 來看待。

1.2 JavaScript 的包袱：想丟也丟不掉

　　如果你好奇這個標籤是怎麼被移除的，或是當初的一些歷史背景，可以在 Chromium 的 repo 裡面找到相關的 commit，例如說底下的 commit[4] 就是移除 <isindex> 這個標籤時的訊息：

```
This patch removes all special-casing for the <isindex> tag;it
now behaves exactly like <foo> in all respects.This additionally
means that we can remove the special-casing for forms containing
<input name="isindex"> as their first element.

The various tests for <isindex> have been deleted,with the
exception of the imported HTML5Lib tests.It's not clear that
we should send them patches to remove the <isindex> tests,at
least not while the element is(an obsolete)part of HTML5,and
supported by other vendors.

I've just landed failing test results here.That seems like
the right thing to do.

"Intent to Remove"discussion:https://groups.google.com/a/chromium.org/d/msg/blink-
dev/14q_I06gwg8/0a3JI0kjbC0J
```

　　而程式碼的改動除了測試的部分以外，就是把有關這個 tag 的地方都刪掉，當作是一個不認識的 tag，所以 message 才會說：「it now behaves exactly like <foo> in all respects.」

　　有個叫做 wpt.live 的網站（以前應該叫做 w3c-test），裡面有測試的網站，可以測試瀏覽器的行為是否符合規格，網址在這裡：https://wpt.live/html/semantics/interfaces.html

　　打開它的程式碼，可以看到它在做的事情其實就是檢視每個標籤是否符合特定的型態，節錄部份如下，左邊是元素名稱，右邊是應該要有的型態：

---

[4] https://github.com/chromium/chromium/commit/dfd5125a0002df42aa6c6133b3aa59 1953880f4e

從重新認識 JavaScript 開始

```
var elements = [
  ["a", "Anchor"],
  ["abbr", ""],
  ["applet", "Unknown"],
  ["area", "Area"],
  ["bgsound", "Unknown"],
  ["big", ""],
  ["blink", "Unknown"],
  ["blockquote", "Quote"],
  ["body", "Body"],
  ["br", "BR"],
  ["button", "Button"],
  ["canvas", "Canvas"],
  ["col", "TableCol"],
  ["colgroup", "TableCol"],
  ["command", "Unknown"],
  ["details", "Details"],
  ["dfn", ""],
  ["dialog", "Dialog"],
  ["dir", "Directory"],
  ["directory", "Unknown"],
  ["div", "Div"],
  ["mod", "Unknown"],
  ["multicol", "Unknown"],
  ["nav", ""],
  ["nextid", "Unknown"],
];
```

像是 applet、bgsound 與 blink 等等這些元素，就應該回傳 HTMLUnknownElement，代表瀏覽器並不認得這些元素。

從 SmooshGate 事件中，我們可以清楚理解到「Don't break web Web」這個重要的概念。一般的 library 如果 API 寫得不好，可以換個版本號再來；其他程式語言也可以做大版本的升級，例如說從 Python2 到 Python3，兩者的程式碼並不是完全相容。但是，網站三劍客 HTML、JavaScript 與 CSS 並不一樣，某樣功能一旦放進去了，就很有可能被網頁用到，基本上就很難移除了。

就算真的要移除，也是一條漫長的路，通常會由瀏覽器先統計使用的比例，接著評估影響範圍，然後慢慢將其移除，而且不只一個瀏覽器，最後是所有瀏覽器都會移除掉，而規格也接著跟上。

因為這個特性，所以比起修改舊的行為，JavaScript 更多是「直接加上新的方法」，例如說 Array.prototype.sort 會直接改動到原本的陣列，但沒辦法修正這個行為，因此在 ES2023 中加入了 Array.prototype.toSorted，這就是一個很好的例子。

1.3 JavaScript 的真理：該如何區分知識的真偽？

談完了 JavaScript 的歷史以及包袱以後，我們來談談 JavaScript 本身。

不知道大家有沒有想過一個問題，當你看到一本 JavaScript 書籍或是教學文章的時候，要怎麼知道作者沒有寫錯？要怎麼知道書裡講的知識是正確的？會不會你以為正確的 JavaScript 知識其實是錯的？

因為作者常寫技術文章，所以就相信他嗎？還是說看到 MDN 上面也是這樣寫，因此就信了？又或是大家都這樣講，所以鐵定沒錯？有些問題是沒有標準答案的，例如說電車難題，不同的流派都會有各自認可的答案，並沒有說哪個就一定是對的。

但幸好程式語言的世界比較單純，當我們提到 JavaScript 的知識時，有兩個地方可以讓你驗證這個知識是否正確，第一個叫做 ECMAScript 規格，第二個大家可以先想想，我們待會再提。

初探 ECMAScript

1995 年的時候 JavaScript 正式推出，那時候只是個可以在 Netscape 上跑的程式語言，如果想要保證跨瀏覽器的支援度的話，需要的是一個標準化的規範，讓各家瀏覽器都遵循著標準。

從重新認識 JavaScript 開始

在 1996 年時網景聯繫了 Ecma International（European Computer Manufacturers Association，歐洲電腦製造商協會），成立了新的技術委員會（Technical Committee），因為是用數字來依序編號，那時候正好編到 39，就是我們現在熟悉的 TC39。

1997 年時，正式發佈了 ECMA-262 第一版，也就是我們俗稱的 ECMAScript 第一版。

為什麼是叫做 ECMAScript，而不是 JavaScript 呢？因為 JavaScript 在那時已經被 Sun 註冊為商標，而且不開放給 Ecma 協會使用，所以沒辦法叫做 JavaScript，因此後來這個標準就稱之為 ECMAScript 了。

至於 JavaScript 的話，你可以視為是去實作 ECMAScript 這個規範的程式語言。當你想知道某個 JavaScript 功能的規範是什麼，去看 ECMAScript 準沒錯，詳細的行為都會記載在裡面。在許多情境上，通常講 ECMAScript 跟 JavaScript 代表的是相同的意思，本書也是如此。

而標準是會持續進化的，幾乎每一年都會有新的標準出現，納入新的提案。例如說截止撰寫當下，最新的是 2024 年推出的 ECMAScript 第 15 版，通常又被稱之為 ES15 或是 ES2024，大家常聽到的 ES6 也被稱為 ES2015，代表是在 2015 年推出的 ECMAScript 第 6 版。

接著，我們就來簡單看看 ECMAScript 的規格到底長什麼樣子。首先，ECMAScript 的所有版本都可以在 Ecma International 的網站中找到，可以直接下載 PDF 檔，也可以用線上的 HTML 版本觀看，我會建議大家直接下載 PDF，因為 HTML 似乎是全部內容一起載入，所以要載很久，而且有分頁當掉的風險。

打開 ES2024 的規格，會發現這是一個有著 816 頁的超級龐大文件。規格就像是字典一樣，是讓你拿來查的，不是讓你一頁一頁當故事書看的。但只要能善用搜尋功能，還是很快就可以找到我們想要的段落。

底下我們一起來看看三個不同種類功能的規格，藉著這些功能來學習閱讀 ECMAScript，並且探索 JavaScript 的真理。

1.3 JavaScript 的真理：該如何區分知識的真偽？

String.prototype.repeat 的實作

搜尋「String.prototype.repeat」，可以找到目錄的地方，點了目錄就可以直接跳到相對應的段落：22.1.3.18 String.prototype.repeat，內容如下：

> quote ECMAScript

22.1.3.18 String.prototype.repeat(count**)**

This method performs the following steps when called:

1. Let *O* be ?RequireObjectCoercible(**this** value).

2. Let *S* be ?ToString(*O*).

3. Let *n* be ?ToIntegerOrInfinity(*count*).

4. If $n < 0$ or $n = +\infty$,**throw a RangeError** exception.

5. If $n = 0$,return the empty String.

6. Return the String value that is made from *n* copies of *S* appended together.

Note 1 This method creates the String value consisting of the code units of the **this** value(converted to String)repeated *count* times.

Note 2 This method is intentionally generic;it does not require that its **this** value be a String object.Therefore,it can be transferred to other kinds of objects for use as a method.

大家可以自己先試著讀一遍看看。

規格這種東西其實跟程式碼有點像，就像是虛擬碼（pseudo code）那樣，所以有很多程式的概念在裡面，例如說上面你就會看到有很多類似於函式的呼叫，需要去查看其他函式的定義才能了解確切到底做了什麼。不過，許多函式從命名就可以推測出做的事情，可見函式命名真的很重要。

1-23

上面的規格中基本上告訴了我們兩件以前可能不知道的事情：

1. 呼叫 repeat 時如果 count 是負數或是無限大，就會出錯

2. repeat 似乎不是只有字串可以用

第二點其實在 JavaScript 中是滿重要的一件事情，在 ECMAScript 你也會很常看到類似的案例，寫著：「This method is intentionally generic」，這個方法刻意設計得通用，這是什麼意思呢？

不知道你有沒有注意到前兩個步驟，分別是：

1. Let O be?RequireObjectCoercible(this value).

2. Let S be?ToString(O).

第二步看起來很神奇對吧？輸入不是已經是字串了嗎，為什麼還要再 ToString？而第一步又為什麼跟 this 有關？

這是因為當我們在呼叫 abc".repeat(3) 的時候，其實是在呼叫 String.prototype.repeat 這個函式，然後 this 是 "abc"，因此可以視為是 String.prototype.repeat.call("abc",3)。

既然可以轉換成這樣的呼叫方式，就代表你也可以傳一個不是字串的東西進去，例如說：String.prototype.repeat.call(123,3)，而且不會壞掉，會回傳 "123123123"，而這一切都要歸功於規格定義時的延展性。

剛剛我們有在規格中看到它有特別寫說這個函式是故意寫成 generic 的，為的就是不只有字串可以呼叫，只要「可以變成字串」，其實都能夠使用這個函式，這也是為什麼規格中的前兩步就是把 this 轉成字串，這樣才能確保非字串也可以使用。

再舉一個更特別的例子：

```
function a(){console.log('hello')}

const result = String.prototype.repeat.call(a, 2)
```

1.3 JavaScript 的真理：該如何區分知識的真偽？

```
console.log(result)
// function a(){console.log('hello')}function a(){console.log('hello')}
```

前面有說過只要是能轉成字串的東西，都可以丟給 repeat，而函式也可以轉成字串，所以當然能夠丟進去 repeat 裡面，而函式的 toString 方法會回傳函式的程式碼，因此才有了最後看到的輸出。

有關於 prototype 跟上面這些東西，我們之後提到 prototype 時會再講一次，因此現階段沒有完全理解的話也沒有關係。

總之呢，從規格中我們看出 ECMAScript 的一個特性，就是故意把這些內建的方法做得更廣泛，適用於各種型態，只要能轉成字串都可以丟進去。

知名的 typeof bug

在 PDF 中搜尋 typeof，會找到 13.5.3 The typeof Operator，內容如下：

> **quote ECMAScript**

13.5.3.1 Runtime Semantics:Evaluation

UnaryExpression:**typeof** *UnaryExpression*

1. Let val be?Evaluation of UnaryExpression.

2. If *val* is a Reference Record,then

3. If IsUnresolvableReference(*val*)is **true**,return**"undefined"**.

4. Set *val* to?GetValue(*val*).

5. If *val* is **undefined**,return**"undefined"**.

6. If *val* is **null**,return**"object"**.

7. If *val* is a String,return**"string"**.

8. If *val* is a Symbol,return**"symbol"**.

9. If *val* is a Boolean, return **"boolean"**.

10. If *val* is a Number, return **"number"**.

11. If *val* is a BigInt, return **"bigint"**.

12. Assert: *val* is an Object.

13. NOTE: This step is replaced in section B.3.6.3.

14. If *val* has a [*[Call]*] internal slot, return **"function"**.

15. Return **"object"**.

可以看到 typeof 會先對傳入的值進行一些內部的操作，像是 IsUnresolvableReference 或是 GetValue 之類的，這邊可以簡單把 Reference Record 當作類似於變數的東西，而 unresolvable 就是這個變數根本不存在，所以沒辦法解析。舉個例子，typeof not_exist_variable 的結果會是 undefined，這是規格的 2.a 這個步驟產生的結果。

從規格可以看到兩件有趣的事情，第一件事情就是著名的 bug，typeof null 會回傳 object，這個 bug 到今天已經變成了規格的一部分。

第二件事情是對於規格來說，object 跟 function 其實內部都是 Object，只差在有沒有實作 [[Call]] 這個方法。事實上，如果有看過規格書的其他部分，就可以看到在規格中多次使用了 function object 這個說法，就可以知道在規格中 function 其實只是「可以被呼叫（callable）的物件」，這個之後會再次提到。

你所不知道的註解

JavaScript 中的註解有哪些？

大多數的人都會回答單行註解 // 跟多行註解 /**/，就只有這兩種而已。但如果有實際看過規格書的話，就會發現 JavaScript 的註解其實是很有趣的，不只這兩種語法而已。

1.3 JavaScript 的真理：該如何區分知識的真偽？

在規格中搜尋 comments，可以找到 12.4 Comments，底下是節錄的部分內容：

> **quote ECMAScript**

Syntax

Comment::

    MultiLineComment

    SingleLineComment

MultiLineComment::

    /**MultiLineCommentChars*$_{opt}$*/

MultiLineCommentChars::

    MultiLineNotAsteriskChar MultiLineCommentChars$_{opt}$

    **PostAsteriskCommentChars*$_{opt}$

PostAsteriskCommentChars::

    MultiLineNotForwardSlashOrAsteriskChar MultiLineCommentChars$_{opt}$

    **PostAsteriskCommentChars*$_{opt}$

MultiLineNotAsteriskChar::

    SourceCharacter but not*

MultiLineNotForwardSlashOrAsteriskChar::

    SourceCharacter but not one of/or*

SingleLineComment::

    //*SingleLineCommentChars*$_{opt}$

1 從重新認識 JavaScript 開始

SingleLineCommentChars::

    SingleLineCommentChar SingleLineCommentChars$_{opt}$

SingleLineCommentChar::

    SourceCharacter but not *LineTerminator*

A number of productions in this section are given alternative definitions in section B.1.1

從中可以看出 ECMAScript 是怎麼表示語法的，由上讀到下，Comment 分成兩種，MultiLineComment 跟 SingleLineComment，而底下有各自的定義，MultiLineComment 就是 /*MultiLineCommentChars*/，那個小字 opt 指的是 optional，意思就是沒有 MultiLineCommentChars 也可以，例如說 /**/，而底下又繼續往下定義，我就不再一一解釋了。

而單行註解的定義也是類似，不過有趣的是在語法說明下方，會看見一行字：「A number of productions in this section are given alternative definitions in section B.1.1」，說明了 B.1.1 這個段落還有其他內容，有趣的來了。

> **quote ECMAScript**
>
> ### B.1.1 HTML-like Comments
>
> The syntax and semantics of 12.4 is extended as follows except that this extension is not allowed when parsing source text using the goal symbol *Module*:
>
> **Syntax**
>
> *InputElementHashbangOrRegExp*::
>
>   *WhiteSpace*
>
>   *LineTerminator*
>
>   *Comment*

1.3 JavaScript 的真理：該如何區分知識的真偽？

> *CommonToken*
>
> *HashbangComment*
>
> *RegularExpressionLiteral*
>
> *HTMLCloseComment*
>
> *Comment*::
>
> *MultiLineComment*
>
> *SingleLineComment*
>
> *SingleLineHTMLOpenComment*
>
> *SingleLineHTMLCloseComment*
>
> *SingleLineDelimitedComment*

規格上寫說除了某些狀況不能用以外，在其他場合還有其他種註解方式，並額外定義了 HTML-like Comments，而我們可以看到這裡將註解的定義再額外增加了三種：

1. SingleLineHTMLOpenComment
2. SingleLineHTMLCloseComment
3. SingleLineDelimitedComment

從規格中我們可以得到新的冷知識，那就是單行註解其實不只有 //，連 HTML 的也可以使用，可以是 <!-- 開頭，也可以是 --> 開頭：

```
// 你認為的唯一單行註解
console.log(1)

<!-- 但這也是註解
console.log(2)

--> 這樣也是
console.log(3)
```

1-29

1 從重新認識 JavaScript 開始

除此之外，章節 12.5 還定義了另外一種叫做 Hashbang 的註解，但必須放在程式碼的開頭：

```
#! 我是註解
console.log(3)
```

hashbang 其實也不是從這邊來的，而是更早以前就有，如果有寫過 bash script 的話，應該對於這個語法不陌生，通常後面會接執行檔的名稱：

```
#!/bin/sh
echo "hello"
```

假設上面的檔案叫做 script，只要跑 ./script，就會用 /bin/sh 去執行這個腳本。

這些就是可以從規格中學到的 JavaScript 冷知識。當有人告訴你 JavaScript 的註解只有 // 跟 /**/ 時，你就能跟他說：「不對，還有別的」，並且實際示範以及提出 ECMAScript 來佐證。

以上就是我從 ECMAScript 中找出的三個小段落，利用三個不同的小功能，帶大家看看規格到底在寫什麼。

如果你對閱讀規格有興趣的話，我會建議大家先去看 ES3 的規格，因為 ES3 比起前兩版完整度高了許多，而頁數又少，只有 188 頁而已，是可以當作一般書籍來看，一頁一頁翻的那種。雖然說從 ES6 以後規格的用詞跟底層的機制有一些變動，但我認為從 ES3 開始看規格還是挺不錯的，至少可以用最少的力氣去熟悉規格，有個大致的概念。

前面我有提到過有兩個地方可以讓你驗證 JavaScript 的知識是否正確，第一個是 ECMAScript 規格，而第二個則是請大家先自己想一想。

現在要來公布答案了，第二個就是：「JavaScript 引擎原始碼」。

來看看 JavaScript 引擎的實作

ECMAScript 規格定義了一個程式語言「應該如何」，但實際上到底是怎麼樣，就屬於實作的部分了，就像是 PM 定義了一個產品規格，但工程師有可能漏看導致實作錯誤，也有可能因為各種原因沒辦法完全遵守規格，會產生一些差異。

所以假如你在 Chrome 上面發現了一個奇怪的現象，去查了 ECMAScript 規格後也發現行為不同，很有可能就是 Chrome 裡 JavaScript 引擎的實作其實跟規格不一樣，才導致這種差異。

規格只是規格，最後我們使用時還是要看引擎的實作為何。

以 Chrome 來說，背後使用一個叫做 V8 的 JavaScript 引擎。在看 ECMAScript 規格時，我們看了三個不同的功能，底下就讓我們來看看這些功能在 V8 中是怎麼被實作的。

在 V8 中有一個程式語言叫做 Torque，是為了更方便去實作 ECMAScript 中的邏輯而誕生的，語法跟 TypeScript 有點類似，底下是 String.prototype.repeat 的相關程式碼 [5]：

```
// Copyright 2018 the V8 project authors. All rights reserved.
// Use of this source code is governed by a BSD-style license that can be
// found in the LICENSE file.

// https://tc39.github.io/ecma262/#sec-string.prototype.repeat
transitioning javascript builtin StringPrototypeRepeat(
    js-implicit context: NativeContext, receiver: JSAny)(
    count: JSAny): String {
  // 1. Let O be ? RequireObjectCoercible(this value).
  // 2. Let S be ? ToString(O).
  const s: String = ToThisString(receiver, kBuiltinName);
  try {
    // 3. Let n be ? ToInteger(count).
    typeswitch (ToInteger_Inline(count)) {
      case (n: Smi): {
        // 4. If n < 0, throw a RangeError exception.
        if (n < 0) goto InvalidCount;
```

---

5 https://chromium.googlesource.com/v8/v8.git/+/refs/tags/12.2.239/src/builtins/string-repeat.tq

```
    // 6. If n is 0, return the empty String.
    if (n == 0 || s.length_uint32 == 0) goto EmptyString;
    if (n > kStringMaxLength) goto InvalidStringLength;
    // 7. Return the String value that is made from n copies of S appended
    // together.
    return StringRepeat(s, n);
   }
   case (heapNum: HeapNumber): deferred {
     dcheck(IsNumberNormalized(heapNum));
     const n = LoadHeapNumberValue(heapNum);
     // 4. If n < 0, throw a RangeError exception.
     // 5. If n is +∞ , throw a RangeError exception.
     if (n == V8_INFINITY || n < 0) goto InvalidCount;
     // 6. If n is 0, return the empty String.
     if (s.length_uint32 == 0) goto EmptyString;
     goto InvalidStringLength;
    }
  }
} label EmptyString {
   return kEmptyString;
} label InvalidCount deferred {
   ThrowRangeError(MessageTemplate::kInvalidCountValue, count);
} label InvalidStringLength deferred {
   ThrowInvalidStringLength(context);
  }
}
```

可以看到註解其實就是規格的內容，而程式碼就是直接把規格翻譯過去，真正在實作 repeat 的程式碼只有這一段而已：

```
builtin StringRepeat(implicit context: Context)(string: String, count: Smi):
    String {
  dcheck(count >= 0);
  dcheck(string != kEmptyString);
  let result: String = kEmptyString;
  let powerOfTwoRepeats: String = string;
  let n: intptr = Convert<intptr>(count);
  while (true) {
    if ((n & 1) == 1) result = result + powerOfTwoRepeats;
```

1.3 JavaScript 的真理：該如何區分知識的真偽？

```
    n = n >> 1;
    if (n == 0) break;
    powerOfTwoRepeats = powerOfTwoRepeats + powerOfTwoRepeats;
  }
  return result;
}
```

從這邊可以看到一個有趣的小細節，那就是在 repeat 的時候，並不是直接執行從 1 到 n 的迴圈，然後複製 n 遍，這樣太慢了，而是利用了平方求冪的演算法。

舉例來說，假設我們要產生 'a'.repeat(8)，一般的迴圈需要 7 次加法，但其實我們可以先加一次產生 aa，然後再互加產生 aaaa，最後再互加一次，就可以用 3 次加法做出 8 次重複，省下了不少字串相加的操作。由此可以看出，像是 JavaScript 引擎這種接近底層的實作，必須要把效能也考慮在內。

接著來看看 typeof 的程式碼[6]吧：

```
// Copyright 2015 the V8 project authors. All rights reserved.
// Use of this source code is governed by a BSD-style license that can be
// found in the LICENSE file.
// static
Handle<String> Object::TypeOf(Isolate* isolate, Handle<Object> object) {
  if (IsNumber(*object)) return isolate->factory()->number_string();
  if (IsOddball(*object))
    return handle(Oddball::cast(*object)->type_of(), isolate);
  if (IsUndetectable(*object)) {
    return isolate->factory()->undefined_string();
  }
  if (IsString(*object)) return isolate->factory()->string_string();
  if (IsSymbol(*object)) return isolate->factory()->symbol_string();
  if (IsBigInt(*object)) return isolate->factory()->bigint_string();
  if (IsCallable(*object)) return isolate->factory()->function_string();
  return isolate->factory()->object_string();
}
```

6　https://chromium.googlesource.com/v8/v8.git/+/refs/tags/12.2.239/src/objects/objects.cc#903

可以看到裡面針對各種型態都進行了檢查。

在 V8 中，有幾個特殊的值會用 Oddball 這個形態來存，包括 null、undefined、true 跟 false。

不過如果 Oddball 裡面已經包含了 undefined，為什麼底下還有一個檢查，也會回傳 undefined 呢？這個 undetectable 是什麼呢？

```
if (IsUndetectable(*object)) {
  return isolate->factory()->undefined_string();
}
```

這一切的一切都是因為前面提過的，JavaScript 需要承擔的歷史包袱。

在那個 IE 盛行的年代，有一個 IE 專屬的 API，叫做 document.all，可以用 document.all('a') 來拿到指定的元素。而那時候也因為這個 IE 專屬的功能，流行著一種偵測瀏覽器是否為 IE 的做法：

```
var isIE = !!document.all
if (isIE) {
  // 呼叫 IE 才有的 API
}
```

後來 Opera 也跟上，實作了 document.all，可是碰到了一個問題，那就是實作了以後，在這些有偵測的網站上被判定為是 IE，可是 Opera 並沒有那些 IE 專屬的 API，於是網頁就會爆炸，出現錯誤。

Firefox 在實作這個功能時從 Opera 的故事中學到了教訓，雖然實作了 document.all 的功能，可是卻動了一些手腳，讓它沒辦法被偵測到：

```
typeof document.all // undefined
!!document.all // false
```

也就是說，typeof document.all 必須強制回傳 undefined，而且 toBoolean 的時候也必須回傳 false，如此一來這個 API 雖然存在，但是卻不會被以前那些程式碼偵測到，就不會誤認為是 IE，不得不說真是 workaround 大師。

1.3 JavaScript 的真理：該如何區分知識的真偽？

而到後來其他瀏覽器也跟上了這個實作，到最後甚至變成了標準的一環，出現在 B.3.6 The[[IsHTMLDDA]]Internal Slot 之中：

> **quote ECMAScript**
>
> An[*[IsHTMLDDA]*]internal slot may exist on host-defined objects.Objects with an[*[IsHTMLDDA]*]internal slot behave like **undefined** in the ToBoolean and IsLooselyEqual abstract operations and when used as an operand for the **typeof** operator.
>
> NOTE Objects with an[*[IsHTMLDDA]*]internal slot are never created by this specification.However,the **document.all** object in web browsers is a host-defined exotic object with this slot that exists for web compatibility purposes.There are no other known examples of this type of object and implementations should not create any with the exception of **document.all**.

我們在 V8 看到的 IsUndetectable，就是為了實作這個機制而產生，可以在註解[7]裡面看得很清楚：

```
// Copyright 2017 the V8 project authors. All rights reserved.
// Use of this source code is governed by a BSD-style license that can be
// found in the LICENSE file.

// Tells whether the instance is undetectable.
// An undetectable object is a special class of JSObject: 'typeof' operator
// returns undefined, ToBoolean returns false. Otherwise it behaves like
// a normal JS object.  It is useful for implementing undetectable
// document.all in Firefox & Safari.
// See https://bugzilla.mozilla.org/show_bug.cgi?id=248549.
DECL_BOOLEAN_ACCESSORS(is_undetectable)
```

---

[7] https://chromium.googlesource.com/v8/v8.git/+/refs/tags/12.2.239/src/objects/map.h#413

1 從重新認識 JavaScript 開始

裡面寫明了有個東西叫做「不可偵測（undetectable）物件」，是因為 document.all 所產生的機制，typeof 會回傳 undefined，ToBoolean 會回傳 false，而其他時候則是跟正常的物件行為都一樣。

看到這邊，大家不妨打開 Chrome DevTools，把玩一下 document.all，親自體驗這個歷史包袱。

接著，我們來看註解這個語法在 V8 裡面是如何實作的。

剛剛有提到過 JavaScript 其實還有幾種鮮為人知的註解方式，像是 <!-- 跟 --> 以及 #!，拿來解析的程式碼都在 https://github.com/v8/v8/blob/12.2.239/src/parsing/scanner-inl.h，我們先來看看 #! 的：

```
case Token::PRIVATE_NAME:
  if (source_pos() == 0 && Peek() == '!') {
    token = SkipSingleLineComment();
    continue;
  }
  return ScanPrivateName();
```

在最新的 ECMAScript 中，可以利用 # 這個符號來宣告 class 的私有變數，因此 # 這個 token 才被取名為 PRIVATE_NAME。從上面的程式碼中可以看出如果這個字元在原始碼開頭，而且下一個字元是 ! 的話，就當作是單行註解。

而另一個註解 <!-- 的判斷如下：

```
case Token::LT:
  // < <= << <<= <!--
  Advance();
  if (c0_ == '=') return Select(Token::LTE);
  if (c0_ == '<') return Select('=', Token::ASSIGN_SHL, Token::SHL);
  if (c0_ == '!') {
    token = ScanHtmlComment();
    continue;
  }
  return Token::LT;
```

1.3 JavaScript 的真理：該如何區分知識的真偽？

```
// https://github.com/v8/v8/blob/12.2.239/src/parsing/scanner.cc#L332
Token::Value Scanner::ScanHtmlComment() {
  // Check for <!-- comments.
  DCHECK_EQ(c0_, '!');
  Advance();
  if (c0_ != '-' || Peek() != '-') {
    PushBack('!');  // undo Advance()
    return Token::LT;
  }
  Advance();

  found_html_comment_ = true;
  return SkipSingleHTMLComment();
}
```

先判斷開頭是否為 <!，是的話就呼叫 ScanHtmlComment，並且在裡面檢查後兩個字元是不是 --，是的話就當作單行註解。還有另一個有趣的地方是 found_html_comment_ = true，為什麼要特別設置一個變數呢？

這是因為 V8 有加上一些統計功能，他們想統計某些特定的功能（尤其是這種很少人用的冷門功能）到底有多少人用，藉此來評估是不是能漸漸淘汰這些功能。

而另一個註解 --> 的判斷方式如下：

```
case Token::SUB:
  // - -- --> -=
  Advance();
  if (c0_ == '-') {
    Advance();
    if (c0_ == '>' && next().after_line_terminator) {
      // For compatibility with SpiderMonkey, we skip lines that
      // start with an HTML comment end '-->'.
      token = SkipSingleHTMLComment();
      continue;
    }
    return Token::DEC;
  }
```

```
  if (c0_ == '=') return Select(Token::ASSIGN_SUB);
  return Token::SUB;
```

如果碰到 --> 而且是在開頭,就呼叫 SkipSingleHTMLComment,這段也告訴了我們一件事,就是 --> 一定要在開頭,不是開頭就會出錯(這邊指的開頭是前面沒有其他有意義的敘述,但空格跟註解是可以的)。

傳統註解 // 跟 /* 的判斷也很有趣:

```
case Token::DIV:
  // /   // /*  /=
  Advance();
  if (c0_ == '/') {
    base::uc32 c = Peek();
    if (c == '#' || c == '@') {
      Advance();
      Advance();
      token = SkipMagicComment(c);
      continue;
    }
    token = SkipSingleLineComment();
    continue;
  }
  if (c0_ == '*') {
    token = SkipMultiLineComment();
    continue;
  }
  if (c0_ == '=') return Select(Token::ASSIGN_DIV);
  return Token::DIV;
```

如果碰到 //,檢查後面是不是 # 或是 @,是的話就呼叫 SkipMagicComment,這裡的 magic comment 目前有兩種,一種是 source map,語法像是://#sourceMappingURL=js.map,而另一種則是實驗性的功能,叫做 compile hints,可以藉由註解的方式跟 compiler 說哪些函式要先 compile,來增加效率,就像是函式版的 preload 那種感覺。

1.3 JavaScript 的真理：該如何區分知識的真偽？

目前我們可以看到不同的註解類型：

1. SkipSingleHTMLComment

2. SkipSingleLineComment

3. SkipMultiLineComment

那 SkipSingleHTMLComment 到底跟其他的有什麼不同呢？

```
Token::Value Scanner::SkipSingleHTMLComment() {
  if (flags_.is_module()) {
    ReportScannerError(source_pos(), MessageTemplate::kHtmlCommentInModule);
    return Token::ILLEGAL;
  }
  return SkipSingleLineComment();
}
```

按照規格中說的，檢查 flags_.is_module() 是不是 true，是的話就拋出錯誤。如果想重現這個狀況，可以新建一個 test.mjs 的檔案，裡面用 <!-- 當作註解，用 Node.js 執行後就會噴錯：

```
<!-- 我是註解
    ^

SyntaxError: HTML comments are not allowed in modules
```

而 <!-- 可以當作註解，也會造成一個很好玩的現象。大多數時候運算子之間有沒有空格，通常不會影響結果，例如說 a+b>3 跟 a + b > 3 結果是一樣的，但因為 <!-- 是一整組的語法，所以：

```
var a = 1
var b = 0 < !--a
console.log(a) // 0
console.log(b) // true
```

執行的過程是先 --a，把 a 變成 0，接著 ! 過後變成 1，然後 0 < 1 是 true，所以 b 就是 true。

1-39

1 從重新認識 JavaScript 開始

但如果把 <!-- 改成 <!-- :

```
var a = 1
var b = 0 <!--a
console.log(a) // 1
console.log(b) // 0
```

那就變成沒有任何運算操作，因為 <!-- 後面都是註解，所以就是單純的 var a = 1 跟 var b = 0 而已。

當你從任何地方（也包括這本書）得到關於 JavaScript 的知識時，都不一定是正確的。

如果想確認的話，有兩個層面可以驗證這個知識是否正確，第一個層面是「是否符合 ECMAScript 的規範」，這點可以透過去尋找 ECMAScript 中相對應的段落來達成。這本書籍中如果有參考到 ECMAScript，都會盡量附上參考的段落，方便大家自己去驗證。

第二個層面則是「是否符合 JavaScript 引擎的實作」，因為有時候實作不一定會跟規格一致，而且會有時間的問題，例如說已經被納入規範，但還沒實作，或甚至是反過來。

而 JavaScript 引擎其實也不只一個，像是 Firefox 在使用的 SpiderMonkey 或是 Safari 用的 WebKit，都是不同於 V8 的引擎。

如果你看完這段以後想試試看閱讀規格，卻又不知道該從何下手的話，可以從底下這個問題開始：「假設 s 是任意字串，請問 s.toUpperCase().toLowerCase() 跟 s.toLowerCase() 是否永遠相等？如果否，請舉一個反例」，答案我們會在之後談到字串這個型態時公布。

1.4 JavaScript 的執行環境：為什麼這個不能用？

最後，我們來聊聊 JavaScript 的執行環境。

1.4 JavaScript 的執行環境：為什麼這個不能用？

我認為在理解 JavaScript 的時候，還需要認識到執行環境（runtime）這件重要的事情，心中的架構圖才會完整。有許多人並沒有意識到這一環，導致對於 JavaScript 或是一些技術的理解有些偏差。因此這次，就讓我們好好來談談執行環境。

話說除了 runtime 通常被翻譯為執行環境以外，execution environment 也被翻成執行環境，但這兩個是完全不同的東西。為了避免歧義，接下來會盡量使用原文 runtime 這個詞。

薛丁格的函式

故事的主角小明在工作上接到了一個需求，那就是要把一個字串做 Base64 編碼。

在 JavaScript 裡面，我們要怎麼把一個字串轉成 Base64 編碼？有一個叫做 btoa 的函式可以做到這件事情，你可以打開 Chrome 的 DevTools console，輸入以下程式碼：

```
console.log(btoa('hello')) // aGVsbG8=
```

如果要把字串從 Base64 轉回來，把函式名稱轉一下，變成 atob 即可：

```
console.log(atob('aGVsbG8=')) // hello
```

有些人可能會跟我一樣好奇，為什麼函式要取做 atob 跟 btoa，我自己一開始很容易誤會 atob 的 b 代表 Base64 的意思，所以是把東西轉成 Base64，但其實正好相反。

根據 JavaScript 之父 Brendan Eich 的說法，這個函式名稱來自於 Unix 的指令，而在指令中，a 代表的是 ASCII 的意思，b 是 binary，而不是 Base64，所以 atob 指的是把 ASCII 的資料（也就是字串）轉成 binary，就是把 Base64 編碼過的字串轉回原始的形式。

1 從重新認識 JavaScript 開始

雖然說在 JavaScript 裡面無論是 atob 還是 btoa，接收的參數都是字串，沒有什麼 binary，因此上面的解釋看起來有點怪，但如果把眼光放寬，不要侷限在 JavaScript 的話，就會變得比較合理。

舉例來說，Base64 可以把任何二進位（binary）的資料轉成字串，這是它最有價值的地方。例如說你可能有用過 data URI，其中一個用法就是把圖片用 Base64 編碼成字串。

因此，btoa 代表著 binary to ASCII，也就是把任何東西用 Base64 來編碼，輸出會是一個 Base64 編碼過的字串，atob 則相反，是把 Base64 編碼過的字串還原成原始的形式。

好，講了這麼多 Base64 的東西以後，讓我們回到重點。

小明查到要用 atob 跟 btoa 以後，順利解決了工作上的需求，在網頁上完成了這個功能。過了兩個月，主管要他在一個用 Node.js 跑的伺服器上面也實作同樣的功能。

小明心想：「這有什麼難的？」，於是就一樣用了 btoa，可是這次卻出現了不同的結果，居然噴出了錯誤：

Uncaught ReferenceError:btoa is not defined

小明百思不得其解，為什麼同樣的函式，之前可以用，現在卻不能用了？難道這個函式同時存在也不存在於 JavaScript 之中？

會發生這件事情，就是因為小明心中並沒有 runtime 的概念。

什麼是 runtime？

JavaScript 是一個程式語言，所以像 var、if else、for 或是 function 等等，這些都是 JavaScript 的一部分。但是除了語言本身以外，JavaScript 需要有地方執行，而這個地方就叫做執行環境（runtime），舉個例子，大家最常用的 runtime 就是「瀏覽器」。

1-42

1.4 JavaScript 的執行環境：為什麼這個不能用？

所以你的 JavaScript 是在瀏覽器這個 runtime 上執行的，而這個 runtime 會提供給你一些東西使用，例如說 DOM（document）、console.log、setTimeout、XMLHttpRequest 或是 fetch，這些其實都不是 JavsScript（或是更精確地說，ECMAScript）的一部分。

這些是瀏覽器給我們使用的，所以我們只有在瀏覽器上面執行 JavaScript 時才能使用。開頭時小明所使用的 atob 跟 btoa 也是，這兩個函式並不是 ECMAScript 規格中的一部份，而是瀏覽器提供給 JavaScript 的，這也是為什麼我們在使用 Node.js 時，就突然沒辦法用了，因為 Node.js 這個 runtime 並沒有提供這兩個函式。

以下圖為例，左邊是 Node.js 這個 runtime，中間是 JavaScript 本身的東西，右邊則是瀏覽器這個 runtime，各有各的東西：

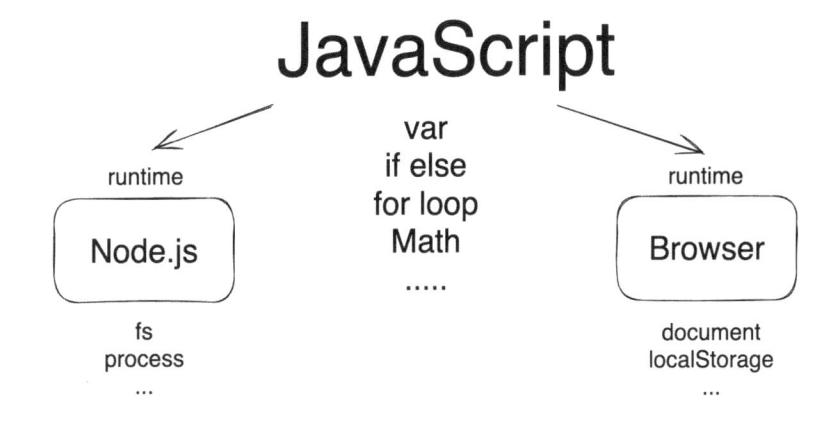

▲ 圖片 1-2

因此你可能有過類似的經驗，想說為什麼一樣的程式碼搬到 Node.js 去就沒辦法執行。現在你知道了，那是因為 Node.js 並沒有提供這些東西，例如說 document 或是 atob，就沒辦法直接在 Node.js 裡面使用它（如果可以，就代表你有用其它 library 或是 polyfill）。

1 從重新認識 JavaScript 開始

相反過來也是，你用 Node.js 執行一段 JavaScript 程式碼時，你可以用 process 或是 fs，但在瀏覽器上面就沒辦法。不同的 runtime 會提供不同的東西，你要很清楚現在是在哪個 runtime。

重點來了，該如何分辨某個功能是 runtime 提供的，還是 JavaScript 內建的？

靠著一個原則，就可以有大概八成的機率分辨正確，那就是：「這個功能是否跟 runtime 本身有關？」

舉例來說，DOM（Document Object Model） 跟 BOM（Browser Object Model）這兩組 API，就跟瀏覽器有很大的關係。在使用 Node.js 這個 runtime 時，我們不會有 document，因為根本沒有所謂的頁面，也不會有 localStorage，所以像是 document 跟 localStorage，都是瀏覽器給的，而不是 JavaScript 這個語言本身的東西。

又或者像是 process，可以讀到許多執行緒相關的資訊，瀏覽器不可能讓你做這種事情，所以顯然在瀏覽器上面無法使用，是 Node.js 這個 runtime 專屬的東西。

而另外兩成就是一些例外了，看起來與 runtime 無關，但其實有關。例如說 btoa，只是轉成 Base64 而已，跟 runtime 有什麼關係？可是好巧不巧，它就是由 runtime 所提供的。

還有 console，這其實也是 runtime 提供的，而且有個特性要注意，那就是有時候不同的 runtime 會提供相同的東西。例如說 console 跟 setTimeout，在瀏覽器以及 Node.js 都有，可是它們都不是 JavaScript 的一部份，而是 runtime 提供的。

而且儘管它們看起來一樣，內部實作卻是完全不同，表現方法也可能不同。舉例來說，瀏覽器的 console.log 會輸出在 devtool 的 console，而 Node.js 則是會輸出在你的 terminal 上面。另一個例子是 setTimeout 跟 setInterval，雖然說瀏覽器跟 Node.js 都有這組 API，可是背後的實作卻完全不同，它也是屬於 runtime 的。

1.4 JavaScript 的執行環境：為什麼這個不能用？

如果你想確認一個 API 是不是 runtime 提供的，有個簡單又正確的方式，那就是去找 ECMAScript 的規格或是 MDN 來看。以 atob 為例，在 MDN 下方 Specifications 的段落中，你可以看見它的出處是 HTML Standard，並不是 ECMAScript，就代表它並不是 ECMAScript 的一部分：

Specifications

Specification
HTML Standard # dom-atob-dev

▲ 圖 1-3

簡單來說呢，只要你在 ECMAScript 的規格上找不到它，就代表它是由 runtime 所提供的。

在 MDN 上面，這些並不是由 ECMAScript 原生提供，而是由瀏覽器所提供的 API，又叫做 Web API，底下我列幾個比較常誤會是 JavaScript 的一部分，但其實是 runtime 提供的 API：

1. console
2. fetch
3. performance
4. URL
5. setTimeout
6. setInterval

從不同 runtime 學習 JavaScript

有許多人在學習 JavaScript 時，第一個碰到的都是瀏覽器，因此很有可能會留下：「JavaScript 只能在瀏覽器上執行」這個錯誤的印象。除了瀏覽器以外，JavaScript 還有另一個 runtime 叫做 Node.js，官網上的介紹是：

> quote

Node.js® is a JavaScript runtime built on Chrome's V8 JavaScript engine.

透過 Node.js 這個 runtime，我們的 JavaScript 程式碼可以脫離瀏覽器執行。我很推薦大家都去看一下 Node.js，使用一下它提供的 API，像是 process 或是 fs 之類的，寫一點小玩具出來。當你熟悉不同的 runtime 以後，會發現 runtime 除了提供更多 API 以外，它同時也是個限制器。

當你的 runtime 是瀏覽器時，你可以做的功能自然而然就會受到瀏覽器限制。舉例來說，你不能「主動讀取」電腦中的檔案，因為瀏覽器基於資安上的考量，不讓你做這件事情。你也不能把電腦重新開機，因為瀏覽器不讓你這樣做。在進行網路相關操作的時候，也會受到同源政策跟 CORS 的限制，這些都是瀏覽器這個 runtime 才有的限制。

上面講的這些限制，一旦你換了個 runtime，就都沒問題了。使用 Node.js 來執行程式碼時，你可以讀取檔案，可以把電腦重開機，也沒有什麼同源政策跟 CORS 這些限制，你想幹嘛就幹嘛，想發送 request 給誰就給誰，response 都不會被攔截住。

之所以建議大家去學習 Node.js，是為了讓大家清楚意識到自己在執行程式碼時，所受的限制是誰給的限制。是 JavaScript 本身的限制，還是 runtime 給的限制？意識到這點以後，就會對 JavaScript 的認知更為全面。

在這個章節裡面，我們學到了 runtime 的概念，知道了當你在使用 JavaScript 時，有些 API 是這個語言本身內建的，例如說 JSON.parse 或是 Promise，你可以在 ECMAScript 的規格書中找到它們的說明。

而有些 API 則是 runtime 提供的，例如說 atob、localStorage 或是 document，就是瀏覽器所提供的 API，一旦脫離了瀏覽器這個 runtime，就沒有這些 API 可以用。

但這並不代表在瀏覽器跟在 Node.js 這兩個 runtime 上面都可以使用的 API，就是語言內建的 API。舉例來說，console 以及 setTimeout 在瀏覽器以及 Node.js 上面都可以使用，可是它們都是 runtime 提供的。

也就是說，瀏覽器實作了 console 與 setTimeout 的 API，實作了計時器的機制，並且提供給 JavaScript 使用，而 Node.js 也實作了同樣的 API，也提供給 JavaScript 使用。雖然說表面上看起來是同一個 function，但背後的實作卻不同，這就好像你去全家可以買到飯糰，你去 7-11 也可以買到飯糰，雖然說都是飯糰，但背後的供應商其實不一樣。

有了 runtime 的概念之後，以後如果碰到某個 function 在瀏覽器可以用，但是在 Node.js 上不能用，你就知道是為什麼了。

小結

在本書的第一個章節，我們從許多不同的角度去重新認識了 JavaScript，先是從歷史的角度開始，去回顧 JavaScript 誕生的年代以及早期與 Java 的關係，接著去認識了 JavaScript 的包袱，身為網頁三劍客的一員，沒有辦法逃離向下相容的命運，就算有明顯的 bug 也不一定能修掉。

再來，則是一窺了 JavaScript 的真理，實際去閱讀了 ECMAScript 的規格，也看了 V8 中的程式碼，更進一步理解我們平常在用的程式語言，如果要寫成規格會長成什麼樣子，而瀏覽器的實作又是什麼樣子，這些有幫助於我們更進一步去認識 JavaScript。

我希望當日後你跟別人提及本書中所寫的內容時，當別人問你說：「真的假的？」的時候，你的答案不是：「真的啦，書裡這樣寫的啊，Huli 說的都是對的」，而是：「真的啦，我看過 ECMAScript 的規格了，裡面就是這樣寫的」。

1 從重新認識 JavaScript 開始

我說的東西不一定都是對的，本書中也可能會出現沒有調查完全或是理解錯誤的狀況，碰到這種時候，就是讓你自己去查 ECMAScript 的好時機了。

而最後也學習了執行環境的差異，能夠區分哪些功能是語言本身的，哪些又是執行環境給你的。

第一章就到這邊告一個段落，希望這四個小章節有讓大家重新認識 JavaScript，學到以前從來沒有學過的知識。沒學到的話也沒有關係，這才第一章而已，之後還有很多內容呢！

2

重要與不重要的資料型別

在本書的開頭中有提到過 JavaScript 是最常被作為梗圖吐槽的程式語言之一，而很多常見的吐槽點都是跟 JavaScript 的資料型別有關，例如說 []== 0 或是 018 == '018' 是 true，但是 017 == '017' 卻是 false 等等，只要你想，可以玩出一堆新花樣，然後發一堆梗圖騙流量。

2　重要與不重要的資料型別

雖然有些型別轉換確實令人難以理解，但我認為有許多都是不重要的，就算不知道也沒關係的那種。我喜歡把資料型別分成兩種，重要的跟不重要的，你可以在大多數吐槽 JavaScript 的文章或梗圖中找到那些不重要的資料型別，話又說回來，那到底怎麼區分重要還是不重要的？

我自己的分法是：「在日常開發中是不是會碰到？」，像是 []== 0 這種狀況，在日常開發中就屬於很難碰到的狀況，因為你不會這樣寫。相反地，如果是 '12'== 12 這種就是重要的，因為在日常開發的時候很容易碰到字串與數字的比較，必須要熟悉背後的規則。

雖然現在 TypeScript 盛行，如果有在用 TypeScript 開發的話，已經可以避開大多數的資料型別問題，但我認為還是有熟悉資料型別的必要性，一方面可以讓你更加了解 JavaScript，另一方面也能避開一些所謂的「坑」。

那到底怎樣叫做坑？我曾經想過這個問題，舉個例子好了，幾乎所有 JavaScript 的奇怪行為，都有明文記載在 ECMAScript 中，所以只要跟著規格書寫的走，就能知道每一種型別比對的結果，是可以預測的。那我們應該怪罪 JavaScript 設計不好，還是怪罪那些人沒有先看說明書？

前端框架 Vue 的作者尤雨溪有在他的推特上給出了對「坑」的定義：「不小心就會寫出行為不符合預期的程式碼」，我認為這個定義滿不錯的，因此在找到更好的定義之前，都會遵從這個原則。

舉個例子，前面有提過 new Date().getMonth() 會回傳 0~11，而不是 1~12，這點是因為複製 Java 早期的行為，而且文件上也有寫清楚，但確實不符合一般人寫程式時的直覺，誰會認為月份應該要少 1？因此這個就屬於坑，是語言的設計不良。

但像是 []== 0 這種狀況，雖然說它的結果確實可能不符合預期，但重點是你很難「寫出這種程式碼」，因此我覺得這個就不算坑，屬於不重要的資料型別。再舉個例子，底下這四種運算的結果是什麼？

1. []+ []

2. []+ {}

3. {}+ []

4. {}+ {}

答案是：我也不知道。

上面這四種也會被我歸類在「不重要的資料型別」，原因相同，都是日常開發的時候很難或是根本不會寫出這樣的程式碼。學習「重要的資料型別概念」，可以讓我們在日常開發時如魚得水，辨識出容易犯錯的地方並且避開，對於日常寫程式是有幫助的。

而那些我所定義的「不重要的資料型別」，也不是全然沒有用處，這些知識對於日常開發的幫助甚少，但如果你想成為 JavaScript 大師，擁有各種 JavaScript 冷知識的話，那還是需要學習的。像我自己其實就滿喜歡一些 JavaScript 冷知識，儘管他們對日常開發沒有幫助，而且也不太重要。

在這個章節中，我會帶大家一起看幾個我認為重要的資料型別，以及容易犯錯的地方。如果有一些我覺得滿有趣的 JavaScript 小知識，儘管它對日常開發可能不重要，我也會稍微提到一下。

2.1 JavaScript 到底有幾種資料型別？

要談型別之前，我們應該要先知道 JavaScript 中一共有幾種型別，並且對每一種型別都有最基本的理解，之後才能針對每一種型別加以探討。

在繼續閱讀下去以前你可以想想看，你知道的 JavaScript 有幾種資料型別？

想要知道答案，當然是要追溯到前面提過的 JavaScript 真理：ECMAScript，在其中的第六章：「ECMAScript Data Types and Values」有談到了型別，而且將其分為兩種：

> quote ECMAScript

Types are further classified into ECMAScript language types and specification types.(p.25)

2 重要與不重要的資料型別

那什麼是 ECMAScript language types，什麼又是 specification types 呢？我們先來看後者：

> **quote ECMAScript**
>
> A specification type corresponds to meta-values that are used within algorithms to describe the semantics of ECMAScript language constructs and ECMAScript language types.The specification types include Reference Record,List,Completion Record,Property Descriptor,Environment Record,Abstract Closure,and Data Block. (p.51)

Specification types 人如其名，是在規格中才會用到的型別，可以拿來描述一些規格中的語法或是演算法，例如說你會在規格中看到「Reference」、「List」、「Environment Record」這些型別，它們不會在 JavaScript 語言中出現，而是只出現在規格裡面。而另外一種 ECMAScript language types，規格上是這麼說的：

> **quote ECMAScript**
>
> An ECMAScript language type corresponds to values that are directly manipulated by an ECMAScript programmer using the ECMAScript language.(p.25)

因此，這才是我們一般在談的 JavaScript 中的型別，也是我們這篇要討論的主題。

那一共有幾種型別呢？根據規格所說：

> **quote ECMAScript**
>
> The ECMAScript language types are Undefined,Null,Boolean,String,Symbol,Number,BigInt,and Object.(p.25)

所以一共有 8 種型別，分別是：

1. Undefined

2. Null

3. Boolean

4. String

5. Symbol

6. Number

7. BigInt

8. Object

有些人可能會算成 7 種，少了最新的 BigInt，有些會算成 6 種，再少了 ES6 新增的 Symbol，但總之呢，答案是 8 種。接著，我們就來簡單看一下規格上是怎麼描述這八種型別的，以及基本的使用方式。

1. Undefined

規格上是這樣描述的：

> quote ECMAScript

The Undefined type has exactly one value, called **undefined**. Any variable that has not been assigned a value has the value **undefined**.(p.25)

所以，Undefined 是一個型別，而 undefined 是一個 Undefined 型別的值，這就像是「Number 是一個型別，而 9 就是 Number 型別的值」，是一樣的意思。

Undefined 這個型別就只有 undefined 這個值，當一個變數沒有被賦予任何值的時候，它的值就是 undefined。這點很容易可以被驗證：

```
var a
console.log(a) // undefined
```

2 重要與不重要的資料型別

用 typeof 也可以得到 'undefined' 這個結果：

```
var a
if (typeof a === 'undefined') { // 注意，typeof 的回傳值是字串
  console.log('hello') // hello
}
```

2. Null

規格上的描述更簡單了：

> **quote ECMAScript**

The Null type has exactly one value,called null.(p.25)

有些人會搞不太清楚 null 與 undefined 的差別，因為這兩個確實是有點類似，undefined 基本上就是不存在的意思，而 null 是「存在但沒有東西」，有種刻意用 null 來標記「沒東西」的感覺。

另外，還有一個地方要注意，就是如果用 typeof 的話，你會得到 'object' 這個錯誤的結果：

```
console.log(typeof null) // 'object'
```

這是 JavaScript 最著名的 bug 之一，在最初的 JavaScript 引擎的實現中就已經存在了。而如同我們前面所說過的，由於要向下相容的緣故，這個錯誤的行為已經沒有辦法被改變了。

3. Boolean

規格上的描述是：

> **quote ECMAScript**

The Boolean type represents a logical entity having two values,called **true** and **false**.(p.25)

所以 Boolean 這個型別的值不是 true 就是 false，這大家也應該都滿熟悉的，就不多提了。

4. String

String 在規格上的描述比較長，我們擷取其中一段來看：

> **quote ECMAScript**

The String type is the set of all ordered sequences of zero or more 16-bit unsigned integer values("elements")up to a maximum length of 2^53-1 elements. The String type is generally used to represent textual data in a running ECMAScript program,in which case each element in the String is treated as a UTF-16 code unit value.(p.26)

上面寫說字串就是一連串的 16-bit 的數字，而這些數字就是 UTF-16 的 code unit，字串的長度最多則是 2^53-1。

相信很多人看了之後可能還是搞不太懂這是什麼意思，有關於 UTF-16 跟字串編碼的東西，之後的章節中會再提到，目前我們只要大概看過字串的定義就好了。

5. Symbol

接著我們來看看 Symbol：

> **quote ECMAScript**

The *Symbol type* is the set of all non-String values that may be used as the key of an Object property.

Each possible Symbol value is unique and immutable.

Each Symbol value immutably holds an associated value called[[Description]] that is either **undefined** or a String value.(p.27)

2 重要與不重要的資料型別

Symbol 是 ES6 才新增的資料型別，如同上面所述，是除了字串以外唯一可以當作 object 的 key 的東西，而每一個 Symbol 的值都是獨一無二的。

我們一樣直接來看個範例比較快：

```
var s1 = Symbol()
var s2 = Symbol('test') // 可以幫 Symbol 加上敘述以供辨識
var s3 = Symbol('test')
console.log(s2 === s3) // false，Symbol 是獨一無二的
console.log(s2.description) // test，用這個可以取得敘述

var obj = {}
obj[s2] = 'hello' // 可以當成 key 使用
console.log(obj[s2]) // hello
```

簡單來說，Symbol 基本上是拿來當物件的 key 用的，因為它獨一無二的特性，所以不會跟其他 key 相衝突。話雖如此，如果你想要的話還是可以用 Symbol.for() 來取得同樣的 Symbol，像是這樣：

```
var s1 = Symbol.for('a')
var s2 = Symbol.for('a')
console.log(s1 === s2) // true
```

為什麼可以做到這樣呢？因為當你在用 Symbol.for 這個 function 的時候，它會先去一個全域的 Symbol registry 尋找有沒有這個 Symbol，如果有的話就回傳，沒有的話就新建一個，然後把建立好的寫入到 Symbol registry 中。因此其實也不是產生同樣的 Symbol，只是幫你找出之前已經建立好的 Symbol 而已。

除此之外，還有一個重要的特性是隱藏資訊，當你在用 for in 的時候，如果 key 是 Symbol 型別，並不會被列出來：

```
var obj = {
  a: 1,
  [Symbol.for('hello')]: 2
}
for(let key in obj) {
  console.log(key) // a
}
```

2.1 JavaScript 到底有幾種資料型別？

知道了 Symbol 的這些特性以後，你可能會跟我一樣好奇，那實際上 Symbol 到底可以用在哪邊，又該如何使用呢？

想知道這問題的答案，我們可以來看一個經典的實際案例：React。如果你有寫過 React 的話，對這樣的寫法應該不陌生：

```
function App() {
  return (
    <div>hello</div>
  )
}
```

這樣子把 JavaScript 跟 HTML 混在一起寫的語法叫做 JSX，而這背後其實是利用 Babel 的 plugin，把上面的程式碼轉換成底下這樣的形式：

```
function App() {
  return (
    React.createElement(
      'div', // 標籤
      null, // props
      'hello' // children
    )
  )
}
```

而 React.createElement 會回傳一個像是這樣的 object，就是我們平常在講的 virtual DOM：

```
{
  type: 'div',
  props: {
    children: 'hello'
  },
  key: null,
  ref: null,
  _isReactElement: true
}
```

2 重要與不重要的資料型別

所以 JSX 的背後也是 JavaScript，沒什麼特別的，JSX 只是把語法包裝了一下，讓可讀性變得更好，寫起來也更加容易。如果你是用 Vue 的話，或許有用過 h 這個函式，也是用來建立 virtual DOM 的。

而 React 對於 XSS 有做防護，所以除非使用 dangerouslySetInnerHTML 這個屬性，否則你是沒辦法插入 HTML 的，例如說底下這樣：

```
function App({ text }) {
  return (
    <div>{text}</div>
  )
}

const text = "<h1>hello</h1>"
ReactDOM.render(
  <App text={text} />,
  document.body
)
```

你所傳進去的 text 在放到 DOM 時會用 textContent 的方式放上去，所以最後只會出現純文字的 <h1>hello</h1>，而不是以 HTML 標籤的形式出現。像這種內建的機制，幫助開發者避免掉很多安全性的問題，許多框架都有類似的設計。舉例來說，寫 Vue 的時候也是一樣的，如果沒有用到 v-html 的話，放入的內容也都是純文字。

好，這些看起來都沒有問題，但如果上面範例的 text 不是文字，而是一個物件的話，會發生什麼事情呢？例如說這樣：

```
function App({ text }) {
  return (
    <div>{text}</div>
  )
}

const text = {
  type: 'div',
  props: {
    dangerouslySetInnerHTML: {
```

```
      __html: '<img src=x onerror="alert(1)">'
    }
  },
  key: null,
  ref: null,
  _isReactElement: true
}
ReactDOM.render(
  <App text={text} />,
  document.body
)
```

如果你現在去試的話，會出現錯誤：「Objects are not valid as a React child」，告訴你說物件不是合法的 React child，所以不能 render。

但是呢，在早期的版本可不是這樣的。

在 React v0.14 以前，由於 React.createElement 會回傳一個物件，因此我們可以直接把 text 變成 React.createElement 會回傳的格式，它就會被看成是一個元件，然後我們就可以控制它的屬性，透過前面提到的 dangerouslySetInnerHTML，來塞入任意的值，進而達成 XSS！

這就是 React 在 v0.14 以前的漏洞，只要攻擊者傳入的物件被渲染出來，就能夠插入任意 HTML，變成一個 XSS 漏洞。

你可以設想一個狀況，假設某個網站有個設定暱稱的功能，在顯示暱稱的部分，這個網站會去打 API，根據 API 回傳的 response.data.nickname 去 render React component，而 server 有個 bug 是在設定暱稱時，雖然說照理來講只能填字串，但因為沒有做型態檢查，導致你可以把暱稱設定成物件。

因此，假設你把暱稱設定成物件，就可以像上面那樣設置成一個 React component，在 render 的時候就會觸發 XSS。

那修復方式是什麼呢？很簡單，就是把原本的 _isReactElement 換成 Symbol：

2 重要與不重要的資料型別

```
const text = {
  type: 'div',
  props: {
    children: 'hello'
  },
  key: null,
  ref: null,
  $$typeof: Symbol.for('react.element')
}
```

為什麼這樣就可以了呢？因為根據我們剛剛上面設想的狀況，我在把暱稱修改成 object 的時候，$$typeof 傳什麼都不對，都沒辦法是 Symbol.for('react.element')，因為 Symbol 的特性就是這樣，我不可能從 server 端產生出這個值。

如此一來，React 就能防範我們上面講的攻擊方式，因為改成 Symbol 的緣故，攻擊者就不能透過一個從 server 或其他地方來的 object 去偽裝成 React component，這就是 Symbol 在實際用途中很重要的一個部分。

其實不只前端有這個問題，後端也有。現在有很多 ORM 的函式庫，讓你用操控物件的方式去操控資料庫裡的資料，像是這樣：

```
async function findUser(username) {
  const user = await User.where({
    username
  })
  return user
}
```

如果我輸入的 username 是 huli，就會去資料庫中查詢 username = "huli' 的資料出來。然而，如果後端沒有對 username 進行限制，那攻擊者就可以傳入一個 object，並且利用 ORM 的功能進行有條件的查詢：

```
async function findUser(username) {
  const user = await User.where({
    username: {
      startsWith: 'a'
    }
  })
```

```
  return user
}
```

有些條件甚至可以讓攻擊者列舉出資料庫中的所有資料。

要防範這種攻擊，除了後端應該先檢查資料型態的正確與否以外，在函式庫的部分通常也會利用 Symbol 來改善，把這些條件查詢都改成用 Symbol 的形式，像是這樣：

```
import { Op } from 'orm'
async function findUser(username) {
  const user = await User.where({
    username: {
      [Op.startsWith]: 'a'
    }
  })
  return user
}
```

上述的 Op.startsWith 就是一個 Symbol，因此傳入的資料絕對不可能符合，自然也就杜絕了剛剛講的問題。

6. Number

Number 的 spec 也很長，我們簡單看一下：

> **quote ECMAScript**

The *Number type* has exactly 18,437,736,874,454,810,627(that is,$2^{64}-2^{53}+3$)values,representing the double-precision 64-bit format IEEE 754-2019 values as specified in the IEEE Standard for Binary Floating-Point Arithmetic,except that the 9,007,199,254,740,990(that is,$2^{53}-2$)distinct "Not-a-Number"values of the IEEE Standard are represented in ECMAScript as a single special **NaN** value.(p.30)

裡面有提到了 Number 這個型別有可能的值，是有一個明確數字的，也就是說這個型別並不能完整地儲存所有的數字，一旦超過某個範圍就會有誤差。

2 重要與不重要的資料型別

再者,規格也寫說它儲存的形式是「double-precision 64-bit format IEEE 754-2019」,有清楚地說明是按照哪一個規格在存,從中也可以看出 JavaScript 中的數字都是 64 bit。

上面講到的範圍是很重要的一個部分,看底下範例比較清楚:

```
var a = 123456789123456789
var b = a + 1
console.log(a === b) // true
console.log(a) // 123456789123456780
```

為什麼一個數字加一之後居然還是一樣?而且為什麼印出來的並不是我們當初設定的值?仔細想想,其實會發現以 Number 的儲存機制來說,是非常合理的,上面有講到 JavaScript 中的 Number 是個 64 bit 的數字,而 64 bit 是個有限的空間,所以能存的數字當然也是有限的。

這就像鴿籠原理一樣,你有 N 個籠子跟 N+1 隻鴿子,把所有鴿子放到籠子裡面,勢必會有兩隻鴿子在同一個籠子裡。Number 也一樣,儲存空間是有限的,數字是無限的,所以一定沒辦法精準地儲存所有數字,一定會有誤差產生。

有關於其他細節,會在之後的章節中探討到。

7. BigInt

BigInt 是 ES2020 才新增的型別,描述如下:

> quote ECMAScript

The BigInt type represents an integer value.The value may be any size and is not limited to a particular bit-width.(p.38)

可以看到跟剛剛的 Number 有個很明顯的差別,那就是理論上 BigInt 可以儲存的數字似乎是沒有上限的,從這點也能大概猜出什麼時候該用 BigInt,什麼時候又該用 Number。

2.1 JavaScript 到底有幾種資料型別？

剛剛 Number 的例子如果用 BigInt 來改寫，就不會有問題：

```
var a = 123456789123456789n // n 代表 BigInt
var b = a + 1n
console.log(a === b) // false
console.log(a) // 123456789123456789n
```

這就是為什麼我們需要 BigInt，更多細節之後會再提及。

8. Object

最後來看看我們的 Object，底下我跳著節錄幾個重點：

quote ECMAScript

An Object is logically a collection of properties.

Properties are identified using key values.A property key value is either an ECMAScript String value or a Symbol value.All String and Symbol values,including the empty String,are valid as property keys.A property name is a property key that is a String value.

Property keys are used to access properties and their values(p.42)

物件是由很多屬性（property）組成，而第二段所說的「key value」其實就是我們常在講的 key，用來取得某個屬性的值。從規格上也可以看出一些很有趣的東西，例如說物件的 key 一定要是字串或是 Symbol，也就是說如果你用數字當作 key，其實背後還是字串：

```
var obj = {
 1: 'abc',
}
console.log(obj[1]) // abc
console.log(obj['1']) // abc
```

2-15

2 重要與不重要的資料型別

而且空字串也可以拿來當作 key，是合法的：

```
var obj = {
  '': 123
}
console.log(obj['']) // 123
```

物件在 JavaScript 中是個很重要的概念，所以之後有會有相關章節專門講物件。

話說，相信大家都有聽過一個說法，那就是在 JavaScript 裡型別有分兩種，原始型別（Primitive data type）跟物件，除了物件以外的型別都是原始型別。

不過在 ECMAScript spec 中，其實並沒有出現「primitive data type」這個詞，只有出現「primitive values」，例如說：

> **quote ECMAScript**

A primitive value is a member of one of the following built-in types:Undefined,Null,Boolean,Number,BigInt,String,and Symbol;an object is a member of the built-in type Object;(p.4)

而「primitive type」這個詞有出現，但只出現了唯一一次：

> **quote ECMAScript**

If an object is capable of converting to more than one primitive type,it may use the optional hint preferredType to favour that type(p.62)

網路上能查到最多出現 primitive data type 這個詞的是 Java，雖然 JavaScript 的規格中沒有出現，也沒有正式定義「primitive data type」或是「primitive type」（只有 primitive value 有正式定義），但把表示 primitive value 的資料型別稱之為 primitive data type，似乎也滿合理的就是了。

總之這只是一些名詞而已，我只是補充在規格上的文字，日常使用的時候我覺得講 primitive data type 也無妨。

2.1 JavaScript 到底有幾種資料型別？

以上就是目前 ECMAScript 2024 規格中提到的 8 種不同的資料型別，分別是：

1. Undefined
2. Null
3. Boolean
4. String
5. Symbol
6. Number
7. BigInt
8. Object

我稍微介紹了一下每個型別，以及一些從 spec 上看到的小知識，也針對 Symbol 這個型別做了更完整的介紹。看完這些之後我自己很好奇一個問題，那就是什麼時候會有第九種？如果有的話，最有可能會是什麼？

我查了一下 TC39 的 proposal，原本有個在 stage2 的提案：Record 與 Tuple，這個提案的內容是新增兩個 primitive type，一個是與 Object 類似的 Record，另一個是與 Array 類似的 Tuple。

它的語法是這樣的：

```
const record = #{
  id: 123
}
console.log(record.id) // 123

const tuple = #[1, 2, 3]
console.log(tuple[0]) // 1
```

2-17

2 重要與不重要的資料型別

乍看之下，其實跟原本物件以及陣列的差別，就只有前面多了一個 # 號。但是呢，這個提案最主要的內容，是希望這兩個新增的資料型別是不可變（Immutable）的，所以一旦建立了，就沒有辦法修改裡面的值，例如說 record.id = 4，這樣是不行的。

如果要修改值的話，就必須新建一個 record，例如說 const record2 = {...record,id:5}，來確保每一個被建立出來的資料都是不可變的。

而這個新的型態為什麼要是 primitive 呢？為什麼不能像 Set 以及 Map 那樣就好？原因有很多個，其中一個原因是對於 record 以及 tuple 的比較，會希望是比較「裡面的值」，範例如下：

```
console.log(#[1] === #[1]) // true
console.log([1] === [1]) // false
```

原本無論是用物件還是陣列去做比較，比的都不是裡面的值，而 record 與 tuple 這兩個新的資料型別則不同，希望能比較的是值，而不是 reference。

當初在寫這個提案的介紹時，還沒有什麼進展，但是 2025 年 4 月 15 日時，這個提案因為得不到更多共識因此被撤回了，正式宣告死亡，看來要新增一個新的 primitive type 還要再等等了。

2.2 Number 與 BigInt

在 JavaScript 中，數字就是一個我覺得很重要的型態。原因很簡單，那就是數字很常用到，而且有不少坑可以踩，如果不了解這些點的話，會很容易在不知不覺中寫出有問題的程式碼。

在這個章節裡面，我會介紹一些常見的容易寫出 bug 的地方，除此之外，也會介紹一些有趣的知識以及用法。

數字與字串的轉換

JavaScript 新手寫出的第一個 bug，大概有一半都跟數字與字串的型別轉換有關。在 JavaScript 中，當你拿一個字串跟數字相加時，結果會是字串而非數字：

```
console.log(1 + '2') // '12'
console.log('2' + 1) // '21'
```

可以在 ECMAScript 的規格的第 284 頁 13.15.3 ApplyStringOrNumericBinaryOperator 找到加號背後的邏輯，其中第一步就有寫對於字串的處理：

> **quote ECMAScript**
>
> 1. If *opText* is +,then
>
>   a. Let *lprim* be ?ToPrimitive(*lval*).
>
>   b. Let *rprim* be ?ToPrimitive(*rval*).
>
>   c. If *lprim* is a String or *rprim* is a String,then
>
>   i. Let *lstr* be ?ToString(*lprim*).
>
>   ii. Let *rstr* be ?ToString(*rprim*).
>
>   iii. Return the string-concatenation of *lstr* and *rstr*.
>
>   d. Set *lval* to *lprim*.
>
>   e. Set *rval* to *rprim*.

首先，會執行 ToPrimitive，把加號左右兩邊的東西變成原始型別，這一步的操作是因為加號左右兩邊有可能是物件，所以需要先轉成原始型別，這個當我們講到物件時會再詳細提到。接著，如果左右兩邊有任何一個是字串，就會把左右兩邊都轉成字串，並且回傳字串相加的結果。

2　重要與不重要的資料型別

程式語言可以分成靜態型別（static typing）與動態型別（dynamic typing），前者的變數型態在編譯的時候就已經決定了，沒辦法更改，而後者則是在執行期間才會決定，而 JavaScript 很明顯就是屬於動態型別。而其他程式語言如 Python 以及 Ruby，也都是動態型別的程式語言。

可是在 Python 以及 Ruby 中，就沒辦法把數字跟字串相加，Python 會回傳以下結果：

```
"2"+ 1
TypeError:can only concatenate str(not"int")to str
```

而 Ruby 也是類似：

```
a.ruby:1:in `+':no implicit conversion of Integer into String(TypeError)

puts'2'+1
     ^
        from a.ruby:1:in `<main>'
```

同樣都是動態型別的程式語言，為什麼會有這種差異呢？這是因為除了動態與靜態之外，對於型態轉換來說更重要的一個分類方式叫做強型別（Strong type）與弱型別（Weak type），這兩者的差異在於「允許自動型別轉換的程度」。

舉例來說，JavaScript 就屬於弱型別，型別之間的轉換很容易而且很自由，基本上都不會拋出什麼錯誤，而是以產生結果為優先。這樣的優點是程式「看起來不太會壞掉」，我指的是程式不會中斷執行，但缺點就是容易寫出開發者也沒有察覺到的 bug。

而 Python 與 Ruby 雖然一樣是動態型別的程式語言，但因為它們更偏向於強型別，所以不會像 JavaScript 那樣可以這麼輕易自動轉換型別。還有另一個「世界上最好的程式語言」跟 JavaScript 類似，也是動態型別加上弱型別，那就是 PHP：

```
<?php
  echo "1" + 2; // 3
?>
```

在 PHP 中，你一樣可以直接拿數字與字串相加，結果會是一個數字，背後會自動將字串先轉成數字以後再相加。

像這種隱式的型別轉換，通常都是不推薦的，因為容易寫出有問題的程式碼。這也是為什麼近幾年 TypeScript 在前端開發已經成為主流，使用了 TypeScript 以後，就可以讓 JavaScript 變得有型別，並且在編譯的時候會進行檢查，避免了很多 bug。

這種隱式的型別轉換還有一個缺點，那就是因為用起來沒感覺，所以你可能不會察覺到它們的型別是不同的，在做其他操作時就會產生錯誤。舉例來說，假設你有一個檔案，裡面有許多座標：

```
1,1
2,3
5,4
10,9
```

現在請你找出兩個距離最近的點，並且輸出這兩個點的座標，而輸出的順序是 x 小的優先。根據這個條件，可以寫出底下的程式碼：

```
const fs = require('fs')
// 先把資料讀進來
const dots = fs.readFileSync('input.txt').toString()
  .split('\n').map(line => {
    const temp = line.split(',')
    return { x: temp[0], y: temp[1] }
  })

let ans = []
let minDistance

// 根據題目要求做計算
for (let dot1 of dots) {
  for (let dot2 of dots) {
    if (dot1 === dot2) continue
    let distance = (dot1.x - dot2.x)**2 + (dot1.y - dot2.y)**2
    if (!minDistance || distance < minDistance) {
      minDistance = distance
```

```
      if (dot1.x < dot2.x) {
        ans = [dot1, dot2]
      } else {
        ans = [dot2, dot1]
      }
    }
  }
}

console.log(ans)
```

會依照題目說的把檔案讀進來，並且轉換成許多座標，接著遍歷每一種組合，去尋找距離最近的點對，在記錄結果時，也會按照題目的需求，把 x 比較小的座標放前面。

乍看之下沒什麼問題，跑了一些測試例如說 (1,1) 跟 (2,2)，也會發現結果是正常的。

但這就是我所說的，隱式的型別轉換容易讓人寫出有 bug 的程式碼而不自知，如果用的是這組測試資料：(20,1) 跟 (3,1)，你會發現輸出的結果是 [{x:'20',y:'1'},{x:'3',y:'1'}]，為什麼 x 比較大的會在前面？

這是因為從頭到尾，我們的 x 跟 y 其實都是字串，而不是數字。在計算距離時，dot1.x-dot2.x 的減法操作會自動將結果轉成數字，所以我們根本沒發現。而 bug 就在於要儲存結果時所做的 dot1.x < dot2.x，由於這邊兩邊都是字串，所以會做的是「字串的比較」而非「數字的比較」。

字串的比較會比的是所謂的「字典序」，也就是逐字比較，例如說 a 開頭的單字一定出現在 b 開頭的單字前面，所以 a 開頭的比較小。而套用到數字上也是一樣的，2 開頭的字串一定比 3 開頭的出現在字典前面，因此 20 會小於 3，205 也會小於 3。

另一個跟這個原理相同的設計不良之處，非 Array.prototype.sort 莫屬了：

```
console.log([2,10,30].sort())
// [10, 2, 30]
```

2.2 Number 與 BigInt

輸出的結果如果是 [2,10,30] 或是 [30,10,2] 我都能理解，但為什麼是 [10,2,30]？這是因為陣列的排序函數在預設的狀況下其實會把元素當作字串來排，搭配剛剛講過的字典序邏輯，自然就會排成 [10,2,30] 了，我們來看一下規格是怎麼寫的，預設的排序函式出現在 23.1.3.30.2 CompareArrayElements：

> **quote ECMAScript**

1. If *x* and *y* are both **undefined**, return $+0_\mathbb{F}$.

2. If *x* is **undefined**, return $1_\mathbb{F}$.

3. If *y* is **undefined**, return $-1_\mathbb{F}$.

4. If *comparefn* is not **undefined**, then

    a. Let *v* be ?ToNumber(?Call(*comparefn*, **undefined**, «*x*,*y*»)).

    b. If *v* is **NaN**, return $+0_\mathbb{F}$.

    c. Return *v*.

5. Let *xString* be ?ToString(*x*).

6. Let *yString* be ?ToString(*y*).

7. Let *xSmaller* be !IsLessThan(*xString*,*yString*,**true**).

8. If *xSmaller* is **true**, return $-1_\mathbb{F}$.

9. Let *ySmaller* be !IsLessThan(*yString*,*xString*,**true**).

10. If *ySmaller* is **true**, return $1_\mathbb{F}$.

11. Return $+0_\mathbb{F}$.

重點在第五步還有第六步，會直接把 x 跟 y 轉換成字串以後再進行排序。這個也是一個新手會很常碰到問題的地方，其實滿不直覺的。

2 重要與不重要的資料型別

如果想要避開這種字串跟數字混在一起的狀況，可以在進行運算之前先把輸入都從字串轉成數字，就可以少很多問題（sort 是個例外，sort 就算輸入是數字，也會當作字串來排序）。在 JavaScript 中，一般來說會透過 parseInt、parseFloat 或是 Number 這兩個函式來將字串轉成數字。

parseInt 除了可以傳入字串以外，很方便的是第二個參數可以傳入字串所用的進位系統：

```
parseInt('10') // 10
parseInt('10', 2) // 2
```

如果沒有傳第二個參數，預設就當作是十進位來轉換，傳 2 的話代表二進位，因此二進位的 10 就輸出了 2。這也解釋了為什麼 ['1','5','10'].map(parseInt) 的輸出結果是 [1,NaN,2]，正是因為 map 的第二個參數 index 對應到了 parseInt 的進位，才會產生出這個結果。

那如果都是十進位的話，到底 parseInt、parseFloat 與 Number 差在哪裡呢？聽我的不準，來看規格吧！

在 21.1.1.1 Number 的地方，可以找到執行 Number(str) 後會有的流程：

quote ECMAScript

1. If *value* is present, then

    a. Let *prime* be ?ToNumeric(*value*).

    b. If *prim* is a BigInt, let *n* be $_\mathbb{F}(\mathbb{R}(prim))$.

    c. Otherwise, let *n* be *prim*.

2. Else,

    a. Let *n* be $+0_\mathbb{F}$.

3. If NewTarget is **undefined**, return *n*.

2-24

2.2 Number 與 BigInt

可以看到就只是做了 ToNumeric 這個操作，而這個操作裡面會再呼叫 ToNumber，在 7.1.4 ToNumber 中會根據傳入的型態決定回傳結果：

> **quote ECMAScript**
>
> 1. If *argument* is a Number, return *argument*.
>
> 2. If *argument* is either a Symbol or a BigInt, throw a **TypeError** exception.
>
> 3. If *argument* is **undefined**, return **NaN**.
>
> 4. If *argument* is either **null** or **false**, return **+0**$_\mathbb{F}$.
>
> 5. If *argument* is **true**, return **1**$_\mathbb{F}$.
>
> 6. If *argument* is a String, return StringToNumber(*argument*).
>
> 7. Assert: *argument* is an Object.
>
> 8. Let *primValue* be ?ToPrimitive(*argument*, number).
>
> 9. Assert: *primValue* is not an Object.
>
> 10. Return ?ToNumber(*primValue*).

其中第六步就是我們要找的，會再去呼叫 StringToNumber：

> **quote ECMAScript**
>
> 1. Let *text* be StringToCodePoints(*str*).
>
> 2. Let *literal* be ParseText(*text*, *StringNumericLiteral*).
>
> 3. If *literal* is a List of errors, return **NaN**.
>
> 4. Return StringNumericValue of *literal*.

2 重要與不重要的資料型別

最後是回傳了 StringNumericValue，這邊可以再繼續追下去，但我們先就此打住。重點是，可以看見過程中其實沒有對 input 做什麼特殊處理，而 parseInt 就不一樣了，由於它的步驟有點多，我只節錄其中一個我覺得比較重要的：

🔍 quote ECMAScript

11. If *S* contains a code unit that is not a radix-*R* digit, let *end* be the index within *S* of the first such code unit; otherwise, let *end* be the length of *S*.

意思就是說，它會自動截斷到合法的字元，看下面的範例比較好懂：

```
parseInt('25px') // 25
Number('25px') // NaN
```

由於 p 並不是十進位中的合法字元，所以會自動截斷，只留下前面的 25，但 Number 則不一樣，會把整個都當作數字來解析，回傳 NaN。而 parseFloat 也是類似的，只是描述的方式不太一樣：

🔍 quote ECMAScript

1. Let *inputString* be ?ToString(*string*).

2. Let *trimmedString* be !TrimString(*inputString*, start).

3. Let *trimmed* be StringToCodePoints(*trimmedString*).

4. Let *trimmedPrefix* be the longest prefix of *trimmed* that satisfies the syntax of a *StrDecimalLiteral*, which might be *trimmed* itself. If there is no such prefix, return **NaN**.

5. Let *parsedNumber* be ParseText(*trimmedPrefix*, *StrDecimalLiteral*).

6. Assert: *parsedNumber* is a Parse Node.

7. Return StringNumericValue of *parsedNumber*.

這裡的第四步其實跟剛剛的 parseInt 一樣，都是會自動截斷到合法的字元為止，而最後一步回傳 StringNumericValue 跟 Number() 是一樣的。

而實務上的使用會根據你的輸入類型不同，而選用不同的函數，一般狀況下如果不需要指定進位，又能保證輸入一定是數字的話，我會選用 Number，因為搭配 map 使用也不會出錯。

話說還有另一個常見的方式，是在變數前面放一個加號：

```
var str = '123'
+str // 123
```

從規格中可以得知，這個方式最後也是呼叫 ToNumber，跟直接使用 Number 是差不多的：

> quote ECMAScript

13.5.4.1 Runtime Semantics:Evaluation

UnaryExpression:+ *UnaryExpression*

1. Let *expr* be?Evaluation of *UnaryExpression*.

2. Return?ToNumber(?GetValue(*expr*)).

再順便提一個跟型別有點關係，也是初學者容易犯錯的地方，那就是多重比較，有些新手會寫出以下程式碼：

```
let score = 72
if (score > 100) {
  console.log('超出範圍')
} else if (100 >= score >= 60) {
  console.log('及格')
} else {
  console.log('不及格')
}
```

出錯的地方在於，這一段程式碼跟你想的不一樣：100 >= score >= 60，雖然看起來好像是在判斷 score 是否介於 60 到 100 中間，但在 JavaScript 中這種比較的運算子只會有左右兩邊，一次只能比較兩個，因此 100 >= score >= 60 其實就是 (100 >= score) >= 60，而前面 100 >= score 的結果是 true，因此下一步是判斷 true >= 60，true 轉成數字是 1，因此答案自然就是 false 了。

如果要正確比較的話，需要分成兩次來寫，改成這樣就沒問題了：100 >= score && score >= 60。

浮點數與 IEEE 754

之前講到 Number 型別的規格時就有提到過，在 JavaScript 中，所有數字其實都是 64bit 的浮點數，並且遵循著 IEEE 754-2019 這個標準。我們先來想一下，為什麼數字要用特殊的格式來存？

如果是整數的話倒是無妨，就按照原本我們所熟知的二進位方式來存就好了，但如果是小數呢？該怎麼用 bit 去表示小數？一個很簡單暴力的做法是把 64 位元拆成兩個 32 位元，前半段表示整數部分，後半段表示小數，但這樣的問題顯而易見，那就是會浪費許多空間。

舉例來說，我如果想表達整數的話，就代表後面 32 個位元都是 0，浪費了一半的空間。因此，我們需要一種有效率的方式來儲存小數，這就是為什麼需要一個標準。

在 IEEE 754 的雙精度規格中，把 64 位元分成三個部分：符號（sign）、指數（exponent）與尾數（fraction），而它的原理說穿了也不難，其實就是把一個數字轉換成科學記號表示法，再編碼成 IEEE 754 的規格。

我們可以把所有數字都轉成 $1.xxx*2^n$ 的形式，例如說 8 好了，就是 $1.0*2^3$，我們就分別把 0（正數）、3（n 次方的部分）以及 0（尾數）存起來，就變成了一個符合 IEEE 754 格式的數字。

2.2 Number 與 BigInt

　　小數的話同理，例如說 -10.5 好了，就是 -8*1.3125，將小數轉成二進位的話就是 1.0101，因此我們要存的是 1（代表負數）、3（n 次方的部分，因為 2^3=8）以及 0101（尾數）。把一個數字正規化成固定的形式以後，就可以把每個部分存進相對應的位元當中。

　　在儲存的時候，指數部分是有支援負數的，例如說 0.5 好了，其實就是 1.00*2^-1，指數部分是 -1。為了方便比較大小，所以在儲存的時候會加上一個固定的偏移，以 64 位元來說是 1023，所以最後存進去的是 1023-1 = 1022。

　　IEEE 754 標準中最高位代表正負號，之後 11 個位元代表指數，最後剩下的 52 位元代表尾數，以我們剛剛提到的 -10.5 為例，轉換成 IEEE 754 如圖所示：

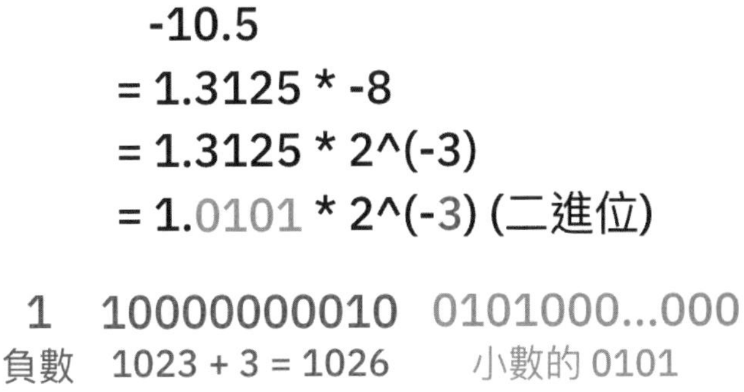

$$-10.5$$
$$= 1.3125 * -8$$
$$= 1.3125 * 2^{(-3)}$$
$$= 1.0101 * 2^{(-3)} \text{ (二進位)}$$

1	10000000010	0101000...000
負數	1023 + 3 = 1026	小數的 0101

▲ 圖 2-1

　　數字是無限的，但是儲存空間卻是有限的，因此不難想到數字的表示一定會有誤差，這就是為什麼會發生 0.1 + 0.2 卻不等於 0.3 的狀況，稱之為浮點數誤差，在許多程式語言裡面都會有這種現象的存在。

　　想要避免浮點數誤差的話有幾個方式，第一個是在計算時把數字放大，比如說一個貨幣系統有一毛跟五毛好了，你可能會想儲存成 0.1 與 0.5，但為了避開浮點數，可以改成儲存 1 與 5。

2 重要與不重要的資料型別

而另一種方式是接受誤差，並且拋棄原本一定要相等的想法。舉例來說，0.1+0.2 是否與 0.3 相等，就不是使用 === 了，而是「只要 0.3 跟它的誤差在可以接受的範圍內，就是相等」，這個範圍可以自己定，也可以使用程式語言已經內建的值：

```
Math.abs(0.1 + 0.2 - 0.3) < Number.EPSILON // true
```

不過要注意的是浮點數誤差會隨著數字範圍以及操作不同，例如說這樣：

```
Math.abs(1.1 + 1.1 + 1.1 - 3.3) < Number.EPSILON // false
```

同樣是利用這個常數來檢查，但是將三個 1.1 相加以後，與 3.3 的誤差就超出了這個範圍。

因此如果想要進行較精準的浮點數運算，還是必須依靠第三方的函式庫，例如說 decimal.js 就是一個可以幫你進行浮點數運算的函式庫。而目前也有一個還在 stage1 的提案，希望能直接在 ECMAScript 中加上 Decimal 的支援。

特別的 NaN

NaN 是個很特別的存在，它的全名是 Not-a-Number，直翻就是「不是數字」，但如果你去檢查它的型態，會發現它就是個數字：

```
typeof NaN // number
```

不過，這可不是 JavaScript 獨創的行為，而是 IEEE 754 中所規定的。雖然把 NaN 直翻成「不是數字」看起來沒什麼問題，但我自己覺得稱之為「不合法的數字」會更符合它想代表的意思。舉例來說，0/0 就會產生 NaN，表示這是一個不合法的操作。

雖然說在 JavaScript 中只有一種 NaN，但其實 IEEE 754 的規格裡定義了兩種 NaN，一個是 quite NaN，另一個是 signaling NaN，兩者的差別在於會不會觸發 exception。

還有另一個很有趣的小知識，那就是 NaN 這個值其實還可以攜帶所謂的 payload。前面有提到說 IEEE 754 會用 64 個位元表示一個數字，而 NaN 的定義是：「只要指數的 11 個位元全都是 1，後面 52 個位元不全是 0，就是 NaN」，換句話說，最後面的 51 個位元，是可以放東西進去的，這就是我前面所講的 payload。

據說原本這樣設計的理由是讓硬體在計算時如果發生錯誤，可以在 NaN 中寫入額外的資訊，例如說錯誤的原因等等，所以保留這 51 個 bit 來放入資訊。

而這個 NaN 的特性，也讓軟體工程師發明出了一種叫做 NaN Boxing 或是 NaN Tagging 的有趣用法，利用這多餘的 51 個位元來放入資訊，藉此壓縮空間，達成更有效率的空間運用，要完全理解這個用法需要不少先備知識，也需要對於 C 的語法有基本的理解，因此這邊就不多談了，有興趣的讀者可以自己利用關鍵字找尋相關文章。

在 JavaScript 中，有兩種判斷一個變數是否為 NaN 的方式，一個是 isNaN，另外一個是 Number.isNaN，看起來很像對吧？放在 global 的 isNaN 是先出來的，而 Number.isNaN 則是 ES6 之後才出現的，這兩個的差異在於前者會將輸入先轉成數字，而後者不會：

```
isNaN(undefined) // true，因為先將 undefined 轉成了數字，變成了 NaN
Number.isNaN(undefined) // false
```

而 NaN 還有個很有趣的特性，那就是它是唯一與自己不相等的東西：

```
var a = NaN
a === a // false
```

因此在規格中也有提到，可以用 X!== X 來檢查一個變數是否為 NaN：

> **quote ECMAScript**

A reliable way for ECMAScript code to test if a value X is NaN is an expression of the form X!== X. The result will be true if and only if X is NaN.

2 重要與不重要的資料型別

數字的範圍

先分享一個我在工作上實際發生過的故事,那時我們公司有一個類似論壇的系統,上面會有許多文章以及留言,而每一個留言都會有個唯一的 ID,型別是數字。而有天同事發現了一個奇怪的 bug,那就是前端拿到的 ID,居然跟後端給的對不上!更詭異的是從 DevTools 裡面看起來,還會出現兩個不同的結果。

舉例來說,當初後端給的資料類似這樣:

```
{
  "data": [
    {"id": 9100000000000000, content: 'msg1'},
    {"id": 9100000000000001, content: 'msg2'},
    {"id": 9100000000000002, content: 'msg3'},
  ]
}
```

三個訊息,有著三個不同的 ID 以及內容,但是在 JavaScript 印出來時,9100000000000001 這個 ID 卻變成了 9100000000000000!在 Chrome DevTools 裡面觀看 Network 的 response,可以明確看到上面這三個 ID,可是一旦切到 Preview 標籤時,9100000000000001 卻變成了 9100000000000000!

這到底是什麼神奇的現象?為什麼不同地方看到的資料會不一樣?

當初我剛好在旁邊,看了一眼之後就說:「應該是數字太大的關係吧?」,而之後也發現確實是這個問題,最後把 ID 換成了字串,就解決了這個問題。

那到底這跟數字太大有什麼關係呢?

在 ECMAScript 的規格中,可以看到有個常數叫做 Number.MAX_SAFE_INTEGER,規格中的敘述說明了一切:

2.2 Number 與 BigInt

> **quote ECMAScript**
>
> Due to rounding behaviour necessitated by precision limitations of IEEE 754-2019,the Number value for every integer greater than **Number.MAX_SAFE_INTEGER** is shared with at least one other integer.Such large-magnitude integers are therefore not safe,and are not guaranteed to be exactly representable as Number values or even to be distinguishable from each other.For example,both **9007199254740992** and **9007199254740993** evaluate to the Number value **9007199254740992**$_F$.

由於 IEEE 754 的精準度限制，在數字超出一定範圍時便沒有辦法精準地表達，導致有些數字變得「不安全」，沒辦法保證它的值，就如同我們上面舉的範例那樣。

背後的原理就跟前面講過的浮點數誤差類似，使用有限的空間儲存無限的數字，一定會碰到問題的。而這個 Number.MAX_SAFE_INTEGER 的值是 9007199254740991，2^53-1，超出這個範圍的數字就變得不再安全。

那如果我們就是需要使用很大的數字來計算，該怎麼辦呢？

在 ES2020 中，新增了第八個原始資料型別，叫做 BigInt，就是專門給你做大數操作的。只要在數字後面加上一個 n，就代表 BigInt 型態：

```
let num = 9100000000000000n
console.log(num + 1n) // 9100000000000001n
console.log(num + 2n) // 9100000000000002n
console.log(num + 3n) // 9100000000000003n
```

可以看到跟使用 Number 時不同，在使用 BigInt 的時候數字都是精準的，並不會有剛剛加一之後數字卻沒變的現象。

那 BigInt 有沒有上限呢？我們可以寫一隻簡單的程式讓數字不斷相乘，來測試看看極限到哪裡，先來看看 Number 的版本：

2 重要與不重要的資料型別

```
let i = 2
let prev
while(true) {
  i*=i
  if (prev === i) break
  prev = i
  console.log(i)
}
```

我們讓數字不斷與自己相乘，直到這次的結果與上次相同，而上面的程式碼會輸出以下結果：

```
4
16
256
65536
4294967296
18446744073709552000
3.402823669209385e+38
1.157920892373162e+77
1.3407807929942597e+154
Infinity
```

可以看到大約乘個 10 次以後就到極限了，這之後的結果都會是無限大。把程式碼改成 BigInt 的版本並跑起來以後，會發現不斷產生出新的數字，證明了 BigInt 似乎是沒有極限的，它唯一的極限大概就是記憶體的空間吧？

用 BigInt 來算 2 的一百萬次方，也是輕輕鬆鬆：

```
console.log(2n**1000000n)
```

那到底哪邊會需要這麼大的數字呢？

有一個實際案例，那就是加密貨幣。大家應該聽過比特幣吧？在我目前寫出這段文字的當下，一顆比特幣的價格是 130 萬台幣，很高對吧？如果講出「我有比特幣喔」，聽起來就像是在炫富（過一年後再來看，變成 300 萬台幣了。又過半年，掉到 270 萬台幣了）。

2.2 Number 與 BigInt

但其實許多加密貨幣（當然也包含比特幣）的最小單位並不是一顆，以比特幣來說，最小單位是一億分之一，又稱為 1 聰。所以就算我有比特幣，也不代表我很有錢，畢竟我很有可能只持有了 1 聰而已，換算成台幣大約是 0.01 塊。

而前面講到浮點數運算時有提到，為了避免浮點數誤差，許多操作會把數字等比例放大，藉此避免小數。而加密貨幣的世界也是如此，基本上會把數字乘以 10^18 之後再來做運算，而這個數字其實會很大，因此不可避免的就需要使用到大數了。

但其實在加密貨幣前端的世界中，最多人用的並不是原生的 BigInt，而是第三方套件，例如說 ethers 提供的 BigNumber 或是 BN.js 等等，現在有許多套件都是在做類似的事情。

舉例來說，底下的程式碼會顯示交易金額：

```
// 假設使用 BigNumber.js 函式庫
const BigNumber = require('bignumber.js');

// 模擬一筆以太坊交易金額
const ethAmountInWei = '5000000000000000000'; // 5 ETH 在 Wei 中的表示

// 將 Wei 轉換為 ETH，並顯示小數點後 2 位
const ethAmountInEther = new BigNumber(ethAmountInWei)
  .dividedBy(new BigNumber('1e18')).toFixed(2);

console.log(`交易金額：${ethAmountInEther} ETH`);
```

之所以會選用第三方套件而非原本的 BigInt，我自己猜測大概有兩個理由，第一個理由是瀏覽器的支援度。有些處理大數的套件出來很久了，那時候可能 BigInt 還沒有正式被納入規範，瀏覽器也還不支援，或是沒有支援的這麼普遍。

第二個理由是這些套件提供了更多原生沒有的功能，讓使用起來變得更加方便，因此可以節省許多時間。

2 重要與不重要的資料型別

有趣的位元運算

數字的部分聊得差不多了，最後我們來談點更有趣的：位元運算。

在 JavaScript 中有許多針對位元的操作，例如 <<、>>、| 、^ 等等，但你可能平常沒什麼在用，因為用不太到。而事實上位元操作的門檻確實比其他操作高了一些，可讀性跟其他方式比起來也略遜一籌，但如果你需要極致的效能，可以考慮看看位元運算。

舉例來說，判斷一個數字是奇數還是偶數，一般的寫法是這樣：

```
let n = 30
if (n % 2 === 0) {
  console.log(' 偶數 ')
} else {
  console.log(' 奇數 ')
}
```

直接從數學上的定義下手，簡單直白而且正確。

但同樣的問題，從位元的角度下手也相當有趣，位元運算針對的是數字所表示的二進位，因此需要從二進位的角度去思考。在二進位中，每一個 bit 都代表了 2 的 n 次方，所以第一個 bit 代表 1，第二個代表 2，第三個代表 4，以此類推，從這個規則中可以發現，如果一個數字是奇數，那第一個 bit（最低位的 bit）必定是 0。

因此，針對奇偶數的判斷，可以寫出以下程式碼：

```
let n = 30
if (n & 1) {
  console.log(' 奇數 ')
} else {
  console.log(' 偶數 ')
}
```

這邊運用了位元運算的 &，讓變數與 0000000001 去做 & 的操作，如果最後結果是 1，代表 n 的第一個 bit 必定是 1，反之亦然。如果很講求效能的話，比起除法，位元運算的效率高了不少，不過如果編譯器有做特殊的處理，並且看出了你想達成的目標，也有可能會把你的 %2 操作直接修改成位元運算，在編譯階段幫你加速。

另一個有趣的例子是判斷一個正整數 n 是否為 2 的 n 次方，如果用一般數學的角度來思考，或許會直接把數字丟給 Math.log2，去查看結果是否為正整數，是的話就代表是 2 的 n 次方。

但如果從 bit 的角度去思考，會發現 2 的 n 次方有一個特徵，那就是整串二進位中，必定只有一個位數是 1，其他都是 0，因此我們只要找到能夠辨識出這個特徵的方法就行了。

而這個方法就是 n&(n-1)，如果結果是 0，代表這個數字就是 2 的 n 次方

假設一個數是 0010 0000 好了，將其 -1 之後會變成 0001 1111，把 0010 0000 跟 0001 1111 做 & 之後，結果就是 0000 0000，代表它是 2 的 n 次方。之所以可以這樣，是因為只有 2 的 n 次方會符合這個模式，其他數字都不會。

再舉一個很實用的例子，那就是壓縮資料並且儲存狀態。假設我們正在實作一個權限系統，有傳統的 CRUD 四種權限，分別是新建、讀取、更新以及刪除資料，四種權限是分開的，因為任何一個帳號都可以有各種排列組合，一共會是 2^4 = 16 種組合。

這時候如果用字串來存這些狀態的話，一個帳號的權限可能會是一個陣列，例如說 ['create','update'] 就代表這個帳號可以建立以及修改資料，而程式中在檢查權限時，就用 if(permissions.includes('create')) 這種方式來檢查。

但我們其實可以用位元運算的技巧來壓縮資料，把每一個權限都當作一個 bit，有權限就是 1，沒權限就是 0，因此會有四個 bit，順序一樣是 CRUD，因此 0000 代表都沒有權限，1010 代表有 C 跟 U 的權限，以此類推。

在檢查權限時，就用位元運算的 &，例如說 permission&1000 > 0，就代表 permission 有 C 的權限，如此一來只用了一個數字，就可以儲存我們想要的所有權限，實作如下：

2 重要與不重要的資料型別

```
const create = 0b1000
const read   = 0b0100
const update = 0b0010
const remove = 0b0001 // delete 是保留字，改用 remove

const permission = 0b1010
if (create & permission) {
  console.log('can create')
}
if (read & permission) {
  console.log('can read')
}
if (update & permission) {
  console.log('can update')
}
if (remove & permission) {
  console.log('can remove')
}
// can create
// can remove
```

要賦予權限時也很簡單，改用 & 運算就好。

如果你覺得這個儲存權限的方式好像很眼熟，那是正常的，因為檔案系統的權限就是用這個原理。你可能有看過 chmod 777 test.txt 這個指令，那三位數字代表的分別是檔案擁有者、group 以及其他使用者所擁有的權限，而 7 這個數字是由 1 + 2 + 4 而來，就是 100、010 跟 001。

在檔案系統中，100 代表可以讀取，010 代表可以寫入，001 代表可以執行，因此如果權限是 7，二進位是 111，代表開放所有權限。一般的檔案權限大多數都是 644，代表的是檔案的主人可讀可寫，其他人都只能讀。

上面講了一些位元運算的實際案例，而我聽過最神奇的位元運算操作之一，非平方根倒數莫屬了。

在 1999 年發布的遊戲雷神之鎚 3 中，有一段程式碼必須計算平方根的倒數，也就是 1/sqrt(n)，而計算的程式碼長這樣：

```
float q_rsqrt(float number)
{
  long i;
  float x2, y;
  const float threehalfs = 1.5F;

  x2 = number * 0.5F;
  y  = number;
  i  = * ( long * ) &y; // evil floating point bit level hacking
  i  = 0x5f3759df - ( i >> 1 ); // what the fuck?
  y  = * ( float * ) &i;
  y  = y * ( threehalfs - ( x2 * y * y ) );   // 1st iteration
  // y  = y * ( threehalfs - ( x2 * y * y ) );   // 2nd iteration, this can be removed

  return y;
}
```

在程式碼中出現的魔術數字 0x5f3759df 非常知名，直接用這個數字拿去搜尋，就可以找到一堆相關的文章。這一段神奇程式碼的速度可以比直接用 sqrt 數學操作快上三四倍，背後就是歸功於位元運算以及其他數學原理。

有關於這段運算的原理牽涉到很多數學概念，要解釋起來的話大概要花個半天以及三四頁的篇幅，可惜這邊紙張太小寫不下，如果有興趣的話，讀者可以自行搜尋。

2.3 編碼與字串

看完了數字以後，我們來看一下另外一個很重要的資料型別：字串。

JavaScript 中的字串有很多有趣的地方，但有些地方直接講就不有趣了，因此我想改用題目的方式讓大家思考，看到後面有個小節叫做「有趣的字串冷知識」，這些題目都會在那個章節解答。

1. 假設 s 是任意字串，請問 s.toUpperCase().toLowerCase() 跟 s.toLower-Case() 是否永遠相等？如果否，請舉一個反例（在 1.3 的時候問的問題）。

2. 在 JavaScript 中如果想要換行，除了 \n 跟 \r，還有其他方式嗎？

3. 假設有行程式碼會執行跳轉 window.location = str，想讓網站跳到其他合法的 https 網站，str 最少需要幾個字？

前面在數型別的時候有提到，JavaScript 中的字串都是 UTF-16 code unit，要理解什麼是 UTF-16，我們需要從字串編碼開始談起。在學習字串編碼的時候，很有可能會因為被一堆新的名詞轟炸（平面、代理對、碼點、碼元等等）而大幅降低理解程度，我自己就深深有感，因此我想從更為平易近人的角度去切入，刻意先避開這些專有名詞，來帶大家認識編碼。

從傳紙條學習編碼

一定許多人都有過這種經驗。

收到朋友傳來的檔案，點開來以後卻顯示一堆看不懂的文字，這就是俗稱的「亂碼」。從亂碼這個問題當作出發點，我想帶大家以比較白話的方式去看為什麼會產生這個問題，以及這個問題該如何解決，目的是想讓沒什麼技術背景的人，也能理解「編碼」到底是什麼，以及一些重要的細節。

我們就從一個小故事開始吧，主角是小明，地點是學校，時間是 2000 年，一個智慧型手機還沒流行的年代。小明是一位國中二年級的學生，沒錯，就是俗稱的中二。他在上課的時候總是不專心，聽不進去老師在講什麼，也不想聽進去。感到無聊的他，想要透過跟同學聊天來打發時間。可是這是在上課，又能跟誰聊天呢？

在那個傳簡訊一封要三塊的年代，傳紙條顯然是個更超值且合理的選擇。班上有另外一位叫做小美的同學，爸爸是美國人，媽媽是台灣人，從小在美國長大，小四以後才回來台灣唸書，因此英文比中文還好。

小美就坐在小明的旁邊，也是小明的麻吉，因此傳紙條的首選顯然就是小美了。

可是，在紙條上面用文字聊天並不是個好方法，因為被老師抓到的話就直接掰掰了，小則口頭警告，大則記警告，小明不想因為傳紙條這種事情而被通知家長。幸運的是，數學老師跟其他老師不同。就算被抓到在傳紙條，只要紙條上面寫的是「一連串的數字」，數學老師就會覺得你在認真學數學，所以不會管你。雖然數學老師時常請假，但在這點上還是挺有原則的。

於是，聰明的小明想到了跟你一樣的事情：「那我把傳紙條的內容改成數字不就好了嗎？」

要怎麼把原本想溝通的內容從文字轉成數字呢？有一個直覺、暴力但是好用的方法，那就是把每一個英文字母（他跟小美都用英文溝通為主，這樣對小美來說比較快）都換成一個數字。

於是，小明做出了以下的表格：

文字	數字
1	01
2	02
…	…
9	09
a	10
b	11
…	…
z	35
空格	36
!	37
?	38

▲ 圖 2-2

他把數字 + 英文字母 + 一些符號都對應到了一個數字，並且把這個表格在下課時拿給了小美，要他背起來，背起來以後看見數字就可以知道文字是多少。

2 重要與不重要的資料型別

例如說小明想傳「hi」，就寫成「1718」，小美看到之後就知道這是 hi，想傳更複雜的「good job!」，就是「162424133619241138」，透過這張文字數字轉換表，就可以在符合數學老師的規則底下順利溝通，光明正大在上課的時候傳紙條聊天。

看著小明跟小美在上課的時候聊得這麼開心，英文不好的阿猛很不是滋味。

阿猛也想在上課的時候光明正大傳紙條，但是他沒辦法沿用小明的這張表格，因為他英文超爛。

於是，效仿著小明的方法，阿猛拿起了國文課團購的字典，想到了一個妙招，那就是用字典的頁數加上「出現在這頁的第幾個字」，一樣也可以達到原本表格「一個文字對到一個數字」的效果。

例如說 31，就代表第三頁的第一個字，52 就代表第五頁出現的第二個字，但問題來了，那 111 怎麼辦？這到底是代表第一頁的第十一個字，還是第十一頁的第一個字？

為了解決這個問題，阿猛制定了一個規範，因為這本字典最多只有到 2100 頁，而每一頁最多只會有 40 個字，所以格式應該要是 xxxxyy，xxxx 代表頁數，沒有四位就補零，yy 代表第幾個字。

所以第 1 頁的第 3 個字，就會是 000103，第 1223 頁的第 17 個字，就是 122317。

頁數　　　第幾個字
xxxxyy

文字	頁數	第幾個字	結果
二	1	3	000103
白	36	23	003623
想	1223	17	122317

▲ 圖 2-3

2.3 編碼與字串

透過這樣的編碼方式，阿猛成功地把常見的文字都編碼成數字，並且利用這套方式跟其他同學溝通。一瞬間，整個班上都流行起這樣的方法，上課時紙條飛來飛去，而數學老師則是很開心地點點頭，稱讚大家真是用功向學。

直到，這一切的平靜被一張誤會的紙條給打破。

有天，小明收到一張紙條，上面寫著的是「153012203037」，根據他一開始做的英文轉換表，得到的結果是：「fucku!」，小明嚇到了，想說他又沒有跟其他同學結仇，為什麼要特別傳一張紙條來罵他？

看到他驚訝的表情，傳紙條給他的同學在下課後來找他澄清：「欸不是啦，我是寫中文啦，那是『打咖』的意思」，153012 是「打」，203037 是「咖」，在中文字典上面確實是這樣沒錯。

同時間，也有其他同學碰到類似的狀況，怎麼收到的紙條解讀完以後是「jefjsq」，這是完全看不懂的亂碼啊！下課後才發現應該是要用中文來解讀那些數字，而不是用英文。

小明意識到了問題的嚴重性，那就是現在有兩套編碼系統同時在使用，而這兩套系統會產生混淆。如果你用中文系統去解讀英文的數字，或是相反過來，都只會解讀出無意義的東西（或是像小明那樣很衰的剛好是完全不同的意思）。

於是小明有了一個想法：「我們把中英文都整合在同一張表格吧！把所有的文字都整合在一張表格，就不會混淆了！」，整合後的表格就跟之前類似，只是稍微調整了一下。

小明把 0000 這前四碼作為「英文編碼」的意思，就可以快速整合兩種編碼系統。舉例來說，原本英文的 a 是 10，在新系統裡面就變成 000010，而原本的中文因為本來就不會用到 0000 這個頁面，所以可以保留跟之前一樣的規則。

如此一來，幾乎每一個六位數的數字都有對應的文字，而每一個文字也都有一個對應的數字，大家只要看到前四碼是 0，就會知道這是英文，反之則是中文。

2　重要與不重要的資料型別

從此以後大家就過著開心快樂的生活，傳紙條傳得不亦樂乎⋯嗎？還沒有，還差一點。

調整成新的編碼方式以後，有許多平常都只用英文來溝通的同學們集體抱怨，本來只要兩個數字就能搞定的東西，怎麼突然變成六個了？紙條小小一張，原本我可以寫 30 個英文字母的，現在只能寫 10 個字母，這樣太浪費空間了吧！

於是，小明被迫思考新的編碼方式，他左思右想，終於想到了一個好方法。那就是，編碼不再以六個字母為一個單位，而是以三個字母為一個單位。規則是這樣的，如果是英文字的話，就在第一位加上 0，例如說 a 本來是 10，現在要寫成 010，z 本來是 35，現在要寫成 035。

英文　**0yy**　←── 原本英文的編號

文字	編號	結果
a	10	010
b	11	011
c	12	012

▲ 圖 2-4

那中文呢？中文的話比較複雜一點。

因為現在一組編碼只有三個數字，如果我們的字典最多只到 99 頁的話，事情就好辦了，只要編成 1yy 9zz 就好，yy 代表頁數，zz 代表第幾個字。

例如說看到 138 913，就知道是「第 38 頁第 13 個字」。但問題是這樣的方式沒辦法表示「第 1527 頁的第 13 個字」，因為 yy 只有兩位，只能表達兩位數字。

2-44

因此，要表示 100 頁以上的資料，必須再多引入一組數字，像這樣：「2yy 3yy 9zz」，yy 一樣代表的是頁數，zz 代表第幾個字，「第 1527 頁的第 13 個字」就會是 215 327 913。

中文 1~99 頁　1yy　9zz
中文 100~9999 頁　2yy　3yy　9zz

（頁數、第幾個字）

文字	頁數	第幾個字	結果
二	1	3	101 903
紅	38	13	138 913
囧	1527	13	215 327 913

▲ 圖 2-5

換句話說呢，小明把三個數字中的第一個數字，當作是一個「指示」，根據它是 0,1,2,3,9 的哪一種，就可以知道應該要用什麼樣的規則去解析它。

在這種編碼系統當中，最後編碼出來的東西長度是會變化的。

有些字只需要一組數字，例如說英文。有些字需要兩組數字，例如說出現在 1~99 頁的中文，而有些字需要三組數字，像是 100 頁以上的中文字。

這樣的好處是什麼？

最大的好處就是它節省了空間。在我們之前的版本中，無論是中文還是英文，每一個字就是需要 6 個數字。而在這個新的版本中，英文只需要 3 個，減少了一半的空間，而對 100 頁以上的中文來說則需要 9 個數字，雖然是原本的 1.5 倍，但其實常用的中文都出現在 100 頁以前，所以整體來說還是更有效率的。

2 重要與不重要的資料型別

調整成這個新的系統以後，對於常使用英文的同學來說大幅減少了紙張的消耗，因為要寫的數字變少了。而對那些用中文筆談的同學來說，其實影響不大，畢竟大部分都還是用常見的中文字在聊天，跟以前一樣只需要 6 個數字即可。

總結一下，小明跟他們同學們創造的這一套編碼系統其實是很完整的，功能包含：

1. 成功符合了老師創造的規則，紙條上只有一連串的數字
2. 涵蓋所有常用的字，而且未來可以再擴充
3. 把每一個字對應到了一個獨一無二的數字
4. 定義了該如何把數字轉成特定格式，讓其他同學方便解析又節省空間

就這樣，小明跟他的同學們靠著自己發明的編碼系統，快樂地度過了在學校的時光。但他們不知道的是，原來在好幾年前的真實世界中，就已經有過類似的概念了。

真實世界中的編碼

許多人應該都聽過一種說法，那就是「在電腦的眼中，所有的東西都只有 0 跟 1」，那你有沒有想過，在只有 0 跟 1 的世界中，該如何表示文字呢？

換句話說，該如何用數字來表示文字？

電腦科學家們對這個問題的解答與小明一樣：「建立一張轉換表！」

在 1960 年代，一個叫做 ASCII 的編碼系統（全名為 American Standard Code for Information Interchange，美國標準資訊交換碼）誕生了。它並不是最早的編碼系統（例如說更早還有個叫 FIELDATA 的東西），不過卻是早期使用的最廣泛的。

這個編碼系統就跟小明做的事情一樣，把每一個文字都對應到了一個數字：

2.3 編碼與字串

USASCII code chart

b7 b6 b5 →					0 0 0	0 0 1	0 1 0	0 1 1	1 0 0	1 0 1	1 1 0	1 1 1
b4	b3	b2	b1	Column Row	0	1	2	3	4	5	6	7
0	0	0	0	0	NUL	DLE	SP	0	@	P	`	p
0	0	0	1	1	SOH	DC1	!	1	A	Q	a	q
0	0	1	0	2	STX	DC2	"	2	B	R	b	r
0	0	1	1	3	ETX	DC3	#	3	C	S	c	s
0	1	0	0	4	EOT	DC4	$	4	D	T	d	t
0	1	0	1	5	ENQ	NAK	%	5	E	U	e	u
0	1	1	0	6	ACK	SYN	&	6	F	V	f	v
0	1	1	1	7	BEL	ETB	'	7	G	W	g	w
1	0	0	0	8	BS	CAN	(	8	H	X	h	x
1	0	0	1	9	HT	EM	)	9	I	Y	i	y
1	0	1	0	10	LF	SUB	*	:	J	Z	j	z
1	0	1	1	11	VT	ESC	+	;	K	[	k	{
1	1	0	0	12	FF	FS	,	<	L	\	l	|
1	1	0	1	13	CR	GS	-	=	M	]	m	}
1	1	1	0	14	SO	RS	.	>	N	^	n	~
1	1	1	1	15	SI	US	/	?	O	_	o	DEL

▲ 圖 2-6

因為電腦中都是用只有 0 跟 1 的二進位來表示數字，所以這個表格才會有一堆 0 跟 1。舉例來說，英文字母大寫 B 的直排是 100，橫排是 0010，因此它的編碼就是 1000010，轉換成十進位的話是 66。

而與故事中不同的是，上面這張編碼表的前兩排有一堆看起來不是文字的東西，這些叫做控制字元（Control character），你可以簡單想成那些字不是給人看的，而是給電腦看的。

舉例來說，編號為 7（0000111）的是一個叫做 BEL 的字元，電腦讀到這個字元之後，就會發出嗶嗶的聲音。透過這些控制字元，你可以「控制」電腦的部分行為。

而歷史後來的發展就跟小明的經歷一樣，ASCII 在建立的時候只考慮到了美國常用的字母，那中文怎麼辦？韓文怎麼辦？

2　重要與不重要的資料型別

　　於是每個國家都有了自己的編碼系統，例如說台灣在 1980 年代就設計了一種叫做 Big5 的編碼系統，來涵蓋各種中文字。而日本、韓國或其他國家也都有各自的編碼系統。

　　而這種各自為政的狀況，導致的結果就跟小明的故事如出一轍，電腦在解讀一串數字的時候，如果用的編碼系統跟預期中的不同，就會產生出亂碼。舉例來說，今天你用 Big5 編碼系統去編碼「你好」，產生的可能是 12324470，但這串字被 ASCII 解讀後可能是「?$8」這四個字元。

　　所以，要讓電腦看懂一串文字，除了原始資料以外，還必須要有編碼資訊，否則電腦只能用猜的，例如說猜你這串資料看起來很像 Big5 的格式，就用 Big5 來解碼。

　　在 1980 年末的時候，出現了一群人想要來統一這個亂象，想要做出一個普遍的（universal）編碼系統，容納世界上所有的文字，統一了標準以後，就不會有亂碼產生了。

　　而這個編碼系統，就叫做 Unicode。

　　Unicode 做的第一件事情很簡單，就是把每一個文字都對應到一個數字，專有名詞叫做 code point。例如說中文字的「立」，對應到的數字就是 7ACB（會有英文是因為十六進位的緣故），前面加上 U+ 來表示 Unicode，所以只要看到「U+7ACB」，就知道這代表的是「Unicode 中的 code point 7ACB」。

　　把每一個文字都對應到數字以後，還有最後一個問題要解決，那就是該怎麼儲存在電腦中。最簡單暴力的方法就是小明也用過的補零，把每一個文字都用 4 個 byte（32 bit）來存，最輕鬆最容易，這種編碼方式就叫做 UTF-32。

　　所以電腦一看到這個檔案的編碼是 UTF-32，就知道說它應該把資料分成每 32 個 bit 一組，然後用 Unicode 的 code point 去把數字還原成文字。

　　而 UTF-32 的缺點顯而易見，就是太浪費空間了。英文字為了向下相容以前的 ASCII 系統，code point 是跟 ASCII 一樣的。例如說 ASCII 中的 A 是 65，在 Unicode 中也會是 65，這樣使用 Unicode 來編碼的英文字在舊電腦中也可以正常顯示，這就叫做向下相容。

2.3 編碼與字串

而 ASCII 只需要 8 個 bit 就可以存一個字,現在換成 UTF-32 要用 32 個 bit,直接變成四倍的空間,也太不划算了吧?

於是,就有了另外一種編碼方式,叫做 UTF-8,它代表的意思跟小明最後設計出來的編碼系統是一樣的,那就是「儲存文字的長度是會變化的」,底下是 code point 與 UTF-8 的轉換表格:

碼點起值	碼點終值	Byte1	Byte2	Byte3	Byte4
U+0000	U+007F	0xxxxxxx			
U+0080	U+07FF	110xxxxx	10xxxxxx		
U+0800	U+FFFF	1110xxxx	10xxxxxx	10xxxxxx	
U+10000	U+1FFFFF	11110xxx	10xxxxxx	10xxxxxx	10xxxxxx

▲ 圖 2-7

看起來很難懂對吧?但如果我跟你說,它其實就是這張表的進階版呢:

中文 1~99 頁　1yy　9zz（頁數、第幾個字）

中文 100~9999 頁　2yy　3yy　9zz

文字	頁數	第幾個字	結果
二	1	3	101 903
紅	38	13	138 913
囧	1527	13	215 327 913

▲ 圖 2-8

重要與不重要的資料型別

UTF-8 那張轉換表格在講的事情是一樣的，它是在定義說：「你本來的 code point 如果是 U+0027，那就用一個 byte 來存就好。如果本來是 U+0345，就用兩個 byte 來存」。

而你會在表格中看到 Byte1、Byte2 最前面幾個數字是固定的，這就跟小明製作的表格一樣，目的是把前面最幾個數字當成「指示」。

舉例來說，電腦在看到一個 byte 的最左邊是 0 的時候，就知道這一個 byte 就代表一個字。在看到最左邊是 110 的時候，就知道這個 byte 要跟下一個 byte 一起看，才能表示完整的一個字。

就跟小明的表格一樣，最左邊是 0 代表是英文，最左邊是 1 代表它是 1~99 頁的中文，邏輯是完全一樣的。

而 UTF-8 的優點就是節省空間，與固定使用 32 bit 的 UTF-32 相比，對於常用的文字（英文）來說，只需要 8 個 bit 就好了，節省了許多空間。

因此現今，最廣泛使用的編碼方式就屬 UTF-8 為主了。

字串與 UTF-16 跟 UCS-2

我們剛剛學習了字串編碼的基礎知識，知道了什麼是 Unicode 以及 UTF-8，那前面提到 JavaScript 用的 UTF-16 呢？又是怎麼儲存的？其實 UTF-16 與 UTF-8 類似，只是變成最小單位是兩個 byte，所以一個 UTF-16 編碼的字串，要嘛就是兩個 byte，要嘛就是四個 byte。

剛剛有提到說 Unicode 統一天下，幫每一個字都標注了一個 code point（中文翻叫碼位或碼點，但我覺得這個字有點太艱澀，因此之後會使用英文原名 code point），例如說「立」的 code point 就是 U+7ACB，而這個 code point 要怎麼儲存在系統中則是另一個問題。

既然幫每一個字都標注了 code point，可想而知這個 code point 會非常非常多，Unicode 的 code point 從 U+0000 一直到 U+10FFFF，一共有一百多萬個，但目前並沒有全部都使用到，只使用了 15 萬個左右。

在 Unicode 裡面，用一個叫做平面（Plane）的名詞把 code point 做了分類，每一個平面可以存 65535 個字元，一共有 17 個平面，其中第一個平面，也就是 U+0000 到 U+FFFF 叫做基本平面，英文是 BMP（Basic Multilingual Plane），剩餘的平面都叫做輔助平面（Supplementary Plane）。

不要被這些專有名詞嚇到了，你就把平面想成是班級就好，1 班、2 班、3 班一直到 17 班，然後每一班有 65535 個學生，全校總共一百多萬個學生。而我們目前生活中常用的字，基本上都在基本平面那 65535 個字裡面了，像我前面舉的「立」，U+7ACB 就在基本平面中。

接著我們來講 UTF-16，在 UTF-16 中，如果是處於基本平面的 code point，可以直接用兩個 byte 表示，因為兩個 byte 就是 16 個 bit，可以表示的空間就是 2^16，剛好與一個平面的數量相符。

而不在基本平面的字元，就會以四個 byte 來表示。而這四個 byte 也不是直接套用到 code point 上，而是需要經過特殊的規則轉換。為什麼不能直接套用呢？假設如果直接套用的話，那 33 8F 05 40 這四個 byte，我要怎麼知道是 33 8F 跟 05 40 這兩個字，還是四個 byte 直接表示一個字？就會碰到前面故事中提到的解釋問題。

在基本平面中，有一段是沒有編碼任何字的，也就是說雖然基本平面可以容納 65535 個字，實際上沒有全部用完，在 0xD800-0xDFFF 這一段是空的，而我們就可以利用這一段來進行編碼。

先講結果好了，舉例來說「𠄩」這個字的 code point 是 U+20129，超出了基本平面，編碼成 UTF-16 之後會變成：0xD840 0xDD29 四個 byte，搭配前面講的，由於 0xD800-0xDFFF 這一段沒有任何 code point，所以當處理字串發現有一組 byte 位於這中間時，就會知道「這是四個位元的 UTF-16 字串，後面一定跟著另外兩個 byte」，就不會把「0xD840 0xDD29」當作是兩個字來解析。

而「0xD840 0xDD29」這一組東西也有個專有名詞，叫做代理對（Surrogate Pairs），稍微聽過就好，沒有記起來也沒關係。

重要與不重要的資料型別

接著，有趣的來了，雖然說規格上面有寫 JavaScript 中的字串是 UTF-16 的 code unit，但你還記得 JavaScript 是什麼時候誕生的嗎？1995 年，可是 UTF-16 卻是誕生於 1996 年 7 月釋出的 Unicode 2.0.0，這時間對不上啊！也就是說，當 JavaScript 剛誕生的時候，絕對不是用 UTF-16，那是用什麼呢？

用的是 Unicode 1.0 版本就有的編碼方式：UCS-2（Universal Character Set 2-byte），這個編碼方式很簡單，說穿了一句話就是：「所有字元都是兩個 byte」，一個 byte 是 8 個位元，兩個 byte 是 16 位元，可以表示的組合就是 2^16，也就是 65535。此時的你應該要感到奇怪：「咦？難道 65535 個字就夠了？可是剛剛不是說 Unicode 編了一百多萬個 code point 嗎？」

事情是這樣的，在 Unicode 1.0 剛推出時，那時被編入 code point 的字少於 65535 個，所以他們覺得這樣就夠用了，也因為如此，UCS-2 才會被設計為每一個字都是兩個 byte，因為夠用嘛！直到後來發現其實不夠，才推出後續的 Unicode 版本，並且有了 UTF-16。

雖然說 JavaScript 推出後不久就有了 UTF-16，但如同前面一再強調的，在 JavaScript 中的歷史包袱幾乎都是不可被拋棄的，這造就了時至今日，JavaScript 在看待字串的方式還是使用了 UCS-2 的角度，也就是：「每一個字都是兩個 byte」。

但實際上並不是這樣的，兩個 byte 只能儲存 65535 個字，而現在 Unicode 收錄的字已經有 15 萬了，顯然是不夠用的。那這些超出範圍的字，在 JavaScript 中會怎麼表現呢？

```
console.log('𠄩'.length) // 2
```

這是我們剛剛拿來示範的字：「𠄩」，code point 是 U+20129，超出了基本平面，編碼成 UTF-16 後是 0xD840 0xDD29，由於 JavaScript 會把兩個 byte 當作是一個字元，因此有著四個 byte 的字，長度就會是 2，跟我們想像的不一樣。

而且不只是字串長度，連其他字串的 API 也是，都受到 JavaScript 早期的影響，全部都會用同樣的方式來解釋字串，例如說 charCodeAt：

2-52

```
console.log('𠄩'.charCodeAt(0)) // 55360
console.log('𠄩'.charCodeAt(1)) // 55617
```

在我們看起來是一個字元的字串，對於 JavaScript 來說是兩個字，而我們得到的 55360 其實就是十進位的 0xD840，55617 就是 0xDD29，除此之外，也可以用另一種方式證明 JavaScript 就是把它當作兩個字在看待：

```
'𠄩' === '\uD840\uDD29' // true
```

這樣的行為其實影響到的層面很廣，例如說反轉一個字串，很常會使用 str.split('').reverse().join('')，但如果字串裡面有超出基本平面的字，反轉的結果就會看起來像亂碼，因為在反轉的時候是把兩個 byte 分開反轉，而不是視為一組。

到了 ES6 以後，JavaScript 才新增了一些 API 專門處理這個問題，例如說 charCodeAt 是舊的，而 codePointAt 則是新的，支援 UTF-16 的：

```
'𠄩'.charCodeAt(0) // 55360
'𠄩'.codePointAt(0) // 131369

// String.fromCodePoint 也是
String.fromCharCode(0x20129) // ଩
String.fromCodePoint(0x20129) // 𠄩
```

如果想要算字串長度或是做其他操作，可以用 [...] 或是 Array.from，這些也都支援 UTF-16：

```
Array.from('𠄩123') // ['𠄩', '1', '2', '3']
[...'𠄩123'].reverse().join('') // 321𠄩
```

如果想用 \u 的方式直接表示字的話，需要使用 \u{}：

```
'\u20129' // -9
'\u{20129}' // 𠄩
```

前者之所以會輸出 -9 是因為 \u 的範圍只到 FFFF，因此 \u20129 會被解析成是 \u2012 跟 9 這個字，而 \u2012 就是 - 這個字元，所以就輸出了 -9。

2 重要與不重要的資料型別

不過比起這些比較冷僻的用字，在實務上比較常碰到的應該是 emoji，現在的 emoji 也幾乎都不在基本平面上了，都是需要四個 byte 才能表示的字元。

```
'😀😀😀'.length // 6
```

因此，在做字串操作的時候需要特別留意這個問題，如果字串中有可能出現超出基本平面的字元，就不能再用以前那種操作基本平面的方式去思考，否則就很容易寫出有問題的程式碼。如果有需要的話，也可以去找現成的 library 來用，幫你處理掉了很多 edge case。

講到 emoji，來分享一些有趣的知識。

有些 emoji 是透過疊加多個字元而組出來的，例如說 👨‍👩‍👧‍👦 這個四個人的 emoji，一個 emoji 的字元長度就是 11，而且把它分解開來，會發現是四個 emoji 疊加在一起：

```
'👨‍👩‍👧‍👦'.length // 11
[...'👨‍👩‍👧‍👦'] // ['👨', '', '👩', '', '👧', '', '👦']
```

另外，國旗的 emoji 也很有趣，是直接用 county code 組出來的。

舉例來說，給國旗用的字元 P 的 code point 是 U+1f1f5，W 是 U+1f1fc，兩個組起來就是 PW，是帛琉的簡寫，結果就是帛琉的國旗：

```
'\u{1f1f5}\u{1f1fC}' // 🇵🇼
```

而泰國也是一樣，T 是 U+1f1f9，H 是 U+1f1ed，兩個組起來就是 TH 泰國：

```
'\u{1f1f9}\u{1f1ed}' // 🇹🇭
```

把 TH 的 T 取出來，再加上 PW 的 W，湊成 TW，就會出現中華民國的國旗：

```
[...'🇹🇭'][0] + [...'🇵🇼'][1] // 🇹🇼
```

話說在中國版的 iPhone 中，iOS 有特別對於 flag 的顯示做過調整，如果發現是代表 TW 的字元的話，就不會顯示。

另外,有些 code point 會先預留好位置,例如說日本的新年號令和在 2019 年的時候公佈,但是在 2018 年時,Unicode 就先把日本新年號的 code point 留好了[8],是 U+32FF,因此如果有系統要先使用的話,就可以先使用(只是在公佈之前可能看不到東西),等待年號公布並且字體更新以後,就能看到正確的顯示方式。

有日本網友就利用這一招在推特上面成功「預言」新的年號,原理就只是送出一個 U+32FF 的字元,等新年號公布並且更新字體後,看到的就會是「令和」。

話說,大家還記得一封簡訊可以傳多少字嗎?

英文加數字的話可以傳 160 個,如果有中文的話只能傳 70 個字,其實這個字數就跟我們剛剛談到的編碼方式非常有關聯。

一封簡訊的容量是 140 個 byte,如果只有英文加數字,會採用一種叫做 GSM-7 的編碼方式,每一個字母是 7 個 bit,所以就可以容納 140*8/7 = 160 個字元,這數字是這樣來的。

那 70 個中文字呢?每一個中文字會是兩個 byte,因此就只能傳 140/2 = 70 個字了。咦?每個中文字是兩個 byte,怎麼這麼熟悉?是的,在傳簡訊的時候,其實背後的編碼方式就是 UCS-2!

那如果在簡訊內容裡放入超過基本平面的字元會發生什麼事?我也不知道,大家可以試試看。

有趣的字串冷知識

先幫大家回憶一下在章節開頭出的三個題目:

1. 假設 s 是任意字串,請問 s.toUpperCase().toLowerCase() 跟 s.toLowerCase() 是否永遠相等?如果否,請舉一個反例(在 1.3 的時候問的問題)

8　https://blog.unicode.org/2018/09/new-japanese-era.html

2 重要與不重要的資料型別

2. 在 JavaScript 中如果想要換行，除了 \n 跟 \r，還有其他方式嗎？

3. 假設有行程式碼會執行跳轉 window.location = str，想讓網站跳到其他合法的 https 網站，str 最少需要幾個字？

接著我會來幫大家一一解答，帶大家認識一些字串冷知識。

首先是第一題，答案是否定的，而且就寫在規格上面，在 22.1.3.28 String.prototype.toLowerCase 的段落除了介紹把字串轉成小寫的邏輯以外，還有附加一段說明：

> **quote ECMAScript**

The case mapping of some code points may produce multiple code points. In this case the result String may not be the same length as the source String. Because both **toUpperCase** and **toLowerCase** have context-sensitive behaviour,the methods are not symmetrical.In other words,**s.toUpperCase().toLowerCase()** is not necessarily equal to **s.toLowerCase()**.

這段說明很明確地寫著問題的答案，說 toLowerCase 以及 toUpperCase 並不是對稱的，把一個字轉大寫之後轉小寫，不一定等同於直接轉小寫。除此之外，還寫到了有些字甚至轉成大小寫以後，長度會改變！

其實自己簡單寫一段 JavaScript，也能觀察到這些行為：

```javascript
for(let i=0; i<65535; i++){
  const char = String.fromCharCode(i)
  if (char.toUpperCase().toLowerCase() !== char.toLowerCase()) {
    console.log(i, char, char.toLowerCase(), char.toUpperCase())
  }
}
```

在瀏覽器上面執行後，會發現印出了一堆字，都符合「轉大寫以後再轉小寫，跟轉小寫並不相等」，而結果裡面也可以看出有些字轉成大寫以後，居然變成了兩個字或三個字：

```
223   'ß'  'ß'  'SS'
64256 'ff' 'ff' 'FF'
64260 'ffl' 'ffl' 'FFL'
```

ß 是個德文字母，在轉大寫的時候會變成 SS，這似乎是根據德國原本的語言以及書寫習慣而定的，Unicode 也遵循著這個標準。因此，我們可以知道把一個字轉小寫或大寫後，不只轉出來的字可能出乎你意料，連長度都有可能改變！

我因為好奇去翻了一下 V8 的原始碼，想看一下是怎麼實作的，在註解可以看出有針對剛剛講的 SS 做了特殊處理：

```
bool ToUpperOneByte(base::Vector<const Char> src, uint8_t* dest,
                    int* sharp_s_count) {
  // Still pretty-fast path for the input with non-ASCII Latin-1 characters.

  // There are two special cases.
  // 1. U+00B5 and U+00FF are mapped to a character beyond U+00FF.
  // 2. Lower case sharp-S converts to "SS" (two characters)
  // ...
}
```

而其他實作大小寫轉換的部分，是使用了專門處理 Unicode 的套件 ICU（International Components for Unicode）中的 u_strToUpper 以及 u_strToLower。我看完一些 V8 程式碼的註解以後，猜測是對於 ASCII 或是在 Latin-1 這個字元集裡面的字元，在 V8 中就可以自己轉換完畢了，這樣會更有效率，而其他超出範圍的才丟到 ICU 去處理。

接著我們來看第二題，換行符號。

想要測試換行符號的話，可以用底下的程式碼：

```
let line = '\r'
eval(`//${line}console.log(1)`)
```

如果 line 有達到換行的效果，那麼 console 上就會輸出 1，如果沒有換行的話，那就會被困在註解裡面，console 不會輸出任何東西。

2 重要與不重要的資料型別

在程式語言裡面，最常見的換行字元就是 \r 跟 \n 了，或是兩者一起使用的 \r\n，而只要打開 ECMAScript 規格並且找到正確的段落（12.3 Line Terminators），就會發現其實還有兩個換行字元：U+2028 跟 U+2029：

```
let line = '\u2028' // LINE SEPARATOR
eval(`//${line}console.log(1)`)

line = '\u2029' // PARAGRAPH SEPARATOR
eval(`//${line}console.log(1)`)
```

我在 VSCode 上面試了一下，如果輸入這兩個字元的話，會直接跳出提示：「The file'test.js'contains one or more unusual line terminator characters,like Line Separator(LS)or Paragraph Separator(PS).」，告訴你檔案中含有不常見的換行字元，並且建議你移除掉。

但如果不移除掉的話，在 UI 上是不會換行的，因此就可以看到很有趣的現象，那就是對 JavaScript 來說是換行，但是對 VSCode 的 Editor 來說或許不是，導致語法 highlight 壞掉，辨識不出來正確的格式。

最後我們看一下第三題，並且把題目定義的更清楚一點。

假設我們現在在 https://example.com，並且有一段程式碼如下，其中 str 是你可以控制的：

```
window.location = str
```

上面這段程式碼會修改 location，跳轉到其他網頁，如果想跳轉到一個合法的、可以連得到的 https 網頁，那 str 最少需要幾個字元？

舉例來說，str 可以是 https://t.co，總共就是 12 個字元，看起來已經超級無敵短了。但如果我跟你說，答案是 5 個字元呢？

光是 https 就佔了 5 個字元了，很神奇對吧！

在進行 URL 跳轉時，如果目的地的協定跟現在一樣，其實並不需要全部寫出來，只需要寫 // 就好了，因此 https://t.co 可以簡寫成 //t.co，意思是一樣的，這樣可以縮短成六個字。可是這樣還差一個字，難道說有 t.c 這種合法而且可以連得到的 domain？

答案是：// PPM.st，但這只是其中一個答案，其實還有很多種可能性。雖然 // 後面那一串字看起來很像 PPM.st 共 6 個字，可是如果你在 JavaScript 中執行，會發現確實只有 3 個字：

```
'PPM.st'.length // 3
[...'PPM.st'] // ['PPM', '.', 'st']
```

早期的 domain name 只能含有 ASCII，但後來支援了用更多 Unicode 字元來表示 domain name，稱之為 IDN（Internationalized Domain Names），而在訪問網站的時候，會先把網域名稱進行正規化，因此 PPM.st 就變成了 PPM.st，從三個字元變成了六個字元：

```
'PPM.st'.normalize('NFKC') // PPM.st
```

這就是為什麼最短可以只有 5 個字，就是利用這個方式找出可以利用的字元，藉由正規化的特性來減少長度。

相同的原理，這個看起來很奇怪的網址，可以連到我的網站 huli.tw：ⒽⓊⓁⓘ．ⓉⓌ

2.4 函式與 arguments

談完了字串以後，我們接著來談在實務上也很常用的型別：函式。前面有提到過，函式也是物件的一種，不過在用 typeof 的時候會回傳 function 而非 object，在規格中則是直接把函式稱為「callable object」，可以被呼叫的物件。

前面講的數字與字串，我都覺得是比較重要的型別相關知識，但是這個章節要談的 function，有些就是純屬有趣的知識了，其實是會被我歸類在比較不重要的型別那邊，因為開發上很難碰到。

2 重要與不重要的資料型別

不過，偶爾來點有趣的也不錯吧！但再強調一次，很多知識既然只是有趣而已，就算看不懂也沒關係，不需要完全搞懂，覺得頭腦很混亂的話可以快速看過就好，不必陷在這裡面。

腦力激盪時間

比照之前在聊字串的時候，這次一樣用小挑戰的形式，先請讀者思考以下四個問題。

問題一：Named function expression

一般來說在寫 function expression 的時候，都會這樣子寫：

```
var fib = function(n) {
  if (n <= 1) return n
  return fib(n-1) + fib(n-2)
}

console.log(fib(6))
```

但其實後面的那個 function 也可以有名字，例如說我們取叫 calculateFib：

```
var fib = function calculateFib(n) {
  if (n <= 1) return n
  return fib(n-1) + fib(n-2)
}

console.log(calculateFib) // ???
console.log(fib(6))
```

問題來了：

1. 那這個 function 到底叫做 fib 還是 calculateFib？

2. 底下那行 console.log(calculateFib) 會輸出什麼？

3. 既然前面都已經給它名字了，為什麼後面還要再取一次？

2-60

2.4 函式與 arguments

問題二：apply 與 call

大家都知道呼叫 function 基本上有三個方法：

1. 直接呼叫

2. call

3. apply

如底下範例所示：

```
function add(a, b) {
  console.log(a+b)
}
add(1, 2)
add.call(null, 1, 2)
add.apply(null, [1, 2])
```

問題來了：

1. 為什麼除了一般的呼叫 function 以外，還需要 call 跟 apply？什麼情形下需要用到它們？

問題三：建立函式

要建立函式也有幾個方法，基本上就是：

1. Function declaration

2. Function expression

3. Function constructor

如下所示：

```
// Function declaration
function a1(str) {
  console.log(str)
```

2 重要與不重要的資料型別

```
}

// Function expression
var a2 = function(str) {
  console.log(str)
}

// 很少看到的 Function constructor
var a3 = new Function('str', 'console.log(str)')

a1('hi')
a2('hello')
a3('world')
```

大家可以發現在宣告函式的時候，一定都會有 function 這個關鍵字，那有沒有辦法做到不用 function 關鍵字，也能建立函式呢？

這時候可能有人立刻會想到：那不就是 arrow function 嗎？對，所以我要多加一個限制，不能使用 arrow function。還有人可能會想到：那 class 上的 method 或是 object 上的呢？例如說：

```
var obj = {
  hello() {
    console.log(1)
  }
}

obj.hello()
```

這的確也是一種方法，但我說的不是 class 或是 object 的 method，而是一個跟物件無關的 function，大家可以想一下是否還有其他方法。

問題四：黑魔法

有一個 function 叫做 log，接收一個物件，然後印出物件的 str 這個屬性：

```
function log(obj) {
  console.log(obj.str)
```

```
}

log({str: 'hello'})
```

現在在印出之前多呼叫一個函式,請你在那個函式裡面施展魔法,讓輸出從 hello 變成 world:

```
function log(obj) {
  doSomeMagic()
  console.log(obj.str) // 要讓這邊輸出的變成 world
}

// 只能改動這個函式裡面的東西
function doSomeMagic() {
  // 在這邊施展魔法
}

log({str: 'hello'})
```

只能改動 doSomeMagic 這個函式內部,加上一些程式碼,到底該怎麼做才能改動到另一個函式裡的東西呢?先提醒一下,覆寫 console.log 是一種解法,但很遺憾的不是這題真正想討論的東西。

希望以上這四個問題有引起你的興趣,一二題是實作上真的會碰到的問題,三四題就是純屬好玩,基本上碰不太到。接著我們先不一一解答,而是直接來講一下 function 相關的知識,在講解到相關的段落時會順便一起回答問題。

有趣的 function

開頭有提過 function 其實也是物件,既然是物件,你就可以用任何像物件的方式去操作它:

```
function add(a, b) {
  return a + b
}

// 正常呼叫
```

2-63

2 重要與不重要的資料型別

```js
console.log(add(1, 2))

// 當成一般物件
add.age = 18
console.log(add.age) // 18

// 當成陣列
add[0] = 10
add[1] = 20
add[2] = 30
add[3] = 40
add[4] = 50

for(let i=0; i<5; i++) {
  console.log(i, add[i])
}
```

　　眼尖的朋友們可能會注意到，為什麼陣列那邊是 i<5 而不是常見的 i<add.length，這是因為 add 是個函式，而對於函式來說，length 這屬性代表參數的數量，所以 add.length 會是 2，而且這個屬性沒辦法被更改，所以才不能直接使用 add.length：

```js
function add(a, b) {
  return a + b
}

// 當成陣列
add[0] = 10
add[1] = 20
add[2] = 30
add[3] = 40
add[4] = 50

add.length = 100
console.log(add.length) // 2
```

2.4 函式與 arguments

直接把 function 拿來當一般物件跟陣列來使用，都是實作上不會發生而且應該盡量避免的情況，比較相似的只有「把 object 當作 array」來用，最知名的範例就是 function 裡面的 arguments 這個東西，它其實是一個「很像陣列的物件」，又稱做是偽陣列或是 array-like object。

```js
function add(a, b) {
  console.log(arguments) // [Arguments] { '0': 1, '1': 2 }
  console.log(arguments.length) // 2

  // 可以像陣列一樣操作
  for(let i=0; i<arguments.length; i++) {
    console.log(arguments[i])
  }

  // 可是不是陣列
  console.log(Array.isArray(arguments)) // false
  console.log(arguments.map) // undefined
}

add(1, 2)
```

那要怎麼樣讓這個偽裝成陣列的物件變成陣列呢？有幾種方法，例如說呼叫 Array.from：

```js
function add(a, b) {
  let a1 = Array.from(arguments)
  console.log(Array.isArray(a1)) // true
}
```

還有，呼叫 Array.prototype.slice：

```js
function add(a, b) {
  let a2 = Array.prototype.slice.call(arguments)
  console.log(Array.isArray(a2)) // true
}
```

2 重要與不重要的資料型別

這時就可以回答到前面提的問題了，明明 function 就可以直接呼叫，為什麼需要 apply 跟 call 這兩個方法？其中一個原因就是：this，大家可以發現在呼叫 slice 的時候，並不用把陣列傳進去，而是直接呼叫 [1,2,3].slice()，這背後跟 prototype 有關，因為 slice 這個方法其實是在 Array.prototype 上面：

```
console.log([].slice === Array.prototype.slice) // true
```

比如說我們今天要幫 Array 新增一個方法叫做 first，可以返回第一個元素，就會這樣寫：

```
// 提醒一下，幫不屬於自己的物件加上 prototype 不是一件好事
// 應該盡可能避免
Array.prototype.first = function() {
  return this[0]
}

console.log([1].first()) // 1
console.log([2,3,4].first()) // 2
```

大家可以發現，這個 first 的方法裡面只有短短一行：return this[0]，雖然上面的範例是用在陣列，但如果我想用在物件身上呢？我就只能直接去呼叫 Array.prototype.first 並且把 this 改掉，才能應用在我想要的物件身上。

所以這就是 apply 與 call 存在的原因之一，我需要去改 this 才能把這個函式應用在我想要的地方，這種情況就沒辦法像普通 function 一樣去呼叫，而 Array.prototype.slice.call(arguments) 就是這樣的道理。

話說，你可能有看過這種 slice 的用法，但你有想過到底為什麼可以嗎？

在規格的 23.1.3.28 Array.prototype.slice 段落中，除了介紹 slice 的流程以外，在底下還有一段 note，內容是：「This method is intentionally generic;it does not require that its this value be an Array.Therefore it can be transferred to other kinds of objects for use as a method.」，意思就是這個方法是刻意做得這麼泛用，因此不要求 this 要是陣列，所以其他物件也可以使用這個方法。不只是 slice，在 JavaScript 裡面有許多方法都是這樣的。

一旦你知道了原理，還可以把前面提到的 function 也變成陣列：

```
// 記得這邊參數一定要是三個，才能讓長度變成 3
function test(a,b,c) {}
test[0] = 1
test[1] = 2
test[2] = 3

// function 搖身一變成為陣列
var arr = Array.prototype.slice.call(test)
console.log(arr) // [1, 2, 3]
```

既然都提到了 call，那我們來提一下另外兩個我們需要 call 或者是 apply 的理由。第一個是當你想要傳入多個參數，但你只有陣列的時候。

這是什麼意思呢？例如說 Math.max 這個函式，其實是可以吃任意參數的，例如說：

```
console.log(Math.max(1,2,3,4,5,6)) // 6
```

今天你有一個陣列，然後想要求最大值，怎麼辦？你又不能直接呼叫 Math.max，因為你的參數是陣列而不是一個個的數字，直接呼叫的話你只會得到 NaN：

```
var arr = [1,2,3,4]
console.log(Math.max(arr)) // NaN
```

這時候就是 apply 派上用場的時刻了，第二個參數本來就是吃一個陣列，可以把陣列當作參數傳進去：

```
var arr = [1,2,3,4]
console.log(Math.max.apply(null, arr)) // 4
```

或是也可以運用 ES6 的展開運算子：

```
var arr = [1,2,3,4]
console.log(Math.max(...arr)) // 4
```

2 重要與不重要的資料型別

那你有沒有好奇過，為什麼 Math.max 可以吃無限多個參數？其實也沒有為什麼，它的規格就是這樣訂的。

再來有關於第二個要使用 apply 或是 call 的理由，先給大家一個情境：

有一天小明想寫一個函式判斷傳進來的參數是否為物件，而且不能是陣列也不能是函式，就是個普通的物件就好，聰明的他想到了一個方法叫做 toString，回憶起 toString 的幾個例子：

```js
var arr = []
var obj = {}
var fn = function(){}
console.log(arr.toString()) // 空字串
console.log(obj.toString()) // [object Object]
console.log(fn.toString()) // function(){}
```

既然在物件身上用 toString 以後會變成 [object Object]，那就利用這樣來判斷就行了吧！於是小明寫下這段程式碼：

```js
function isObject(obj) {
  if (!obj || !obj.toString) return false
  return obj.toString() === '[object Object]'
}

var arr = []
var obj = {}
var fn = function(){}
console.log(isObject(arr)) // false
console.log(isObject(obj)) // true
console.log(isObject(fn)) // false
```

好，看起來十分合理，的確能夠判斷出是不是單純的物件，那到底有什麼問題呢？

2-68

問題就出在 obj.toString() 這一行，太天真了，萬一 obj 自己覆寫了 toString 這個方法怎麼辦？

```
function isObject(obj) {
  if (!obj || !obj.toString) return false
  return obj.toString() === '[object Object]'
}

var obj = {
  toString: function() {
    return 'I am object QQ'
  }
}

console.log(isObject(obj)) // false
```

那要怎麼樣才能確保我呼叫的 toString 一定是我想呼叫的那一個？跟剛剛呼叫陣列的 slice 一樣，找到原始的 function 搭配使用 call 或是 apply：

```
function isObject(obj) {
  if (!obj || !obj.toString) return false

  // 新的邏輯
  return Object.prototype.toString.call(obj) === '[object Object]'

  // 舊的有 bug 的邏輯，對照用
  // return obj.toString() === '[object Object]'
}

var obj = {
  toString: function() {
    return 'I am object QQ'
  }
}

console.log(isObject(obj)) // true
```

2 重要與不重要的資料型別

這樣寫的話，就能確保我是真的呼叫到我要的那一個方法，而不是依賴於原本的物件，就可能會有被覆寫的風險。以上幾點就是 apply 與 call 存在的幾個原因，這都是用一般的 function call 沒有辦法達成的。

話說上面這個判斷物件的方法其實還有問題，你能想出怎麼樣製造出 false positive 嗎？也就是說，創造一個物件，但是 isObject 回傳 false，在下一個章節會公佈解答。

自動綁定的變數

前面有提到 function 裡面會有一個自動被系統綁定的變數叫做 arguments，可以拿到傳進來的參數列表，雖然看起來像是陣列但其實是物件，而 arguments 其實有個神奇的特性，就是會自動跟參數做綁定，直接看下面範例就懂了：

```
function test(a) {
  console.log(a) // 1
  console.log(arguments[0]) // 1
  a = 2
  console.log(a) // 2
  console.log(arguments[0]) // 2
  arguments[0] = 3
  console.log(a) // 3
  console.log(arguments[0]) // 3
}
test(1)
```

改了 a，arguments 裡的參數也會改變；改了 arguments，a 也會跟著改變。這個行為最貼近我們一般所講的 call by reference，就算是重新賦值也還是會跟原本的東西綁在一起。

這個行為是我從良葛格在一篇文章底下的留言學到的，才讓我發現原來 JavaScript 的 arguments 還有這種特性。在規格中的 10.4.4 Arguments Exotic Objects 也有提到這個行為：

2.4 函式與 arguments

> **quote ECMAScript**

The integer-indexed data properties of an arguments exotic object whose numeric name values are less than the number of formal parameters of the corresponding function object initially share their values with the corresponding argument bindings in the function's execution context. This means that changing the property changes the corresponding value of the argument binding and vice-versa.

講到這裡，還記得最前面的第四題嗎？

```js
function log(obj) {
  doSomeMagic()
  console.log(obj.str) // 要讓這邊輸出的變成 world
}

// 只能改動這個函式裡面的東西
function doSomeMagic() {
  // 在這邊施展魔法
}

log({str: 'hello'})
```

就是利用 arguments 的這個特性：

```js
function log(obj) {
  doSomeMagic()
  console.log(obj.str) // 要讓這邊輸出的變成 world
}

// 只能改動這個函式裡面的東西
function doSomeMagic() {
  // magic!
  log.arguments[0].str = 'world'
}

log({str: 'hello'})
```

2-71

2 重要與不重要的資料型別

可以從別的函式用 log.arguments 取得傳進去的參數,再利用 arguments 跟 formal parameter 會互相同步的特性,來改到看似不可能改到的 obj。

那如果把題目改一下呢?

```
(function(obj) {
  doSomeMagic()
  console.log(obj.str) // 要讓這邊輸出的變成 world
})({str: 'hello'})

// 只能改動這個函式裡面的東西
function doSomeMagic() {

}
```

沒有函式名稱了,那我們該怎麼拿到那個匿名函式的 arguments ?

除了 arguments 以外,還有一些參數是會自動幫你帶進來的,例如說最常見的 this,還有很不常見的幾個,其中一個叫做 caller,基本上就是「誰呼叫了自己」:

可以用 caller 取得是哪一個 function 呼叫你的,例如說:

```
function a(){
  b()
}

function b(){
  console.log(b.caller) // [Function: a]
}

a()
```

既然知道了這個特性,那前面匿名函式的問題就迎刃而解了:

```
(function(obj) {
  doSomeMagic()
  console.log(obj.str) // 要讓這邊輸出的變成 world
})({str: 'hello'})
```

2.4 函式與 arguments

```
// 只能改動這個函式裡面的東西
function doSomeMagic() {
  doSomeMagic.caller.arguments[0].str = 'world'
}
```

如果你從來沒有看過 caller 這個參數，完全沒有關係，因為這本來就在開發上應該盡量避免用到，MDN 也把這個功能標示為 deprecated，日後可能會被全面棄用，所以就跟我開頭講的一樣，這個題目純粹是 for fun，沒有什麼實際教學意義。

再來最後一個延伸題，那如果連 doSomeMagic 都變成匿名函式呢？

```
(function() {
  (function() {
    // show your magic here
    // 只能改動這個函式

  })()
  console.log(arguments[0].str) // 要讓這邊輸出的變成 world
})({str: 'hello'})
```

這樣還能達成目標嗎？

這邊先賣個關子，之後會一起解答。

多種建立函式的方法

前面寫了這麼多，最後才講回函式宣告，是因為我覺得這是相對上比較無聊的東西。如同我前面所說的，要建立函式的方法主要就三種：

1. Function declaration

2. Function expression

3. Function constructor

2 重要與不重要的資料型別

先講第三種，因為在日常開發上幾乎不會用到，就是利用 function constructor 來建立函式：

```
var f = new Function('str', 'console.log(str)')
f(123) // 123
```

當我們在使用 new 這個關鍵字的時候，就會去呼叫到 Function 的 constructor，如果不想用 new，也可以這樣子寫：

```
var f = Function.constructor('str', 'console.log(str)')
f(123)
```

或是你只留 Function 其實也可以：

```
var f = Function('str', 'console.log(str)')
f(123)
```

而這邊想強調的重點就在 constructor，先來看一個簡單的 JavaScript 物件導向的範例：

```
function Dog(name) {
  this.name = name
}

Dog.prototype.sayHi = function() {
  console.log('I am', this.name)
}

let d = new Dog('yo')
d.sayHi() // I am yo
```

這邊 d 是 Dog 的 instance，所以有一個特性是 d.constructor 會是 Dog 這個被當作建構子來呼叫的函式：

```
function Dog(name) {
  this.name = name
}

Dog.prototype.sayHi = function() {
```

```
  console.log('I am', this.name)
}

let d = new Dog('yo')
d.sayHi() // I am yo

console.log(d.constructor) // [Function: Dog]
```

知道這個特性可以做什麼呢？既然是這樣的話，那任意一個函式的 constructor，不就是 Function.constructor 了嗎？

```
function test() {}

console.log(test.constructor) // [Function: Function]
console.log(test.constructor === Function.constructor) // true
```

再搭配我們前面提到過的，可以利用 function constructor 來建立函式，就可以這樣使用：

```
function test() {}

var f = test.constructor('console.log(123)')
f() // 123
```

這邊 test 可以是任意函式，代表說我們隨便找一個內建函式，一樣能達到相同效果：

```
var f1 = [].map.constructor('console.log(123)')
var f2 = Math.min.constructor('console.log(456)')
f1() // 123
f2() // 456
```

如此一來，就可以達到：「不用 function 關鍵字也不用箭頭函式，但依然可以建立新的函式」，也就是開頭的問題三的解答。這種用法通常會用在哪裡呢？用在繞過一些檢查！常見的做法是把 function 關鍵字濾掉、把 eval 濾掉、把箭頭函式濾掉等等來防止別人執行函式，這時就可以用 constructor 相關的東西來繞過。

2 重要與不重要的資料型別

談完了 function constructor，就剩下 function declaration 跟 function expression 了，先來講這兩者的差別：

```
// function declaration
function a() {}

// function expression
var b = function() {}
```

這兩者最大的差別在於 a 的做法是真的宣告一個名為 a 的函式，而 b 其實是：「宣告一個匿名函式，並且指定給變數 b」，而且 b 是執行到那一行的時候才會做函式的初始化，而 a 是在進入這段程式碼的時候就初始化了，所以你就算在宣告 a 以前也可以執行 a，可是 b 卻沒有辦法：

```
// function declaration
a()
function a() { }

// function expression
b() // TypeError: b is not a function
var b = function () {}
```

這行為跟 hoisting 有關，之後也會提到，不過上面有一個地方其實不太正確，我說了 b 是：「宣告一個匿名函式，並且指定給變數 b」，但其實後面宣告的這個函式並不是沒有名字的，你可以 throw 一個 error 就知道了，從 stacktrace 中可以看見還是顯示了 b。

這個看似好像很直觀，但其實背後有點學問在，這個命名是在我們把函式賦值給 b 時，跟據規格自動命名的，在規格的 13.15.2 Runtime Semantics: Evaluation 有寫到：

> **quote ECMAScript**

AssignmentExpression:*LeftHandSideExpression* = *AssignmentExpression*

1. If *LeftHandSideExpression* is neither an *ObjectLiteral* nor an *ArrayLiteral*,then

    a. Let *lref* be?Evaluation of *LeftHandSideExpression*.

    b. If IsAnonymousFunctionDefinition(*AssignmentExpression*)and IsIdentifier-Ref of *LeftHandSideExpression* are both **true**,then

       i. Let *rval* be?NamedEvaluation of *AssignmentExpression* with argument *lref.[[ReferencedName]]*.

主要是 1.b 那一段，當右邊是一個匿名函式，而左邊是變數定義時，右邊就會是 NamedEvaluation，這個操作就是把函式加上名稱。

除了讓 JavaScript 引擎自動幫你命名以外，其實也可以自己命名，這我們就叫做 named function expression：

```
// function expression
var b = function helloB() {
  throw 'I am b'
}
b()
```

不要把它跟函式宣告搞混了，這依然不是 function declaration，只是有名稱的 function expression，一樣是執行到這一行的時候才會初始化函式，而且這個名稱 helloB 跟你想的不一樣，它是沒辦法在外面呼叫到的：

```
// function expression
var b = function helloB() {
  throw 'I am b'
}
helloB() // ReferenceError: helloB is not defined
```

重要與不重要的資料型別

對外來說，它只看得見 b 這個變數，看不到 helloB。

那這個函式名稱到底有什麼用？第一個用途是在 function 內部可以呼叫到：

```
// function expression
var b = function fib(n) {
  if (n <= 1) return n
  return fib(n-1) + fib(n-2)
}
console.log(b(6)) // 8
```

第二個是 stacktrace 上面也會顯示這個名稱而不是 b。在這個時候可能感受不到他的好處，讓我換個例子來講，應該會更清楚一點，例如說以下程式碼：

```
var arr = [1,2,3,4,5]
var str =
  arr.map(function(n){ return n + 1 })
    .filter(function(n){ return n % 2 === 1 })
    .join(',')
console.log(str) // 3, 5
```

雖然現在都習慣寫箭頭函式了，但是在箭頭出現以前，基本上都是這樣寫的。大家可能只注意到我們傳了兩個 anonymous function 進去，但更精確一點地說，map 跟 filter 傳的參數其實就是兩個不同的 function expression。

這時候我們假設 filter 傳進去的函式出問題了：

```
var arr = [1,2,3,4,5]
var str =
  arr.map(function(n){ return n + 1 })
    .filter(function(n){ throw 'err' })
    .join(',')
console.log(str) // 3, 5
```

那我們在 debug 的時候，會看到 stacktrace 哀傷地只顯示了 anonymous，這時候若是改用 named function expression，就可以解決這個問題，會顯示出你定義的名稱，這就是使用 named function expression 的好處。

2.4 函式與 arguments

前面有提到另一個好處是在函式內部可以呼叫到,像是底下的範例:

```
function run(fn, n) {
  console.log(fn(n)) // 55
}

run(function fib(n) {
  if (n <= 1) return n
  return fib(n-1) + fib(n-2)
}, 10)
```

run 只是一個空殼,會接收一個函式跟一個參數,接著就只是呼叫函式然後把執行結果印出來。在這邊我們傳入一個 named function expression 來算費氏數列,因為需要遞迴的關係,所以才幫函式取了名稱。

那如果傳進去的是一個 anonymous function 呢?也做得到遞迴嗎?

還真的做得到。

```
function run(fn, n) {
  console.log(fn(n)) // 55
}

run(function (n) {
  if (n <= 1) return n
  return arguments.callee(n-1) + arguments.callee(n-2)
}, 10)
```

arguments 這個神奇的物件前面已經介紹過了,但沒有講到的是上面有一個屬性叫做 callee,簡單來說就是可以取得自己,所以就算是匿名函式也可以做遞迴。

好,既然是這樣的話,大家還記得前面那個題目嗎?施展魔法的那個:

```
(function() {
  (function() {
    // show your magic here
    // 只能改動這個函式
```

2-79

```
  })()
  console.log(arguments[0].str) // 要讓這邊輸出的變成 world
})({str: 'hello'})
```

解答就是這個十分噁心的組合：

```
(function() {
  (function() {
    // show your magic here
    // 只能改動這個函式
    arguments.callee.caller.arguments[0].str = 'world'
  })()
  console.log(arguments[0].str) // 要讓這邊輸出的變成 world
})({str: 'hello'})
```

先利用 arguments.callee 取得自己，再加上 caller 取得呼叫自己的函式，最後再透過 arguments 改動參數。

腦力激盪解答時間

來整理一下最前面提的幾個問題的答案：

```
var fib = function calculateFib(n) {
  if (n <= 1) return n
  return fib(n-1) + fib(n-2)
}

console.log(calculateFib) // ???
console.log(fib(6))
```

1. 那這個 function 到底叫做 fib 還是 calculateFib？

叫做 calculateFib，但是在函式外面要用 fib 才能存取到，在函式內可以用 calculateFib。

2. 底下那行 console.log(calculateFib) 會輸出什麼？

ReferenceError:calculateFib is not defined

3. 既然前面都已經給它名字了，為什麼後面還要再多一個？

1. 想呼叫自己的時候可以用這個名稱

2.stacktrace 會出現這個名字

4. 為什麼除了一般的呼叫 function 以外，還需要 call 跟 apply？什麼情形下需要用到它們？

1. 當我們想傳入陣列，但原本的函式只支援一個一個參數的時候

2. 當我們想自訂 this 的時候

3. 當我們想避開函式覆寫，直接呼叫某個函式的時候

5. 有沒有辦法做到不用 function 關鍵字，也能建立函式呢？

利用 function constructor：

```
var f1 = [].map.constructor('console.log(123)')
var f2 = Math.min.constructor('console.log(456)')
f1() // 123
f2() // 456
```

這個小章節整理了一些我對 JavaScript 函式的一些心得，有些我覺得很實用，有些就純粹是好玩，例如說 doSomeMagic 的那一題，就只是好玩而已，基本上改變 arguments 或是存取 caller 跟 callee 都是在實作上應該避免的行為，因為通常沒什麼理由這樣做，而且就算你真的想做什麼，也應該會有更好的做法。

至於實用的部分，named function expression 就滿實用的，YDKJS 的作者 Kyle Simpson 就提倡說：Always prefer named function expression，因為可以帶來更多好處。

然後 call 跟 apply 則是蔡逼八時期的我曾經思考過的問題，想說既然都可以直接呼叫 function，為什麼要有這兩個？在一些程式碼裡面看到 Objectprototype.toString.call(obj) 的時候，也會想說那為什麼不直接 obj.toString() 就好？後來才知道原來是為了避開函式覆寫的問題，例如說陣列也是個物件，但是它的

2 重要與不重要的資料型別

toString 就有重新寫過，會做跟 join 差不多的事情，所以才需要直接去呼叫到 Object.prototype.toString，因為那才是我們想要的行為。

最後，補充一個在 JavaScript 可以這樣寫，但是意義跟想像中完全不同的寫法：

```
function test(name, type) {
  console.log(`name=${name}, type=${type}`)
}

test(type='type', name='name') // name=type, type=name
```

在有些程式語言中，在呼叫函式時是可以用參數的名稱來傳的，就不需要記位子的順序，而在 JavaScript 中你也可以用類似的語法，但意義完全不同。在 JavaScript 中只看參數的順序，而上面的程式碼等於是宣告了兩個全域變數，一個叫 type，另一個叫 name，並且依序把參數傳入函式中。

2.5 型別轉換與魔法

在資料型別的最後一個小章節中，我們要來聊聊 JavaScript 是如何做型別轉換的。型別轉換可以分成顯性的（explicitly）跟隱性的（implicitly），顯性的之前有講過，就是大家所熟知的 Number() 或是 toString 等等的東西，但在 JavaScript 中，其實最需要理解的是隱性的型別轉換。

就如同之前提過的例子，在你把一個數字跟字串相加時，結果會是字串，這就是因為背後做了隱性的型別轉換。型別轉換其實是一個滿廣的議題，想要理解這個主題的話，我們可以從加號背後到底都做了什麼事情開始。

想知道這些 operator 到底做了什麼，需要先從規格上找到相對應的地方，以加號為例，出現在 13.8.1 The Addition Operator(+)：

2.5 型別轉換與魔法

> **quote ECMAScript**

AdditiveExpression:*AdditiveExpression* + *MultiplicativeExpression*

1. Return?EvaluateStringOrNumericBinaryExpression(*AdditiveExpression*,+,*MultiplicativeExpression*).

其實就簡單一行而已，寫說會執行 EvaluateStringOrNumericBinaryExpression，而 EvaluateStringOrNumericBinaryExpression 的內容如下：

> **quote ECMAScript**

1. Let *lref* be?Evaluation of *leftOperand*.

2. Let *lval* be?GetValue(*lref*).

3. Let *rref* be?Evaluation of *rightOperand*.

4. Let *rval* be?GetValue(*rref*).

5. Return?ApplyStringOrNumericBinaryOperator(*lval*,*opText*,*rval*).

這邊的操作很容易懂，就是把左右兩邊的值取出來，然後丟進 ApplyStringOrNumericBinaryOperator，所以重點其實在這個函式裡面，我們只看其中一段就好：

> **quote ECMAScript**

1. If *opText* is +,then

    a. Let *lprim* be?ToPrimitive(*lval*).

    b. Let *rprim* be?ToPrimitive(*rval*).

    c. If *lprim* is a String or *rprim* is a String,then

        i. Let *lstr* be?ToString(*lprim*).

        ii. Let *rstr* be?ToString(*rprim*).

2-83

iii. Return the string-concatenation of *lstr* and *rstr*.

d. Set *lval* to *lprim*.

e. Set *rval* to *rprim*.

在 a.b. 這兩步先呼叫了 ToPrimitive，接著如果其中有一個是字串的話，兩邊都呼叫 ToString，最後回傳字串相加的結果。這一段完美地解釋了為什麼數字加字串會是字串，甚至告訴了你不只數字加字串，任何東西加上字串都會是字串。

看看底下的例子就知道了：

```
true + "abc" // trueabc
undefined + 'hello' // undefinedhello
null + 'hello' // nullhello
```

在 JavaScript 的型別轉換中，最重要的就是剛剛規格中提到的幾個函式，包括 ToPrimitive 與 ToString，我們先來看一下比較簡單的 ToString 在做什麼，內容在 7.1.17 ToString：

quote ECMAScript

1. If *argument* is a String, return *argument*.

2. If *argument* is a Symbol, throw a **TypeError** exception.

3. If *argument* is **undefined**, return **"undefined"**.

4. If *argument* is **null**, return **"null"**.

5. If *argument* is **true**, return **"true"**.

6. If *argument* is **false**, return **"false"**.

7. If *argument* is a Number, return Number::toString(*argument*, 10).

8. If *argument* is a BigInt, return BigInt::toString(*argument*, 10).

9. Assert:*argument* is an Object.

10. Let *primValue* be?ToPrimitive(*argument*,string).

11. Assert:*primValue* is not an Object.

12. Return?ToString(*primValue*).

可以注意到在規格中直接針對了我們前面提過的八種原始資料型別都定義了不同的轉換方式，如果是字串就直接回傳，Symbol 則是會拋出錯誤，而數字的話就再呼叫數字自己的 toString 方法。

值得注意的是如果輸入是物件，會呼叫 ToPrimitive(argument,string)，這個操作我們剛剛也在加號的規格裡有看到。接著我們來看一下這個 ToPrimitive 到底做了什麼：

> quote ECMAScript

7.1.1 ToPrimitive(*input*[,*preferredType*])

1. If *input* is an Object,then

    a. Let *exoticToPrim* be?GetMethod(*input*,@@toPrimitive).

    b. If *exoticToPrim* is not **undefined**,then

       i. If *preferredType* is not present,then

          1. Let *hint* be**"default"**.

       ii. Else if *preferredType* is string,then

          1. Let *hint* be**"string"**.

       iii. Else,

          1. Assert:*preferredType* is number.

          2. Let *hint* be**"number"**.

iv. Let *result* be ?Call(*exoticToPrim*,*input*,«*hint*»).

v. If *result* is not an Object,return *result*.

vi. Throw a **TypeError** exception.

c. If *preferredType* is not present,let *preferredType* be number.

d. Return ?OrdinaryToPrimitive(*input*,*preferredType*).

2. Return *input*.

首先，如果 input 不是物件的話，代表 input 已經是 primitive 了，所以直接回傳。如果是物件的話，檢查 input 有沒有 @@toPrmitive 這個方法，如果有的話，就呼叫這個方法並且傳入 hint，hint 有可能是 default、string 或是 number 這三種。

如果沒有的話，就呼叫 OrdinaryToPrimitive，並且傳入 preferredType。我們來看一下 OrdinaryToPrimitive 的規格：

quote ECMAScript

1. If *hint* is string,then

    a. Let *methodNames* be«**"toString"**,**"valueOf"**».

2. Else,

    a. Let *methodNames* be«**"valueOf"**,**"toString"**».

3. For each element *name* of *methodNames*,do

    a. Let *method* be ?Get(*O*,*name*).

    b. If IsCallable(*method*)is **true**,then

        i. Let *result* be ?Call(*method*,*O*).

        ii. If *result* is not an Object,return *result*.

4. Throw a **TypeError** exception.

規格的開頭有寫說 OrdinaryToPrimitive 會接收一個物件以及 hint，這個 hint 是 number 或是 string，接著根據這個 hint 來回傳結果。

從上面的步驟中可以得出，如果 hint 是 string 的話，就是 toString 優先於 valueOf，否則就是 valueOf 優先於 toString，接著依序執行這兩個方法，只要在前面的執行成功，並且回傳值不是 object 的話就返回。若是都沒有符合條件，那就拋出錯誤。

從上面的 ToPrimitive 跟 OrdinaryToPrimitive 中，其實可以簡單整理出一個規則，那就是當物件要轉換成原始型別時，有三個方法可能會被呼叫到：

1. @@toPrimitive
2. toString
3. valueOf

第一個是最優先的，而後面兩個會根據 hint 而定，而這幾個方法通常被稱之為：「魔術方法」。

轉成原始型別的 Magic methods

這個魔術方法（magic methods）的概念並不是我自己發明的，指的通常是在進行某些操作時，會由腳本引擎自動呼叫的方法，在其他程式語言中也有相同的概念，比如說 PHP 好了，__wakeup() 這個方法就會在反序列化的時候自動被呼叫，而 Python 中的 __len__ 也是，會在拿長度的時候自動呼叫。

在 JavaScript 當中，也有這些魔術方法，剛剛就提到了三種，讓我們先來看看 @@toPrimitive，這個 @@ 是在規格裡的名稱，換成在 JavaScript 裡面，通常都會變成 Symbol，因此 @@toPrimitive 就是 Symbol.toPrimitive 的意思。

所以，我們可以寫一個方法將物件轉換成 primitive：

```
const obj = {
  [Symbol.toPrimitive]: (preferredType) => {
    console.log('type:', preferredType)
```

2 重要與不重要的資料型別

```
    return 'hello'
  }
}

console.log(obj + ' world')
// type: default
// hello world

console.log(Number(obj))
// type: number
// NaN
```

　　如同規格中所寫到的,在呼叫時會傳入偏好的型別,如果我們是想將物件轉換成數字,那自然而然這個 preferredType 就會是 number。那如果這個方法也回傳一個物件呢?

```
const obj = {
  [Symbol.toPrimitive]: (preferredType) => {
    return {a: 1}
  }
}

console.log(obj + ' world')
// Uncaught TypeError: Cannot convert object to primitive value
```

　　如同規格所說的一樣,因為回傳值還是個物件,所以 JavaScript 引擎拋出了 TypeError。

　　再來我們看一下 toString 跟 valueOf：

```
const obj = {
  toString: () => {
    return 'string'
  },
  valueOf: () => {
    return 123
  }
}
```

2-88

```
console.log(obj + ' world') // 123 world
console.log(obj + 123) // 246
console.log(Number(obj)) // 123
```

後兩者應該都滿好理解的，都是把 obj 轉換成數字，所以呼叫了 valueOf 方法，但是第一個呢？obj 加上字串不是應該是字串加字串嗎？為什麼也是呼叫 valueOf，而不是呼叫 toString？

這點其實在剛剛的規格就有寫到了，在使用加法的時候，第一步其實是先呼叫 ToPrimitive，而 ToPrimitive 裡面再去呼叫 OrdinaryToPrimitive，而且因為沒有 preferredType，所以 preferredType 預設的值就是 number，因此會先將 obj 轉為 number 以後再變成字串相加。

總之呢，從規格的敘述以及以上的實驗，我們學習到了可以利用 Symbol.toPrimitive、toString 或是 valueOf 這三個方法，將一個物件轉換為原始型別，而且是每次需要轉換型別，都會重新呼叫這幾個方法。

理解到這點以後，自然也就可以了解以前紅過一陣子的這個題目該怎麼解了：

```
if (a == 1 && a == 2 && a == 3) {
  console.log('這有可能嗎？')
}
```

一個變數要同時等於 1、2 跟 3，這有可能嗎？這當然不可能，但重點是並不是同時，其實是：「執行完 a == 1 以後要是 true，接著執行 a == 2 也要是 true，最後 a == 3 也要是 true」，是有順序的，而不是真的三個判斷式同時。

由於 == 會先轉換型別，而比較的對象是數字，因此我們可以利用 valueOf 方法回傳不同的值，就可以寫出符合條件的程式碼：

```
let n = 1
const a = {
  valueOf: () => {
    return n++
  }
}
```

```
}
if (a == 1 && a == 2 && a == 3) {
  console.log('這有可能嗎？')
}
```

不只是數字可以,就算型別不一樣也可以:

```
let n = 0
const a = {
  valueOf: () => {
    const ans = [true, 'wow', 5]
    return ans[n++]
  }
}
if (a == true && a == 'wow' && a == 5) {
  console.log('這有可能嗎？')
}
```

雖然說這個情境在現實生活中並不會碰到,純屬好玩而已,但重點在於背後可以學習到一個物件該如何轉成原始型別,就能利用到剛剛學到的幾個方法,學以致用。

而這題還有進階版,那就是把 == 換成 ===,現在沒有型別轉換了,還做得到嗎?一樣先賣個關子,在講到物件的時候我會再提到。

從被講爛的 == 與 === 中找到新鮮事

既然剛剛都提到了 == 還有 ===,勢必要來講一下在 JavaScript 中,這兩個運算子到底是怎麼運作的。在規格中,== 會執行的操作叫做 IsLooselyEqual,而 === 則是 IsStrictlyEqual,先來看一下比較簡單的 === 好了。

2.5 型別轉換與魔法

> **quote ECMAScript**

7.2.15 IsStrictlyEqual(*x*,*y*)

The abstract operation IsStrictlyEqual takes arguments *x*(an ECMAScript language value)and *y*(an ECMAScript language value)and returns a Boolean.It provides the semantics for the === operator.It performs the following steps when called:

1. If Type(*x*)is not Type(*y*),return **false**.

    a. If *x* is a Number,then

2. Return Number::equal(*x*,*y*).

3. Return SameValueNonNumber(*x*,*y*).

第一步就是先比較左右兩邊的型別，如果型別不一樣的話，就直接返回 false，這應該與我們原本預期的相符，而下一步特別判斷了如果 x 是數字，要回傳 Number::equal(x,y)，否則就回傳 SameValueNonNumber。

為什麼數字要特別處理呢？我們追到 Number::equal 的段落去，答案就呼之欲出了：

> **quote ECMAScript**

6.1.6.1.13 Number::equal(*x*,*y*)

The abstract operation Number::equal takes arguments *x*(a Number)and *y*(a Number)and returns a Boolean.It performs the following steps when called:

1. If *x* is **NaN**,return **false**.

2. If *y* is **NaN**,return **false**.

3. If *x* is *y*,return **true**.

4. If x is +$0_\mathbb{F}$ and y is -$0_\mathbb{F}$, return **true**.

5. If x is -$0_\mathbb{F}$ and y is +$0_\mathbb{F}$, return **true**.

6. Return **false**.

之所以要特殊處理，是因為兩種特殊狀況，一種是之前提過的 NaN，NaN 跟任何東西都不相等，所以如果 x 跟 y 任何一個是 NaN，都要回傳 false。第二種特殊狀況是數字其實有 +0 跟 -0，這兩個應該要是相等的。

看完了數字，我們來看一下非數字的 SameValueNonNumber：

> quote ECMAScript

7.2.12 SameValueNonNumber(x,y)

The abstract operation SameValueNonNumber takes arguments x(an ECMAScript language value,but not a Number)and y(an ECMAScript language value,but not a Number)and returns a Boolean.It performs the following steps when called:

1. Assert:Type(x)is Type(y).

2. If x is either **null** or **undefined**,return **true**.

3. If x is a BigInt,then

    a. Return BigInt::equal(x,y).

4. If x is a String,then

    a. If x and y have the same length and the same code units in the same positions,return **true**;otherwise,return **false**.

5. If x is a Boolean,then

    a. If x and y are both **true** or both **false**,return **true**;otherwise,return **false**.

6. NOTE:All other ECMAScript language values are compared by identity.

7. If *x* is *y*,return **true**;otherwise,return **false**.

第一步先驗證兩個 type 是一樣的，接著檢查如果 x 是 null 或 undefined，就回傳 true。為什麼可以這麼肯定呢？因為這兩種型別都只有一個值，所以如果 x 是這兩種，那 y 一定也是相同的值，所以當然就回傳 true 了。

接著，如果是 BigInt 的話一樣也跳到 BigInt 自己的 equal（但裡面沒有特別寫什麼就是了），而字串的話寫得很詳細，要長度、code unit 跟位置都相同，才會回傳 true。Boolean 的話也比較簡單，兩個都是 true 或兩個都是 false 才回傳 true。

然後在第六步的地方，寫說：「All other ECMAScript language values are compared by identity」，如果你有聽過什麼「物件在 === 時比的是參考（reference）」，就是這個意思，只是規格上用的名詞是「identity」而已。

以上就是 === 的流程，跟我們原本知道的應該沒有太大的差別。

再來，讓我們一起看看複雜許多的 IsLooselyEqual：

> **quote ECMAScript**

7.2.14 IsLooselyEqual(*x*,*y*)

The abstract operation IsLooselyEqual takes arguments *x*(an ECMAScript language value)and *y*(an ECMAScript language value)and returns either a normal completion containing a Boolean or a throw completion.It provides the semantics for the == operator.It performs the following steps when called:

1. If Type(*x*)is Type(*y*),then

    a. Return IsStrictlyEqual(*x*,*y*).

2. If *x* is **null** and *y* is **undefined**,return **true**.

3. If *x* is **undefined** and *y* is **null**,return **true**.

4. NOTE:This step is replaced in section B.3.6.2.

5. If x is a Number and y is a String,return!IsLooselyEqual(x,!ToNumber(y)).

6. If x is a String and y is a Number,return!IsLooselyEqual(!ToNumber(x),y).

7. If x is a BigInt and y is a String,then

    a. Let n be StringToBigInt(y).

    b. If n is **undefined**,return **false**.

    c. Return!IsLooselyEqual(x,n).

8. If x is a String and y is a BigInt,return!IsLooselyEqual(y,x).

9. If x is a Boolean,return!IsLooselyEqual(!ToNumber(x),y).

10. If y is a Boolean,return!IsLooselyEqual(x,!ToNumber(y)).

11. If x is either a String,a Number,a BigInt,or a Symbol and y is an Object,return!IsLooselyEqual(x,?ToPrimitive(y)).

12. If x is an Object and y is either a String,a Number,a BigInt,or a Symbol,return!IsLooselyEqual(?ToPrimitive(x),y).

13. If x is a BigInt and y is a Number,or if x is a Number and y is a BigInt,then

    a. If x is not finite or y is not finite,return **false**.

    b. If $\mathbb{R}(x)= \mathbb{R}(y)$,return **true**;otherwise return **false**.

14. Return **false**.

第 1 步的時候先檢查兩邊型別是否相等，是的話就直接跳去剛剛看完的 === 的邏輯，滿合理的。

接著 2、3 步特別為了 null 與 undefined 這個 case 寫了規則，兩個會相等。第 4 步提到別的段落，我們待會再看。然後 5 到 8 步其實邏輯類似，簡單來說就是如果 x y 有一個是字串，而另一個是數字，無論是 Number 或 BigInt 都好，就把字串轉數字再來比較。

第 9 與 10 步則是把 boolean 轉成數字，11 與 12 步會把物件轉成 primitive，13 步針對 Number 與 BigInt 的比較寫了規則。

雖然有很多步驟，但如果要簡化的話，如果先假設兩邊型別不同，比較的其實就是：

1. null == undefined 是 true（特殊規則）

2. 字串與 boolean 最終都會轉成數字

3. 物件會轉 primitive

其中第三步其實對有些物件來說，就是轉成字串，而轉成字串最終依舊會轉成數字，所以也可以當作數字看待，例如說 [1] 變成字串是 "1"，再變數字就是 1，所以 true == [1] 會是 true，因為兩邊最後都轉成 1。

如果你覺得規則很難懂很複雜的話也沒有關係，看過去就好了，不需要記起來，雖然我現在記得，但我寫完這本書的時候八成也忘了。這個轉換規則不太重要，不需要熟讀也沒關係，至少有看過就好。

真正有趣的其實是剛剛先跳過的第 4 步：「NOTE:This step is replaced in section B.3.6.2.」，內容如下：

> **quote ECMAScript**

B.3.6.2 Changes to IsLooselyEqual

The following steps replace step 4 of IsLooselyEqual:

1. Perform the following steps:

    a. If *x* is an Object,*x* has an[*[IsHTMLDDA]]*internal slot,and *y* is either **undefined** or **null**,return **true**.

2 重要與不重要的資料型別

　　b. If *x* is either **undefined** or **null**,*y* is an Object,and *y* has an[*[IsHTMLDDA]]* internal slot,return **true**.

　　如果你還記得的話，[[IsHTMLDDA]] 這個東西其實前面 1.3 章節在講 JavaScript 的歷史包袱時就有提過了，目前在 JavaScript 中，擁有這個屬性的只有 document.all，因此這段就是來處理 document.all 這個 edge case 的。

　　只要跟 document.all 比較的對象是 null 或 undefined，就會回傳 true，因此就會出現一個神奇的現象，那就是 document.all 雖然裡面有東西，但看起來卻像是 undefined：

```
typeof document.all // undefined
document.all == undefined // true
document.all.length // 900
document.all[0] // <html>....
```

　　至於 document.all 這個東西出現的歷史背景，以及為什麼會這樣做的理由，在 1.3 中都提過了，忘記的讀者可以翻回去複習一下。

更多的魔術方法

　　稍早以前有提過 Symbol.toPrimitive、valueOf 以及 toString 這三個魔術方法，在型別轉換時會被呼叫到，而 JavaScript 中其實還存在著更多的魔術方法，在進行不同操作時會被呼叫到，只是你可能不知道而已。

　　例如說 toJSON，就是在進行 JSON.stringify 時會呼叫到的方法：

```
const obj = {
  a: {
    b: 1
  },
  toJSON: () => {
    return 'i am json string'
  }
}

console.log(JSON.stringify(obj)) // "i am json string"
```

2.5 型別轉換與魔法

藉由覆寫 toJSON 方法,我們可以控制一個物件在被 JSON 序列化時,會回傳什麼樣的字串。不過上面這個例子不好,這些方法其實通常都是用來做一些客製化的行為,尤其用在物件導向上會更合適,或是用在 JSON.stringify 不支援的地方:

```
class Token {
  constructor(name, amount) {
    this.name = name
    this.amount = amount
  }
}

const eth = new Token('eth', 123n)
console.log(JSON.stringify(eth))
// Uncaught TypeError: Do not know how to serialize a BigInt
```

上面的 Token 物件中,amount 的型別是 BigInt,而目前 JSON.stringify 還不支援 BigInt 型別,所以拋出了一個不知道怎麼序列化 BigInt 的錯誤。此時,就可以運用到我們剛學到的知識,使用 toJSON 來解決這個問題:

```
class Token {
  constructor(name, amount) {
    this.name = name
    this.amount = amount
  }

  toJSON() {
    return JSON.stringify({
      name: this.name,
      amount: this.amount.toString()
    })
  }
}

const eth = new Token('eth', 123n)
console.log(JSON.stringify(eth))
// "{\"name\":\"eth\",\"amount\":\"123\"}"
```

重要與不重要的資料型別

我們加上了 toJSON 方法,並且在裡面自己呼叫了 JSON.stringify,只是這次我們把 amount 先轉成字串,避開 BigInt 型別的問題。不過除了 toJSON 要記得改以外,當要把 JSON 反序列化成物件時也記得要進行處理,確保兩邊一致。

除了 toJSON 以外,還有其他也很有趣的,例如說 Symbol.iterator,可以控制一個物件變成 iterator 後的返回值。你可能對這個名詞感到陌生,但其實你早就在用了,當我們在用 [...arr] 時,其實就是去呼叫這個 arr 的 iterator 並且返回結果。

因此,我們可以透過改寫一個陣列的 iterator,讓 [...arr] 發生奇妙的轉變:

```
const arr = [1, 2, 3]
arr[Symbol.iterator] = function*() {
  yield 4;
  yield 5;
  yield 6;
}
console.log([...arr]) // [4, 5, 6]
```

JavaScript 就是這麼的神奇,透過改寫 iterator,我們控制了 [...arr] 的輸出,讓原本應該是 [1,2,3] 的東西變成了 [4,5,6]。不過再重申一次,這種用法其實非正規用法,純屬好玩,正規用法應該像是這樣:

```
class Cookies {
  constructor(headers) {
    this._cookies = headers['cookie']
  }

  [Symbol.iterator]() {
    return this._cookies[Symbol.iterator]();
  }
}

const headers = {
  cookie: ['a=1', 'b=2']
}
const cookies = new Cookies(headers)
console.log([...cookies]) // ['a=1', 'b=2']
```

2.5 型別轉換與魔法

假設我實作了一個叫做 Cookies 的 class 去處理一些 cookie 相關的東西，而我又不想對外暴露 this._cookies 這個私有變數，但 class 是不能迭代的，因此我就可以透過 Symbol.iterator，裡面返回 this._cookies 的 iterator，如此一來就能直接使用 [...cookies]，但又不暴露裡面的變數。

接著，還記得我們在講到函式時提到的一段程式碼嗎？

```
function isObject(obj) {
  if (!obj || !obj.toString) return false

  return Object.prototype.toString.call(obj) === '[object Object]'
}

var obj = {
  toString: function() {
    return 'I am object QQ'
  }
}

console.log(isObject(obj)) // true
```

我們可以藉由直接呼叫 Object.prototype.toString，來避開物件自己加上的 toString 方法，以這個方式來判斷一個變數是否為物件。當時提到這個做法時，就有一併講說其實這個判斷方式也有可以繞過的方式，就跟 Symbol 提供的那些自訂行為有關。

主要是有個 Symbol.toStringTag，可以直接控制 Object.prototype.toString 的輸出：

```
function isObject(obj) {
  if (!obj || !obj.toString) return false
  return Object.prototype.toString.call(obj) === '[object Object]'
}

var obj = {
  [Symbol.toStringTag]: 'hello'
}
```

```
console.log(Object.prototype.toString.call(obj)) // [object hello]
console.log(isObject(obj)) // false
```

順帶一提，當你在瀏覽器上面對 DOM 物件使用相同方法時，也會發現輸出並不是 [object Object]：

```
console.log(Object.prototype.toString.call(document.body))
// [object HTMLBodyElement]
```

這背後也是用 Symbol.toStringTag 來實作的。

最後再講一個，除了 ECMAScript 自己定義的以外，有些 runtime 也會自己定義，例如說 Node.js 其實就有一個 Symbol.for("nodejs.util.inspect.custom")，可以自訂一個物件被 console.log 時的行為：

```
const obj = {
  [Symbol.for('nodejs.util.inspect.custom')]: function() {
    return 'Hello!'
  }
}

console.log(obj) // Hello!
```

上面只是簡單示範而已，它的正規用法其實是用來方便地客製化輸出的訊息：

```
class Account {
  constructor(name, balance) {
    this.name = name
    this.balance = balance
  }

  [Symbol.for('nodejs.util.inspect.custom')] () {
    return `Account name: ${this.name} with balance ${this.balance}`
  }
}

console.log(new Account('my account', '42'))
// Account name: my account with balance 42
```

2.5 型別轉換與魔法

熟悉這些 magci method 的好處，就是在需要針對這些操作進行客製化的時候，你知道該怎麼做；如果能夠善用這些內建的機制，就能寫出更簡潔、更好維護的程式碼。

看不見的 Boxing

你有沒有好奇過，為什麼底下的程式碼是正確的？

```
console.log("str".toUpperCase()) // STR
console.log((1.5).toFixed(5)) // 1.50000
console.log(true.toString()) // "true"
```

字串、數字以及 boolean，這三種都是原始型別，而照理來說只有物件會有方法，原始型別應該就純粹是個 value 而已，但為什麼上面這些程式碼都是正確的，而且都可以執行？

如果你看過一些文章，通常這個行為都會用一個叫做 boxing 的名稱來解釋，大意就是說在進行這類的操作時，JavaScript 引擎會將「.」前面的值先包裹成一個物件，再執行後面的方法，而這個機制就叫做 boxing。

也就是說，當你在做剛剛的操作時，其實引擎執行的比較像是：

```
console.log(new String("str").toUpperCase()) // STR
console.log(new Number(1.5).toFixed(5)) // 1.50000
console.log(new Boolean(true).toString()) // "true"
```

話說這也是一個從其他程式語言過來的人可能會犯的錯誤，在 JavaScript 裡面雖然你也可以用 new String() 產生一個字串，但其實回傳的結果會是一個物件型別，而不是字串型別，用 typeof 去檢視的話，會回傳給你 object。

雖然說它一樣可以被當作字串使用，但這個行為通常不是我們想要的。在 JavaScript 中如果要使用字串或數字，就直接寫就行了，不需要透過 new 去產生一個新物件。

接著，我們就來看一下在規格中，到底是怎麼描述剛剛的 boxing 機制的。要了解這個機制，可以先從 x.y 的語法開始找起，會找到這一段：

2 重要與不重要的資料型別

> **quote ECMAScript**

13.3.2.1 Runtime Semantics:Evaluation

MemberExpression:MemberExpression[Expression]

1. Let *baseReference* be?Evaluation of *MemberExpression*.

2. Let *baseValue* be?GetValue(*baseReference*).

3. If the source text matched by this *MemberExpression* is strict mode code,let *strict* be **true**;else let *strict* be **false**.

4. Return?EvaluatePropertyAccessWithExpressionKey(*baseValue*,*Expression*,*strict*).

前兩步沒什麼，就只是把左邊的值取出來而已，而第三步是在判斷嚴格模式，第四步才是真的操作，所以我們繼續追下去：

> **quote ECMAScript**

13.3.4 EvaluatePropertyAccessWithIdentifierKey(*baseValue*,*identifierName*,*strict*)

The abstract operation EvaluatePropertyAccessWithIdentifierKey takes arguments *baseValue*(an ECMAScript language value),*identifierName*(an *IdentifierName* Parse Node),and *strict*(a Boolean)and returns a Reference Record.It performs the following steps when called:

1. Let *propertyNameString* be StringValue of *identifierName*.

2. Return the Reference Record{*[[Base]]*:*baseValue*,*[[ReferencedName]]*:*propertyNameString*,*[[Strict]]*:*strict*,*[[ThisValue]]*:empty}.

這邊的回傳值其實也很簡單，就是一個 Reference Record，也就是說，假設我有一行程式碼是 "abc".toLowerCase，就會回傳 Reference Record{[[Base]]:"abc",[[ReferencedName]]:"toLowerCase",[[Strict]]:false,[[ThisValue]]:empty}

2.5 型別轉換與魔法

但只看這一段，我們還是無法理解完整的行為，因此要搭配「取值」一起看，當 JavaScript 在取值時，是用一個叫做 GetValue 的操作取的：

> quote ECMAScript

6.2.5.5 GetValue(*V*)

1. If *V* is not a Reference Record, return *V*.

2. If IsUnresolvableReference(*V*) is **true**, throw a **ReferenceError** exception.

3. If IsPropertyReference(*V*) is **true**, then

    a. Let *baseObj* be ?ToObject(*V.[[Base]]*).

    b. If IsPrivateReference(*V*) is **true**, then

        1. Return ?PrivateGet(*baseObj*, *V.[[ReferencedName]]*).

    c. Return ?*baseObj.[[Get]]*(*V.[[ReferencedName]]*, GetThisValue(*V*)).

4. Else,

    a. Let *base* be *V.[[Base]]*.

    b. Assert: *base* is an Environment Record.

    c. Return ?*base*.GetBindingValue(*V.[[ReferencedName]]*, *V.[[Strict]]*)(see 9.1).

第 1 步告訴你如果 V 不是所謂的 Reference Record，就直接回傳，而第 2 步會針對無法解析的 reference 回傳 ReferenceError，其實就是存取一個沒有宣告的變數啦，就會走到這一步。

接著第 3 步是最重要的，如果 IsPropertyReference 是 true 的話（這裡面會判斷是不是能夠解析，細節我們就不看了，但總之我們在意的 case 會回傳 true），就執行 baseObj = ToObject(V.[[base]])，然後再去取得 baseObj 上的 ReferencedName。

2 重要與不重要的資料型別

也就是說呢，我們剛剛得到的那個 Reference Record：{[[Base]]:"abc",[[ReferencedName]]:"toLowerCase",[[Strict]]:false,[[ThisValue]]:empty}，在取值時會先執行 ToObject("abc")，再去拿上面的 "toLowerCase"。這個行為跟我們前面講的 boxing 機制是一致的，代表之前講的 boxing 是正確的，JavaScript 在取值時，確實會先把前面轉成物件再來取，因此就算前面是原始型別也沒關係。

以上就是 boxing 機制在規格中的解析，透過閱讀規格，我們可以很透徹地理解 JavaScript 背後到底都做了什麼事情。以後當你看到 boxing 機制的時候，腦中就可以浮現出 Reference Record 以及 ToObject 這兩個名詞，並且知道說所謂的 boxing 機制，在規格中是利用這兩個操作來描述。

其實應該反過來講，是規格中先有這樣的操作，在取值時會先用 ToObject 自動轉成物件，接著這個機制才被人以 boxing 來命名，然後廣為人知。

小結

在這個章節裡面，我們學習到了許多跟資料型別有關的知識，我幫大家複習一下重點：

1. 截止 ECMAScript 2024 為止，JavaScript 總共有八種資料型別

2. 針對 Number 型別，要注意範圍，超過範圍的話記得用 BigInt

3. Number 要注意浮點數誤差的問題

4. NaN 是 JavaScript 裡面唯一與自己不相等的東西

5. 如果執行速度很重要，可以考慮使用位元運算來加速

6. 使用字串時也要注意範圍，若是有用到基本平面以外的字串，在做字串操作時很可能會有問題，要記得小心處理

7. 函式要注意取名，才能方便 debug

8. 如果有需要，可以利用 arguments.callee、caller 這些東西，但大多數情況下不推薦使用

9. 可以透過 Symbol.toPrimitive、toString 以及 valueOf 來讓物件變成 primitive

10. == 的比較規則有點複雜，請愛用 ===

自從 TypeScript 變成前端主流以後，其實跟型別有關的問題就少了許多，畢竟 TypeScript 會做靜態檢查，自動抓出不合理之處，而有了型別的輔助，也能成為一種文件，讓你過了一兩年後再回來看程式碼，還是能知道大概的資料結構長什麼樣子。

但需要注意的是，TypeScript 也不是萬能的，例如說 Array.prototype.sort 會用字典序排、數字的浮點數誤差或是範圍等等，這些都不是 TypeScript 會提醒的事情。因此，我們不能完全依賴於現代的工具以及框架等等，自己還是需要留意各種可能會出狀況的地方。

而我們之所以能留意到這邊可能會出狀況，是因為我們擁有知識。舉例來說，如果你不知道 JavaScript 的數字超出一定範圍後會變得不精確，那在寫程式的時候自然就不會注意到範圍，發生 bug 時才會去查原因，然後學到一課。

本書的目的之一就是希望能跟著大家一起認識一些我覺得滿重要的知識，有了知識以後才有力量，才能寫出更穩健的程式碼。

不過除了這些有用的知識，其他偏趣味的小知識我自己其實滿喜歡的，例如說歷史的包袱 document.all 或是噁心的 arguments.callee.caller 等等，儘管實際開發大概有 99% 的機率不會碰到，但偶爾補充一下這類型的知識還是滿有趣的，至少我是這樣認為的。

3

物件與有趣的 prototype

在上一章中，我們介紹了 JavaScript 中的八種資料型別，並且深入介紹了數字以及字串這兩種資料型別，同時也特別介紹了函式。可是，對於物件著墨的較少，這是因為物件其實是個更廣更大的主題，可以講的東西太多了，所以直接獨立變成一個章節。

在這個章節中，我會帶著大家一起探討物件的各種經典問題，例如說：

1. prototype chain

2. call by value、call by reference、call by reference？

3. 淺拷貝與深拷貝

3 物件與有趣的 prototype

這每一個都是值得學習的主題，而且有不少可以聊的。

之前看資料型別的規格時有提到一件事情，那就是在 JavaScript 中物件幾乎包山包海，只要不是 Null、Undefined、Boolean、String、Number、Symbol、BigInt 這七種型別，其他的全部都是物件。

所以 Map、Set、Array、Function 等等，全都是物件，都擁有物件的特性。因此，好好認識 JavaScript 中的物件，絕對是很重要的一件事情。

就讓我們先從 prototype 開始吧！

3.1 從物件導向理解 prototype

想要理解 prototype 的話，我一律建議從物件導向開始談起。因此，我們先來複習一下什麼是物件導向。在我們習慣的物件導向世界中，會有很多 class，就像設計圖一樣，定義了屬於這個類別該有的行為：

```
class User {
  constructor(name) {
    this.name = name
  }

  getName() {
    return this.name
  }

  setName(name) {
    this.name = name
  }

  sayHello() {
    console.log(`Hello, I am ${this.name}`)
  }
}
```

3.1 從物件導向理解 prototype

但設計圖畢竟只是設計圖，不是你真的想操作的東西，我們必須透過 new 這個 operator 建立出一個新的 instance，並且對 instance 做操作：

```
const user1 = new User('peter')
user1.sayHello() // Hello, I am peter
user1.setName('allen')
user1.sayHello() // Hello, I am allen
```

以上就是很基本的物件導向基礎概念，就算沒有學過，應該也能大致看得懂在幹嘛。雖然說上面的語法是用 JavaScript 來寫的，但你可能有聽過一個說法，那就是 JavaScript 中的 class 只是語法糖而已。

Class 這個語法是 ES6 以後才出現的，在這之前並沒有 class。雖然 ES6 才新增了 class 語法，但其實從 JavaScript 誕生的時候，就已經有物件導向的寫法了。雖然說在我們使用者看來，都一樣是物件導向，但其實從程式語言的角度來說，有不同種的實作方式，像 Java 就是採用 class-based，基於類別的實作，而 JavaScript 則是另外一種 prototype-based，基於原型的實作。

這就是為什麼 class 在 JavaScript 中被稱作是「語法糖」，因為雖然有了 class 這個關鍵字，但是背後的實作原理其實並不是 class-based，而是 prototype-based；換句話說，JavaScript 的 class 只是包裹著 prototype 的糖衣而已，換湯不換藥，才會被稱之為是語法糖。

為了不妨礙我們學習 JavaScript 的 prototype-based 機制，現在請你先忘記 class、忘記 ES6，把記憶倒回至 2010 年，一個 ES6 還沒發佈的年代。

在 class-based 的程式語言如 Java 中，你要建立一個新的 class 非常簡單，直接用 class 關鍵字就行了：

```
public class User {
  private String name;

  public User(String name) {
      this.name = name;
  }
```

3-3

3 物件與有趣的 prototype

```java
    public String getName() {
        return this.name;
    }

    public void setName(String name) {
        this.name = name;
    }

    public void sayHello() {
        System.out.println("Hello, I am " + this.name);
    }

    public static void main(String[] args) {
        User user = new User("peter");
        user.sayHello(); // Hello, I am peter
    }
}
```

可是這基本上是 class-based 的程式語言才有的寫法,但 JavaScript 不是啊!那該怎麼辦呢?像是 JavaScript 這種 prototype-based 的程式語言,一般來說會用 function 當作 constructor,並且一樣用 new 來建立新的 instance:

```javascript
function User(name) {
  this.name = name
}

const user = new User('peter')
console.log(user.name) // peter
```

那方法呢?方法怎麼辦呢?既然都可以存取 this 了,那直接在 this 上面加上 function,自然也是沒問題的:

```javascript
function User(name) {
  this.name = name
  this.sayHello = function() {
    console.log(`Hello, I am ${this.name}`)
  }
}
```

3-4

3.1 從物件導向理解 prototype

```
const user1 = new User('peter')
user1.sayHello() // Hello, I am peter

const user2 = new User('judy')
user2.sayHello() // Hello, I am judy
```

可是這樣的寫法顯然是不太好的,雖然都一樣是 sayHello,可是 user1 的 sayHello 跟 user2 的 sayHello,其實是兩個不同的函式,佔了兩份空間:

```
function User(name) {
  this.name = name
  this.sayHello = function() {
    console.log(`Hello, I am ${this.name}`)
  }
}

const user1 = new User('peter')
const user2 = new User('judy')
console.log(user1.sayHello === user2.sayHello) // false
```

那該怎麼辦呢?接下來就是 prototype-based 的獨特之處了,在這種類型的程式語言中,會利用這個所謂的「prototype」來讓物件之間有所關聯,你可以把需要共用的方法放在 User.prototype 上面:

```
function User(name) {
  this.name = name
}

User.prototype.sayHello = function() {
  console.log(`Hello, I am ${this.name}`)
}

const user1 = new User('peter')
const user2 = new User('judy')
console.log(user1.sayHello === user2.sayHello) // true

user1.sayHello() // Hello, I am peter
user2.sayHello() // Hello, I am judy
```

3-5

3 物件與有趣的 prototype

這就是在 prototype-based 的程式語言中，實作出最基本的物件導向的方法。

在本書中，prototype 這個名詞其實已經出現過不少次了，例如說第一章在講歷史包袱時，就有講到有些 library 會喜歡往 prototype 添加方法，像是這樣：

```
Array.prototype.last = function () {
    return this[this.length - 1];
};

console.log([1,2,3].last()) // 3
```

在 class-based 的程式語言中要新增方法，直接往 class 裡面加就好了，但是在 prototype-based 的程式語言中，會加在 constructor 的 prototype 上面，就如同範例那樣。

請記住，物件導向的本質之一是讓物件們共享某些特性，而 class-based 的做法是透過 class 畫出設計圖，再用 new 來建立出 instance，如此一來這些 instance 都會有相同的方法，畢竟是依照同個設計圖產生的。

而 prototype-based 的做法就是剛才提到的，藉由 constructor 加上 prototype 的方式，來讓這些物件共享方法。

探究原理

剛剛講的東西，我們學到了「結果」，知道了把一個 function 加到 constructor 的 prototype 上之後，就可以呼叫得到。但我們並不知道「過程」是什麼，只知道我這樣寫，它就會動。

那你有沒有好奇過，JavaScript 是怎麼做的？

當我呼叫 user1.sayHello() 時，JavaScript 怎麼知道要去找 User.prototype.sayHello？當我呼叫 [1,2,3].last() 時，又怎麼知道是要找 Array.prototype.last？我們可以推測出，一定是 [1,2,3] 跟 Array.prototype 有什麼關係，JavaScript 才會知道要去那邊找。

3.1 從物件導向理解 prototype

　　如果是這樣的話，那這個關係一定會被儲存在某個地方，JavaScript 引擎只要去固定的地方找就好了。而這個地方就叫做 __proto__，在使用 new 的時候，其實會自動設定 instance 的 __proto__，讓它指向 constructor 的 prototype：

```
console.log([1,2,3].__proto__) // Array.prototype
```

　　在 JavaScript 中，就是利用 __proto__ 這個屬性來保存物件之間的關聯，因此當我呼叫 obj.last() 時，JavaScript 會先看 obj 本身有沒有 last 這個方法，沒有的話就會去看 obj.__proto__ 上有沒有。

　　而且，這個關聯不只一層而已，舉例來說：

```
function User(name){
  this.name = name
}
const user = new User()
console.log(user.toString()) // [object Object]
```

　　很顯然 user 的身上並沒有 toString 這個方法，因此會去 user.__proto__ 找，而 user.__proto__ 就是 User.prototype，但很顯然這個上面也沒有，那接下來呢？就像是 scope 一樣，會繼續往上層尋找，接著去看 User.prototype.__proto__，由於 User.prototype 是個物件，所以 __proto__ 其實就是 Object.prototype，並且在這上面發現了 toString，於是就呼叫了這個方法。

　　底下就是不斷往上尋找關聯的過程，而這條由 prototype 組成的鏈，就叫做原型鏈，英文是 prototype chain：

```
function User(name){
  this.name = name
}
const user = new User()
console.log(user.toString === Object.prototype.toString) // true

// 尋找過程
console.log(user.__proto__) // User.prototype
console.log(user.__proto__.__proto__) // Object.prototype
console.log(user.__proto__.__proto__.__proto__) // null，到終點了
```

3 物件與有趣的 prototype

模擬尋找 key 的過程

有一個 Object.prototype.hasOwnProperty 的方法，可以測試一個屬性是存在被檢視的物件身上，還是存在於它的 prototype 中：

```javascript
function User(name){
  this.name = name
}
User.prototype.sayHello = function() {
  console.log(`Hello, I am ${this.name}`)
}

const peter = new User('peter')

// name 確實在 peter 這個 instance 身上
console.log(peter.hasOwnProperty('name')) // true

// toString 存在於 Object.prototype 上面
console.log(peter.hasOwnProperty('toString')) // false
console.log(Object.prototype.hasOwnProperty('toString')) // true

// sayHello 存在於 User.prototype
console.log(peter.hasOwnProperty('sayHello')) // false
console.log(User.prototype.hasOwnProperty('sayHello')) // true

// User.prototype 同時也是 peter.__proto__
console.log(peter.__proto__.hasOwnProperty('sayHello')) // true
```

接著我們來看一下 hasOwnProperty 的規格是怎麼寫的，

> quote ECMAScript

20.1.3.2 Object.prototype.hasOwnProperty(*V*)

This method performs the following steps when called:

1. Let *P* be ?ToPropertyKey(*V*).

3.1 從物件導向理解 prototype

2. 2.2.Let O be?ToObject(**this** value).

3. Return?HasOwnProperty(O,P).

第 1 步呼叫了 ToPropertyKey，主要是把傳進來的 V 變成 primitive 或是 symbol，而第 2 步的 ToObject 我們很熟悉了，第 3 步的 HasOwnProperty 則是重點，在這裡面會去呼叫另一個方法 GetOwnProperty，而這個方法只有一行，是去呼叫 OrdinaryGetOwnProperty，所以我們直接看它就好：

> quote ECMAScript

10.1.5.1 OrdinaryGetOwnProperty(O,P)

1. If O does not have an own property with key P,return **undefined**.

在 HasOwnProperty 中，會呼叫 [[GetOwnProperty]]，如果回傳值是 undefined 就代表沒有這個 key，因此 HasOwnProperty 就會回傳 false，反之則是 true。而 OrdinaryGetOwnProperty 的第一行就用白話文寫了：「如果 O 本身沒有 P 這個 key，回傳 undefined」。

怎麼覺得這樣看下來，好像懂了什麼又沒有懂，簡單來說 hasOwnProperty 在規格上最後也只是寫了類似的東西，只是變成英文的句子而已。

不過有了 hasOwnProperty 以後，我們就可以寫一個函式來模擬 JavaScript 引擎尋找 key 的過程，並且輸出這個 key 到底是存在於哪裡：

```
function User(name){
  this.name = name
}
User.prototype.sayHello = function() {
  console.log(`Hello, I am ${this.name}`)
}

const peter = new User('peter')

function find(obj, key) {
  let currentObj = obj
```

3-9

3 物件與有趣的 prototype

```
  // 不斷透過原型鏈往上找
  // 直到 null 或者是找到真的擁有這個 key 的物件為止
  while(currentObj && !currentObj.hasOwnProperty(key)) {
    currentObj = currentObj.__proto__
  }

  // 沒找到
  if (!obj) {
    return undefined
  }

  return {
    owner: currentObj,
    value: currentObj[key]
  }
}

console.log(find(peter, 'name'))
// owner: peter, value: 'peter'

console.log(find(peter, 'sayHello'))
// owner: User.prototype, value: function

console.log(find(peter, 'toString'))
// owner: Object.prototype, value: function
```

不過這段程式碼其實有個小 bug，那就是物件可以藉由覆蓋 hasOwnProperty 來欺騙我們的程式碼，就像之前在講 function 時候提到的那樣，因此要把 currentObj.hasOwnProperty(key) 改成 Object.prototype.hasOwnProperty(currentObj,key) 才能避開這個問題。

而我們上面寫的這段模擬尋找 key 的程式碼，其實就跟規格中的說明滿一致的，規格裡是透過 [[Get]] 這個方法來取得一個 obj[key] 的值：

3-10

3.1 從物件導向理解 prototype

> **quote ECMAScript**

10.1.8 [[Get]](*P*,*Receiver*)

The [*[Get]*] internal method of an ordinary object *O* takes arguments *P*(a property key) and *Receiver*(an ECMAScript language value) and returns either a normal completion containing an ECMAScript language value or a throw completion. It performs the following steps when called:

1. Return ?OrdinaryGet(*O*,*P*,*Receiver*).

而 OrdinaryGet 的流程如下，我一樣只截取相關段落：

> **quote ECMAScript**

10.1.8.1 OrdinaryGet(*O*,*P*,*Receiver*)

1. Let *desc* be ?*O.[[GetOwnProperty]]*(*P*).

2. If *desc* is **undefined**, then

    a. Let *parent* be ?*O.[[GetPrototypeOf]]*().

    b. If *parent* is **null**, return **undefined**.

    c. Return ?*parent.[[Get]]*(*P*,*Receiver*).

第 1 步先呼叫我們之前看過的 GetOwnProperty，確認 O 身上有沒有這個屬性，如果沒有的話，透過 [[GetPrototypeOf]] 去取得 parent（其實就是 parent = O.__proto__ 的意思啦），然後呼叫 parent.[[Get]]，用遞迴的方式不斷往上取得 parent，直到 null 為止。我們剛才模擬的程式碼中，是用 while 來取代遞迴，但原理是一樣的。

寫到這裡，我們來簡單做個整理。

3-11

3 物件與有趣的 prototype

首先，在 JavaScript 你可以用 new User() 建立出一個新的 user instance，而這裡的 User 如果在別的程式語言（如 Java），它會是一個 class，但是在 prototype-based 的程式語言裡面，它會是一個 function，用來當作 constructor。

如果想要加上 method，在 Java 裡面只要往 class 身上加就好，但是在 prototype-based 的程式語言裡面，需要往 constructor 的 prototype 屬性中加，例如說 User.prototype.sayHello = function(){…}。

而當你在使用 user = new User() 時，JavaScript 會自動幫 user 設置一個叫做 __proto__ 的屬性，並且指向 User.prototype，儲存這個關聯，這樣 JavaScript 才知道上層是哪裡，這條由 __proto__ 組成的鏈，就叫做原型鏈。

我覺得 prototype 這個名詞的混淆，是導致許多人沒辦法第一次就學好這個概念的原因。為什麼這樣說呢？因為講到 prototype 的時候，有可能指的是：「__proto__ 指向的地方」，或者是「prototype 屬性」，如 User.prototype。

當我在講「user instance 的 prototype 時」，我並不是要說 user.prototype，而是 user.__proto__，這幾種類似的概念與名詞混在一起，就讓事情變得複雜許多，腦袋需要轉一下才能反應。

constructor 與 new

看到這邊，我們應該已經大致可以猜測出 new 後面到底都做了哪些事情，先從結果來講，當我們寫出 let peter = new User() 的時候，發生了底下幾件事情：

1. peter 會變成一個物件

2. User constructor 會被呼叫，並且 this 會是 peter

3. peter 的 __proto__ 會是 User.prototype

因此，new 做的事情依照順序來看，差不多就是：

1. 創出一個新的 object，我們叫它 obj

2. 把 obj 的 __proto__ 指向 Person 的 prototype，才能繼承原型鍊

3. 拿 obj 當作 context，呼叫 Person 這個建構函式

4. 回傳 obj

轉換為程式碼之後，就像下面這樣：

```
function User(name){
  this.name = name
}
User.prototype.sayHello = function() {
  console.log(`Hello, I am ${this.name}`)
}

function newObject(constructor, params) {
  var obj = new Object();

  // 讓 obj 繼承原型鍊
  obj.__proto__ = constructor.prototype;

  // 執行建構函式，並傳入 obj 以及 params
  constructor.apply(obj, params);

  // 回傳建立好的物件
  return obj;
}

var peter = newObject(User, ['peter']);
peter.sayHello(); // Hello, I am peter
```

透過模擬這個流程，我們就能更清楚 new 後面到底做了什麼，增進自己對於 new 以及 object 的理解。

最後來講一下 constructor，前面有提過可以藉由在 prototype 加上方法，來讓每個 instance 都可以存取到，例如說 User.prototype.sayHello。而這個 User.prototype 上，其實會有個預設的屬性，叫做 constructor，它的值會是 User：

```
function User(name){
  this.name = name
```

3 物件與有趣的 prototype

```
}
console.log(User.prototype.constructor) // User
```

依照 prototype chain 的概念，當我們 new 出一個 instance 並存取它的 constructor 屬性時，會往 prototype 尋找，就會找到 User.prototype.constructor：

```
function User(name){
  this.name = name
}
let u = new User()
console.log(u.constructor) // User
```

根據這個行為，其實有兩種方式可以從 instance 存取到 User.prototype，兩個是等價的：

```
function User(name){
  this.name = name
}
let u = new User()
console.log(u.constructor.prototype) // User.prototype
console.log(u.__proto__) // User.prototype
```

在這個小章節裡面，我們徹底研究了所謂的 prototype chain 到底是個什麼樣的東西，並且從物件導向的角度下手，讓整個脈絡變得比較容易理解。想要理解這些東西，最需要知道的是 prototype-based，在這個機制底下，object 可以透過 prototype 去共享屬性以及方法，但每個程式語言的語法可能都不太一樣。

有另一個也是 prototype-based 的程式語言叫做 Lua，在 Lua 裡是透過 setmetatable 來完成這件事情，以我們寫過很多次的 User 為例，仔細看看你會發現語法其實挺類似的：

```
User = {}
User.__index = User

function User:new(name)
    local self = setmetatable({}, User)
    self.name = name
```

```
        return self
end

function User:sayHello()
    print("Hello, I am " .. self.name)
end

local peter = User:new("peter")
peter:sayHello()
```

物件導向的特性之一就是讓 object 可以共享某些性質，在 class-based 的解法中把 class 當作設計圖，被 new 出來的 instance 就能共享設計圖內的東西；而 prototype-based 的解法則不太一樣，是改由 prototype 來實作，藉此把 object 關聯起來。

雖然說現在寫 JavaScript 的時候，已經可以用 class 的語法來寫了，但我們還是必須知道底層是用 prototype 來做，這個 class 跟其他程式語言的 class 是不同的，少了一些功能，例如說 interface 等等。

另外，熟悉了 JavaScript 的 prototype chain 以後，就能一起來看看透過這個機制才能達成的特殊攻擊方式。

3.2　獨特的攻擊手法：Prototype pollution

剛剛我們有提到過，JavaScript 中的物件可以利用 __proto__ 關聯，在存取一個 key 時，如果找不到的話，會不斷往上找。因此，如果我們修改了 Object.prototype，會發生什麼事呢？

```
Object.prototype.test = 123
var obj = {}
console.log(obj.test) // 123
```

因為修改了 Object.prototype 的緣故，所以在存取 obj.test 的時候，JavaScript 引擎在 obj 身上找不到 test 這個屬性，於是去 obj.__proto__ 也就是 Object.prototype 找，在那上面找到了 test，就回傳這個 test 的值。

3　物件與有趣的 prototype

當程式出現漏洞，導致攻擊者可以改變原型鏈上的屬性，就叫做 prototype pollution。Pollution 是污染的意思，就像上面這個 object 的例子，我們透過 Object.prototype.test = 123「污染」了物件原型上的 test 這個屬性，導致程式在存取物件時，有可能出現意想不到的行為。

這其實是相當有趣的漏洞，因為不是每個程式語言都會這樣的，這是利用 prototype-based 的特性來攻擊的漏洞。

那 prototype pollution 又會造成什麼後果呢？假設今天網站上有個重新導向的功能，如果後端 API 有回傳 redirect_uri 的話，就跳轉到那邊去：

```
async function main(){
  const resp = await fetch('/info').then(res => res.json())
  if (resp.redirect_uri) {
    window.location = resp.redirect_uri
  }
}

main()
```

而後端傳的東西都是可以信任的，後端說要跳到哪就跳到哪裡去，看起來沒什麼問題。但如果這個網頁存在 prototype pollution 的漏洞，當後端沒有傳任何值（連這個 key 都不存在）時，攻擊者就可以污染 redirect_uri 屬性，跳轉到任意網站，甚至是執行 JavaScript 程式碼：

```
// 先假設可以污染原型上的屬性
Object.prototype.redirect_uri = 'javascript:alert("XSS")'

async function main(){
  const resp = await fetch('/info').then(res => res.json())
  if (resp.redirect_uri) {
    window.location = resp.redirect_uri
  }
}

main()
```

3-16

整份程式碼只差在開頭多了一行污染 prototype，利用這個特性，如果在 resp 物件上找不到 redirect_uri，就會往上找，找到 Object.prototype，找到污染過的屬性之後回傳。

這就是由 prototype pollution 所引發的 XSS 攻擊。

一般來說，prototype pollution 指的是程式有漏洞，導致攻擊者可以污染原型鏈上的屬性，但是除了污染以外，還必須找到可以影響的地方，加在一起才能形成完整的攻擊。而此時的你應該很好奇，那到底怎樣的程式碼會有漏洞，居然能讓攻擊者去改原型鏈上的屬性。

Prototype pollution 是怎麼發生的？

最最最容易出現 prototype pollution 的地方，就是對於 query string 的解析。

有些人會以為 query string 很單純，不就是 a=1&b=2 嗎？這種解析怎麼會出問題呢？但其實有許多 library 針對 query string 的解析複雜許多，例如說 arr[]=1&arr[]=2，可以讓 arr 變成一個陣列，甚至還支援用 query string 來表示一個物件。

以 obj[a]=1 為例，解析的結果會是一個 {obj:{a:1}} 的物件，像是 qs 這個 library 就有支援物件的解析。

那換個角度想，如果今天我們要自己實作一個簡單的、支援物件的 URL query string 解析，應該怎麼寫會比較好呢？我們直接讓 ChatGPT 幫我們實作一個：

```
function parseQueryString(query) {
  const result = {};

  // 移除開頭的 '?'，並用 '&' 分割每個參數
  query = query.replace(/^\?/, '');
  const pairs = query.split('&');

  pairs.forEach(pair => {
    if (!pair) return;
```

3 物件與有趣的 prototype

```javascript
    const [key, value] = pair.split('=').map(decodeURIComponent);

    // 處理 a[b][c] 這種形式
    const keys = key.split(/\[|\]/).filter(Boolean);

    let current = result;

    // 逐層建立物件結構
    keys.forEach((k, index) => {
      if (index === keys.length - 1) {
        // 最後一層,設置值
        current[k] = isNaN(value) ? value : Number(value);
      } else {
        // 如果該層不存在,則建立一個物件
        if (!current[k]) {
          current[k] = {};
        }
        current = current[k];
      }
    });
  });

  return result;
}

console.log(parseQueryString('?a[b]=1&c=2'));
// 輸出: { a: { b: 1 }, c: 2 }
```

ChatGPT 產生的程式碼看起來沒什麼問題,測試結果也沒問題,確實把 query string 解析成了一個物件,而且有考慮到一些小細節,如 URL 的 decode 以及 number 等等。

但這也只是看起來沒問題而已,細思極恐,我們來試試一個範例:

```javascript
var qs = parseQueryString('__proto__[a]=3')
console.log(qs) // {}
```

3-18

```
var obj = {}
console.log(obj.a) // 3
```

當我傳入這樣的 query string 時，parseQueryString 就會去改變 obj.__proto__.a 的值，污染了 Object.prototype 上的屬性，導致我後來就算宣告一個空的物件，在印出 obj.a 的時候卻印出了 3，因為物件原型已經被污染了。

許多開發者在實作類似功能時，可能都不知道 prototype pollution 的存在，因此就有不少在解析 query string 的 library 都出過類似的問題，例如說 jquery-deparam、jquery-query-object 或是 backbone-query-parameters 等等。

這同時也是用 AI 寫 code 時需要注意的事情，一不小心就幫你寫出了一個漏洞。

現在已經知道哪些地方容易發生 prototype pollution 的問題了，但如果只是污染原型上的屬性，是沒有用的，還需要找到能影響到的地方，也就是說，有哪些地方在屬性被污染以後，行為會改變，可以讓我們執行攻擊？

script gadgets

這些「只要我們污染了 prototype，就可以拿來利用的程式碼」叫做 script gadget，有一個 GitHub repo[9] 專門搜集了這些 gadget，有很多常見的功能都可以被利用：

```
<script>
  Object.prototype.srcdoc=['<script>alert(1)<\/script>']
</script>
<script src="https://www.google.com/recaptcha/api.js"></script>
<div class="g-recaptcha" data-sitekey="your-site-key"/>
```

像是非常常見的 Google reCAPTCHA 功能，只要 srcdoc 這個屬性被污染，就會出現一個 XSS 漏洞，可以直接插入任意 HTML。

---

9 https://github.com/BlackFan/client-side-prototype-pollution

3 物件與有趣的 prototype

那為什麼會這樣呢？這是因為在 Google reCAPTCHA 中會新增一個 iframe，並且有一些初始化的屬性，接著，內部有一個合併物件的函式，實作大致上如下，會把兩個物件合併起來：

```
function mergeObjects(target, source) {
  for (let key in source) {
    target[key] = source[key];
  }
}

const obj = {a:1}
mergeObjects(obj, {b:2})
console.log(obj) // {a:1, b:2}
```

而使用 for in 時，在 prototype 上的屬性會一起被找到，因此被污染的屬性就一起被合併進去了：

```
Object.prototype.c = 3
const obj = {a:1}
mergeObjects(obj, {b:2})
console.log(obj) // {a:1, b:2, c:3}
```

如此一來，透過 prototype pollution，就能夠掌控 iframe 的屬性，進而利用這個屬性做一些壞壞的事情。

那這個問題該如何修復呢？

通常 script gadget 本身是無辜的，因為問題的根本還是出在 prototype pollution 身上，既然已經有東西被污染了，那就算原本正常的東西也會被搞得不正常。

所以，要修復的並不是那些可以利用的 script gadget，除非你把每個物件取值的地方都改掉，但這也不是根治的方式。真正根治的方式，是杜絕掉 prototype pollution，讓 prototype 不會被污染，就沒有這些問題了。

防禦方式

常見的防禦方式有幾種，第一種是在做物件的操作時，直接擋掉 __proto__ 這個 key，例如說前面提到的解析 query string 跟剛剛看到的 merge object 都可以採用這個方式。

但是除了 __proto__ 以外，也要注意前面提過的另外一種存取方式，像這樣：

```
var obj = {}
obj['constructor']['prototype']['a'] = 1
var obj2 = {}
console.log(obj2.a) // 1
```

用 constructor.prototype 也可以去污染原型鏈上的屬性，所以要把這幾種一起封掉才安全。

像是 lodash.merge 的 prototype pollution 就是用這種方式修復的，當 key 是 __proto__ 或是 prototype 的時候會做特殊處理。

第二種方式簡單易懂，就是不要用 object 了，或更精確地說，「不要用有 prototype 的 object」。

有些人可能看過一種建立物件的方式，是這樣的：Object.create(null)，這樣可以建立出一個沒有 __proto__ 屬性的空物件，就是真的空物件，任何的 method 都沒有。也因為這樣，就不會有 prototype pollution 的問題：

```
var obj = Object.create(null)
obj['__proto__']['a'] = 1 // 根本沒有 __proto__ 這個屬性
// TypeError: Cannot set property 'a' of undefined
```

像是開頭提到的解析 query string 的 library，其實已經用了這種方式來防禦，每週下載次數高達 1 千萬次的 query-string，文件上面就寫了：

> **quote**
>
> The returned object is created with Object.create(null)and thus does not have a prototype.

3　物件與有趣的 prototype

也有另外一種類似的方式，在 Node.js 原始碼裡面很常用：

```
const obj = { __proto__: null };
```

直接把 __proto__ 設置成 null，可以達到相同的效果。而且除了可以防止 prototype pollution 以外，因為不需要去找原型鏈了，所以還可以得到額外的效能增益，可謂是好處多多。

但與此同時，如果是用這種把 prototype 拿掉的方式，從 prototype 身上來的屬性就不能用，例如說 toString 就是存在於 Object.prototype，如果使用的話會拋出錯誤：obj.toString is not a function。

也有一些人會用 Object.freeze(Object.prototype)，把 prototype 凍結住，就沒辦法去修改：

```
Object.freeze(Object.prototype)
var obj = {}
obj['__proto__']['a'] = 1
var obj2 = {}
console.log(obj2.a) // undefined
```

但是 Object.freeze(Object.prototype) 的一個問題是，如果某個第三方套件為了方便，直接在 Object.prototype 上新增屬性，會讓除錯變得困難。因為物件在被 freeze 之後，對它的修改不會報錯，只會默默地失敗，導致問題不易察覺。

這可能會讓你的程式因為某個第三方套件而出錯，但卻難以找出原因。另外，還有一個潛在風險是 polyfill。如果未來因為版本相容性問題，需要為 Object.prototype 加上 polyfill，freeze 會阻止這項修改，導致 polyfill 無法生效。

▍3.3　管他 call by value 還是 reference

講完了 prototype 以後，再來看一個十分經典的議題。

每個程式語言都有不同的設計，但又有些地方可能是類似的，例如說型別就是一個，如 PHP 或是 JavaScript 這種不需要事先宣告變數型別的設計，而是

3.3 管他 call by value 還是 reference

在動態執行時決定，通常稱之為動態型別，反之如 Java 或 C 這種需要事先宣告好型別，而且會在編譯時檢查，就稱之為靜態型別。

這類型的專有名詞，可以讓我們迅速知道一個程式語言的特性，簡單來講就是在幫程式語言「貼標籤」。然而，這類型的專有名詞也可能是有分歧的，也就是雖然是同一個名詞，但是每個人的理解都有一些差異。

這個章節要講的主題就如此。

求值策略（Evaluation strategy）的紛爭

在程式語言中，有一個地方的設計是所有程式語言都需要考慮的，那就是：「在呼叫 function 時，傳入的變數，跟 function 中的變數關聯是什麼？」，可以參考底下三個核心例子：

```
function example1(a, b) {
  let t = a
  a = b
  b = t
}

function example2(arr) {
  arr.push(1)
}

function example3(arr) {
  arr = [10]
}

let x = 10
let y = 20
example1(x, y)
console.log(x, y) // ??

let temp = []
example2(temp)
console.log(temp) // ??
```

3　物件與有趣的 prototype

```
let temp2 = []
example3(temp2)
console.log(temp2) // ??
```

先讓我們來看第一個範例，在第一個範例中，function 會接收 a,b 兩個參數，並且把它交換。在 JavaScript 中，傳入 x=10 跟 y=20，並且呼叫 example1(x,y) 之後，x 跟 y 的結果是不會變的。

也就是說，我們傳進去的 x 跟 y 兩個變數，與在 function 中的 a 跟 b，已經是完全不同的兩組變數了。所以在 function 中交換兩個變數是不起作用的，不會影響到外面。這個行為就是俗稱的 call by value，當你傳入參數時，是傳所謂的值（value）進去。

那相反的是什麼？

相反的範例是這樣：

```
void swap(int &x, int &y) {
    int temp = x;
    x = y;
    y = temp;
}

int main() {
    int a = 10, b = 20;
    swap(a, b);
    // a 現在是 20，b 現在是 10
    return 0;
}
```

上面這是 C 語言的程式碼，當你傳入 a 與 b 兩個變數時，在 function swap 中只要將參數加上 & 的符號，就可以讓 x 與 y 等同於是外面的 a 跟 b，因此交換 x 與 y，就等於是交換 a 跟 b，在 function 中可以影響到外面。

這種行為就叫做是 call by reference，很明顯地與剛剛講到的 call by value 是不同的。

3.3 管他 call by value 還是 reference

接著我們來看開頭的第二個 JavaScript 範例：

```
function example2(arr) {
  arr.push(1)
}

let temp = []
example2(temp)
console.log(temp) // [1]
```

在 example2 中，會對傳入的陣列執行 arr.push(1)，而最後印出的結果，temp 也確實被影響了。在函式中可以影響到外面的變數，所以根據我們剛剛講的，這應該就是 call by reference 了吧？

這就會引出你可能聽過的一個說法，那就是：「在 JavaScript 中，primitive type 是 call by value，object 是 call by reference」。

不過，先讓我們把第三個範例也看完：

```
function example3(arr) {
  arr = [10]
}

let temp2 = []
example3(temp2)
console.log(temp2) // []
```

咦？我們明明在 example3 中把 arr 改成了 [10]，為什麼外面的 temp2 卻不為所動？這不是就不符合前面說的 call by reference 了嗎？

為了要精確地描述這個行為，就又多了一個名詞，叫做 call by sharing，白話文就是：「傳入的 temp2 跟函式中的 arr 共享了同一個物件，所以往上加屬性或是新增元素，這都是沒問題的，但如果重新賦值的話就不算」

新增了名詞之後，前面那句話就要改成：「primitive type 是 call by value，object 是 call by sharing」，這也是你會在許多部落格文章中看到的結論。

3 物件與有趣的 prototype

但除此之外，你可能也會看過什麼「JavaScript 中只有 call by value」之類的結論，總之呢，就跟我開頭講的一樣，在這個技術名詞上，是有不少紛爭的，而且每個人對於到底什麼是 value，什麼是 reference 的解讀都不同，才導致了後續這麼多的討論。

而且不只是 JavaScript 這樣，其實很多的程式語言都是如此，比如說 Java 就是一個。Java 的行為跟 JavaScript 差不多，你傳一般的值進去是 by value，可是你傳 object 進去的時候又表現的像 call by reference，但是賦值的時候又不會改變外面的 object。

而 Java 圈的共識是：「Java 永遠都是 call by value」。之所以會有這樣的結論，那都是因為對第二個範例的解釋不同：

```
function example2(arr) {
  arr.push(1)
}

let temp = []
example2(temp)
console.log(temp) // [1]
```

在這個範例中，因為我們認為外面的 temp 被裡面的 arr 改變了，所以才稱它為 call by reference，但其實 temp 是沒有變的。temp 自始至終指向的都是同一個物件，example2 裡只是往 arr 新增了一個元素，並沒有改動 temp 的指向，所以這個不叫 call by referecne，而叫 call by value。

這就是為什麼也有人說 JavaScript 只有 call by value，都是同個道理。

名詞真的這麼重要嗎？

這類型的爭論或許永遠都會存在，也許你在跟別人爭辯 JavaScript 到底是 call by value 還是 call by reference 時，你們始終得不到共識。

在這個時候，就很適合問自己一個問題：「這個名詞有這麼重要嗎？」

3.3 管他 call by value 還是 reference

也許你的 call by sharing，就是別人的 call by value，不論最後套上什麼名詞，其實你們對於 JavaScript 的機制的理解是一樣的，難道這樣還不夠嗎？

雖然如開頭所說，技術名詞能夠讓我們快速貼標籤，去認識一個程式語言的機制，藉此節省很多時間，但相反地，如果貼的這個標籤不夠精確，或是大家對標籤上的字理解都不同的話，那很有可能會造成反效果。

在技術的圈子中，不只求值策略有這個問題，其實還有一堆名詞也是，像是 MVC 好了，一樣有一堆類似的名詞以及歷史背景，你口中的 MVC，可能在別人眼中根本就不是，而是其他類似的東西如 Model2 或 MVVM 等等。

但無論最後冠上的名詞是什麼，重點都還是「我們在描述的事情本身」，而不是「幫它冠上的名詞」，因為前者絕對是最重要的。舉個例子，假設你今天是面試官，如果有兩個面試者，A 精確地描述了前面舉的那三個例子，知道它們的執行結果，但你問他說：「那你覺得這是 call by value 還是 call by reference？」時，他回答不知道，沒聽過。

而 B 開頭就說：「我知道啊，就是 call by value」，但你問他那三個例子的執行結果時，他說不出來，只會一直跳針說：「就是 call by value 嘛」，那這兩個人，誰才是真的理解 JavaScript？我想答案應該很明顯了，我會覺得是 A。

這就是我想強調的，最重要的絕對是去理解這個機制本身，名詞只是次要，頂多只是拿來方便溝通而已。當你理解了機制本身以後，就不會被技術名詞所蒙蔽，反倒可以換個方式去理解它們，知道為什麼有人會這樣稱呼。

接下來，就讓我們再複習一下 JavaScript 中的機制到底是什麼。

理解機制，而非名詞

雖然前面都在講呼叫 function 時傳入參數是怎麼傳的，但其實在 JavaScript 中，靠一般常見的變數重新賦值的情況也能模擬出相同的情形，因為背後的原理都是一樣的，一旦任督二脈被打通了，就整個都通了。

3 物件與有趣的 prototype

因為 primitive type 比較簡單，就先從這個開始。primitive type 的話基本上都只需要考慮 value 本身，例如說：

```
let a = 1;
let b = a;
b++;
console.log(a, b) // 1, 2
```

當你指定 b=a 時，其實就跟 b=1 是沒兩樣的，雖然 b=a 看似讓 b 跟 a 這兩個變數有了關聯，但因為是 primitive type，所以就只是「把 a 的值給 b」的意思，兩個變數不會有任何關聯，你改了 a 是不會影響到 b 的，反之亦然。

這也有一個好處，如底下的例子：

```
let a = 1;
function1(a);
function2(a);
function3(a);
function4(a);
function5(a);
console.log(a) // ?
```

假設今天有一段程式碼像上面這樣，宣告了一個變數 a，接著呼叫了一堆函式並且把 a 傳入，問你最後 a 的值會是多少（先假設這些函式都在不同的 scope）。答案就是 1，因為函式裡面不可能去改動外面的值。

上面的 function1 只是範例而已，在實際工作的程式碼中，可能是幾十行或幾百行的程式碼，現在既然知道了 primitive type 不會被改動，就可以很自信說出「a 絕對是 1」，在看實際的程式碼時會有一些幫助。

接著來講物件，物件的部分就比較不一樣了，需要換個想法，讓我們先從 const 開始：

```
const a = 1;
const b = {};
a = 2 // Uncaught TypeError: Assignment to constant variable.
b.test = 1
```

3.3 管他 call by value 還是 reference

const 照定義上的解釋就是 constant，是不會變的常數，因此我們試圖將 a 變成 2 時，出現了錯誤，阻止我們對常數重新賦值。但為什麼 b.test=1 就可以呢？這難道不是一種變動嗎？

在 JavaScript 中，你可以將變數名稱與物件的關係，視為是一個「指向」，當我宣告 b={} 的時候，又可以說是「b 這個變數，指向了一個物件，而這個物件目前是 {}」，只要這個指向沒變，無論那個物件的內容是什麼，在 JavaScript 中都會視為 b 是沒有變的。

上面的例子就是如此，當我執行 b.test=1 時，b 的指向沒有變，還是指向同樣的物件，只是那個物件裡的 test 屬性被修改成了 1。那要怎樣才能改變這個指向？要改變指向，就只能透過重新賦值。

因此，重新賦值當然也是違反 const 定義的行為：

```
const b = {};
b = {a:1}; // Uncaught TypeError: Assignment to constant variable.
```

簡單濃縮成一句話就是：**「只要沒有重新賦值，讓變數修改所指向的物件，這個變數在 JavaScript 中都可以視為沒有改變」**，這個道理可以應用在各種地方，例如說比較兩個物件：

```
const a = {};
const b = {};
console.log(a === b); // false
```

當你在 JavaScript 中比較兩個變數，而這兩個變數都指向物件時，比的並不是那個物件裡有什麼，而是「這兩個變數的指向是否相同」，上面的例子中 a 指向一個空物件，而 b 指向另一個空物件，所以兩個是不同的。

有了指向的概念後，也可以輕鬆解釋這個行為：

```
const a = {test: 1}
const b = a
b.test = 2
console.log(a) // {test: 2}
```

3 物件與有趣的 prototype

我們明明改的是 b.test，為什麼 a 的也會被改到？道理很簡單，那就是在執行 b=a 的時候，代表的是「讓 b 指向跟 a 一樣的物件」，所以修改了 b.test，就等於是修改了 a.test。

有一段許多人曾經寫過的有 bug 的程式碼，也與這個有關，如底下程式碼所示：

```
const arr = Array(3).fill(Array(3).fill(0))
console.log(arr) // [[0,0,0], [0,0,0], [0,0,0]]
arr[0][0] = 1
console.log(arr) // [[1,0,0], [1,0,0], [1,0,0]]
```

先用 Array.prototype.fill 產生一個 3x3 的陣列，接著再去修改 arr[0][0] 的值。但神奇的是，明明就是修改 arr[0][0] 而已，為什麼 arr[1][0] 跟 arr[2][0] 也一起變了？這是因為 Array.prototype.fill 只會執行一次，所以上面的程式碼，可以拆開變成下面的等價形式：

```
const inner = Array(3).fill(0)
const arr = Array(3).fill(inner)
```

也就是說，arr 的值其實是 [inner,inner,inner]，內部的三個元素都指向同一個陣列，因此雖然修改的是 arr[0][0]，但連 arr[1][0] 以及 arr[2][0] 都一起改變了，因為從頭到尾 arr[0]、arr[1] 以及 arr[2] 都是同一個東西，當然會一起改變。

最後我們再講回函式的部分，當你執行底下程式碼的時候：

```
function test(a){
  a.test = 1
}
let obj = {}
test(obj)
console.log(obj) // {test: 1}
```

在 test 裡面的那個 a，可以想成是在函式的一開始執行了：let a = obj 這種感覺，所以改變了 a.test，就會一併改到 obj.test，與我們上面講的行為是一致的。但如果你在函式裡面將 a 重新賦值，那就與 obj 脫鉤了，指向了不同的物件：

```javascript
function test(a){
  a = {test: 1}
}
let obj = {}
test(obj)
console.log(obj) // {}
```

這其實就跟 let a = obj 然後 a = {test:1} 一樣，前者只是將 a 與 obj 指向同一個物件，接著後者修改 a 的指向，指向不同的地方，所以 obj 從頭到尾都還是維持原狀，什麼都沒有改變，不會因為 a = {test:1}，就一起跟著修改指向。

那到底這樣的行為，該叫做 call by value、call by reference、call by sharing 還是 call by[請自行填入] 呢？我不知道，或許每個人心中都有自己的答案，也或許它確實有個正解，或許 JavaScript 之父 Brendan Eich 有在某一則推特或演講上公佈解答（其實我有查過但沒找到），但我想那些都不是最重要的。

最重要的是，我們看到一段程式碼，在腦海裡面執行，可以知道它的結果，也有一套合理的理論去解釋為何是這樣運作的，在日常寫程式的時候，也會因為知道它的運作方式，而設法避開一些潛在的 bug。

我自己是覺得這樣就足夠了。

3.4 有趣的 defineProperty 與 Proxy

在 JavaScript 中，物件真的是很神奇的一個東西，自由度很高，可以設定的東西很多，雖然大多時候我們都只會把物件看作是一個 key-value pair，只關心它的 key 以及它所儲存的內容，但其實這只是物件的其中一個面向而已。

3 物件與有趣的 prototype

底下一樣是三個有趣的小題目，大家可以先想想看答案，或是自己動手試試看。

題目一：變來變去的值

小明最近剛剛接手維護一個陳舊的專案，用的技術非常舊，也很久沒更新了，而且因為程式碼很多，所以每一任接手的人都不敢隨便改，只能一直不斷複製貼上，疊床架屋，程式碼就變得愈來愈複雜，非常難維護。

還有一個最嚴重的問題，那就是有些值會被改來改去，你也很難找到是哪邊改的。舉例來說，有一個叫做 config 的物件，裡面會記錄各種設定，照理來說這個 config 定好之後，應該很少變動才對，可是當小明在 debug 時，發現有一大堆地方會動到這個 config 的內容，例如說把 config.apiUrl 換來換去。

小明認為若是想要把所有會改動到的地方找出來，可能要花不少時間，所以先不走這條路。反之，先專注在自己目前正在維護的某個功能就行了，想先找出執行這個功能時，會改動到設定的地方。由於這個變動散佈在程式碼四處，用搜尋功能會找到一堆 false positive，因此不太好用，那有沒有其他更好的方式，可以找出「執行這個功能時，所有會改動到 config.apiUrl」的地方呢？

題目二：不想被找出來的 key

小明還有另一個困擾，那就是在舊的專案上有一個叫做 users 的物件，會記錄著 id 以及 user 的對應關係，範例如下：

```
const users = {
  1: {name: 'peter'},
  2: {name: 'nick'},
  3: {name: 'tiger'}
}
```

如果想要遍歷所有 user 的話，就直接 for(id in users) 即可，就可以取得所有的 id。

而問題是，現在有一個別的部門寫的程式碼，會直接暴力地在物件上加新的屬性，導致 for in 出問題：

3.4 有趣的 defineProperty 與 Proxy

```
Object.prototype.newMethod = () => {}
const users = {
  1: {name: 'peter'},
  2: {name: 'nick'},
  3: {name: 'tiger'}
}

for(let id in users) {
  console.log(id) // 1, 2, 3, newMethod
}
```

雖然小明深知這樣直接往物件上加屬性是不對的，但因為各種辦公室政治的因素，小明沒辦法阻止這件事。而對方也同意 for in 時不應該出現 newMethod，但他們也不知道該怎麼辦，就只說：「JavaScript 就是這樣啦，沒辦法改，你就自己在 for in 裡面判斷一下不就行了？很簡單吧」，你能不能幫小明找出解決方法，讓 newMethod 不在 for in 時出現？

題目三：即時反應

小明前陣子在學 React 以及 Vue，愛上了那種「只要關注資料本身」的前端開發模式，於是想要自己實作一個非常陽春版的，寫出了底下的程式碼：

```
const state = {
  name: 'hello',
  todos: [
    'todo1',
    'todo2',
    'todo3'
  ]
}

document.body.innerHTML = `
  <div>
    <button onclick="updateName()">Update name</button>
    <button onclick="updateTodo()">Update todo</button>
    <div id="root"></div>
  </div>
`
```

3 物件與有趣的 prototype

```
render(state)

function render(state) {
  document.querySelector('#root').innerHTML = `
    <div>
      <h1>${state.name}</h1>
      <ol>
        ${state.todos.map(item => `<li>${item}</li>`).join('')}
      </ol>
    </div>
  `
}

function updateName() {
  state.name = 'name ' + Math.random()
  render(state)
}

function updateTodo() {
  state.todos = [...state.todos, `todo ${state.todos.length+1}`]
  render(state)
}
```

用一個變數 state 代表頁面上的狀態，接著有兩個按鈕可以更新 state，更新完 state 以後執行 render 函式，把整個頁面重新渲染，就可以呈現最新的資料，確保 state 跟 UI 是一致的。

但問題是，現在每次更新 state 都需要執行一次 render 函式，有沒有其他方法，可以更自動地去執行 render？例如說只要 state 有更新，就自動去呼叫 render？請你幫幫小明，找找看該如何實作這樣的機制。

以上就是三個小題目，盡量與現實生活稍微貼近一點，帶入感應該也會更強，問題也更有解決的價值。接著，就讓我們來看更多與物件相關的屬性吧，隨著我們學到的東西更多，就擁有更多能夠解決問題的武器。

更多的屬性以及 Object.defineProperty

前面有提到我們以前在看物件時，都只關注它的 value，但事實上，在規格中物件的屬性一共有六個：

1. [[Value]]，預設是 undefined

2. [[Writable]]，預設是 false

3. [[Get]]，預設是 undefined

4. [[Set]]，預設是 undefined

5. [[Enumerable]]，預設是 false

6. [[Configurable]]，預設是 false

我們一般在用的時候，都只關注了 [[Value]] 這個屬性而已，但在建立物件的時候，其他屬性也是有預設值的。

在 ECMAScript 的規格中，可以在 13.2.5 Object Initializer 找到建立物件的語法，並且在 13.2.5.4 Runtime Semantics:Evaluation 看到背後到底執行了哪些動作：

> quote ECMAScript

ObjectLiteral:

{*PropertyDefinitionList*}

{*PropertyDefinitionList*,}

1. Let *obj* be OrdinaryObjectCreate(%Object.prototype%).

2. Perform?PropertyDefinitionEvaluation of *PropertyDefinitionList* with argument *obj*.

3. Return *obj*.

當 let a = {test:1} 被執行時，就會執行到這邊的步驟，第一個步驟會先建立一個物件，而第二個步驟則是執行 PropertyDefinitionEvaluation，去增加物件上的屬性，而細節在 13.2.5.5 Runtime Semantics:PropertyDefinitionEvaluation，這裡面的步驟有點多，花了不少篇幅在處理 prototype 相關的設置，而最後一步是去執行 CreateDataPropertyOrThrow，裡面內容不重要，總之會再呼叫 CreateDataProperty，這才是重點：

> **quote ECMAScript**
>
> ### 7.3.5 CreateDataProperty(*O*,*P*,*V*)
>
> 1. Let *newDesc* be the PropertyDescriptor{*[[Value]]*:*V*,*[[Writable]]*:**true**,*[[Enumerable]]*:**true**,*[[Configurable]]*:**true**}.
>
> 2. Return?*O.[[DefineOwnProperty]]*(*P*,*newDesc*).

在幫物件增加新的屬性的時候，預設的值有三個是 true，分別是 [[Writable]]、[[Enumerable]] 以及 [[Configurable]]。待會我們會一一提到，這些屬性到底是來幹嘛的。

如果不想要有這些預設值，想要自己決定這些屬性的話，可以用 Object.defineProperty，用法滿直覺的：

```
let obj = {}
Object.defineProperty(obj, 'a', {
  value: 'test',
  writable: false
})

console.log(obj) // {a: 'test'}
obj.a = 1
console.log(obj) // {a: 'test'}
```

在上面的程式碼中，我們用 Object.defineProperty 在物件 obj 上新增了一個叫做 a 的屬性，並指定它的值是 "test"，而且 writable 是 false。writable 代表的是這個 key 的值是否能被改變，因為設成了 false，所以 obj.a=1 那一行並沒有效果，不會改變到 obj.a 的值。

但有件事情要特別注意，就是之前一再強調的 JavaScript 中物件的特性，只要指向不變，就不算被修改，看底下的範例比較快：

```
let user = {}
Object.defineProperty(user, 'name', {
  value: {first: 'li', last: 'hu'},
  writable: false
})

console.log(user) // {name: {first: 'li', last: 'hu'}}
user.name.last = 'chen'
console.log(user) // {name: {first: 'li', last: 'chen'}}
```

在這個範例中，我們宣告了一個叫做 user 的物件，並將其 name 屬性設定為一個物件，有 first 與 last，分別對應著 first name 以及 last name。在把 name 設定為不可寫以後，對 user.name.last 的改動居然還是生效了！

乍看之下似乎違背了 wirteable 的定義，但別忘了之前講物件時提到的特性，只要指向不變，就不算變動。user.name 從頭到尾指向的都是同一個物件，這點是沒變的，唯一變化的是物件的內容，而不是 user.name 的指向，writable 是管不到這塊的。這點很重要，因為在 JavaScript 中所有物件都會遵守著這個原則。

另外，將 writable 設置成 false，除了不能改變它的值以外，也沒有辦法刪除，畢竟刪除也算是一種 write，而且如果是在嚴格模式下，會直接跳出錯誤：

```
'use strict';
let user = {}
Object.defineProperty(user, 'name', {
  value: {first: 'li', last: 'hu'},
  writable: false
})
delete user.name // Uncaught TypeError: Cannot delete property 'name' of #<Object>
```

3　物件與有趣的 prototype

學會了這個 writable 的屬性以後，就得到了開頭小題目第一題的其中一個解法，只要把 config.apiUrl 的 writable 設定成 false 並且加上嚴格模式，就會在改動的那一行出錯，藉由錯誤來追蹤修改它的究竟是哪一行程式碼：

```
'use strict';
let config = {}
Object.defineProperty(config, 'apiUrl', {
  value: 'https://api.example.com',
  writable: false
})
config.apiUrl = 'https://new-api.example.com'
// Cannot assign to read only property 'apiUrl' of object
```

除此之外，未來也可以把這種「不應該被修改」的屬性直接設定成 writable:false，就能避免這種狀況，讓程式碼更好維護。

再來我們看另外一個屬性：[[Enumerable]]，在 Object.defineProperty 是透過 enumerable 這個參數去控制的，把它設置為 false 以後，可以讓這個屬性沒辦法被列舉出來：

```
let users = {
  1: 'user1',
  2: 'user2',
}
Object.defineProperty(users, '3', {
  value: 'user3',
  enumerable: false
})
console.log(users) // {1: 'user1', 2: 'user2', 3: 'user3'}
console.log(Object.keys(users)) // ['1', '2']
for(let id in users) {
  console.log(id) // 1, 2
}
```

而這就是第二題的答案了，只要用 Object.defineProperty 搭配 enumerable: false，就能阻止這個 key 被列舉出來，所以小明只要去跟別的部門講，讓他們加上這個屬性就行了。那如果我真的想要把所有屬性都取出來，該怎麼取呢？可

3-38

3.4 有趣的 defineProperty 與 Proxy

以用 Object.getOwnPropertyNames，就能夠把不能被列舉的屬性也取出來：

```
let users = {
  1: 'user1',
  2: 'user2',
}
Object.defineProperty(users, '3', {
  value: 'user3',
  enumerable: false
})
console.log(Object.getOwnPropertyNames(users))
// ['1', '2', '3']
```

既然都知道結果了，那就順便看一下規格中是怎麼描述的吧！Object.keys 的部分在 20.1.2.19，主要就是呼叫了 EnumerableOwnProperties，實作在 7.3.23，底下只截取部分步驟：

> **quote ECMAScript**
>
> 1. Let *ownKeys* be? *O.[[OwnPropertyKeys]]*().
>
> 2. Let *results* be a new empty List.
>
> 3. For each element *key* of *ownKeys*, do
>
>   a. If *key* is a String, then
>
>   i. Let *desc* be? *O.[[GetOwnProperty]]*(*key*).
>
>   ii. If *desc* is not **undefined** and *desc.[[Enumerable]]* is **true**, then

第一步會先呼叫內部的方法：[[OwnPropertyKeys]]，接著針對每一個 key，去判斷 [[Enumerable]] 是不是 true，是的話才取出來。

因此，我們剛剛用的 Object.getOwnPropertyNames 與 Object.keys 的基底是一樣的，都是去呼叫 [[OwnPropertyKeys]] 拿到 key 的清單，但是 Object.keys 會額外再判斷是不是可以被列舉，而 Object.getOwnPropertyNames 不會。

3 物件與有趣的 prototype

看完了相對好懂的 writable 以及 enumerable 以後,讓我們來看最後一個比較複雜一點的 configurable。在一般狀況下,如果 configurable 是 false,基本上就沒辦法重新設定物件的各個屬性:

```
const obj = {}
Object.defineProperty(obj, 'a', {
  value: 1,
  configurable: false,
  enumerable: false,
  writable: false
})

// Uncaught TypeError: Cannot redefine property: a
Object.defineProperty(obj, 'a', {
  value: 1,
  configurable: true,
  enumerable: false,
  writable: false
})

// Uncaught TypeError: Cannot redefine property: a
Object.defineProperty(obj, 'a', {
  value: 1,
  configurable: false,
  enumerable: true,
  writable: false
})
```

如果是 ture 的話,就允許修改。例如說底下的範例,本來把三個 enumerable 跟 writable 都設定成 false,但由於 configurable 是 true,就可以修改 value 而且讓它變得可寫:

```
const obj = {}
Object.defineProperty(obj, 'a', {
  value: 1,
  configurable: true,
  enumerable: false,
```

```
  writable: false
})
Object.defineProperty(obj, 'a', {
  value: 1,
  writable: true,
})
obj.a = 2
console.log(obj.a) // 2
```

除此之外，其實還有一些細微的差異，但我覺得比較 edge case，這邊就不贅述了。

介紹完三種屬性以後，來看最後的兩個：get 與 set，這兩個其實就是這個 key 的 getter 與 setter 方法。在許多物件導向的程式碼裡面，你會看到類似於底下的模式：

```
class Book {
  getName() {
    return this.name
  }

  setName(_name) {
    this.name = _name
  }
}

let book = new Book()
book.setName('js')
console.log(book.getName()) // js
```

其中 getName 跟 setName，分別是在取值以及設定值時會呼叫到的函式，而作用之一是因為有些 class 的屬性是 private 的，沒辦法直接透過外部存取，例如說 book.name，因此就需要寫一個 getter，透過函式去回傳內部 private 屬性的值。

3 物件與有趣的 prototype

而另外一個用途是可以產生出複合式的屬性，如下所示：

```
class Person {
  constructor(firstName, lastName) {
    this.firstName = firstName
    this.lastName = lastName
  }

  getName() {
    return `${this.firstName} ${this.lastName}`
  }

  setName(name) {
    this.firstName = name.split(' ')[1]
    this.lastName = name.split(' ')[0]
  }
}

let p = new Person('Li', 'Hu')
console.log(p.getName()) // Li Hu
p.setName('Bo Chen')
console.log(p.getName()) // Bo Chen
```

一般來說，姓名會分成兩塊來儲存，姓氏（last name）跟名字（first name），雖然說是分兩塊存，但使用以及呈現的時候通常是兩個一起呈現，因此可能就會提供一個 getName 的方法，直接取得拼接好的名字。

而設定的時候也是一樣，除了支援分開設定以外，可能也會支援一起設定的狀況，如上面程式碼中的 setName。藉由 getter 與 setter，可以做到更多更彈性的處理，一次改動到許多類似的屬性。

而 Object.defineProperty 中的 get 與 set 就是相同的作用，差別在於這次不用呼叫函式了，直接像個一般的屬性來存取就好：

```
const p = {
  lastName: 'li',
  firstName: 'hu'
}
```

3-42

3.4 有趣的 defineProperty 與 Proxy

```
Object.defineProperty(p, 'name', {
  get: function() {
    return `${this.firstName} ${this.lastName}`
  },

  set: function(name) {
    this.firstName = name.split(' ')[1]
    this.lastName = name.split(' ')[0]
  }
})

console.log(p.name) // Li Hu
p.name = 'Po chen'
console.log(p.name) // Po Chen
```

由於這個特性，使得 get 與 set 也能應用在第一題上面，得知到底有哪些地方會設定物件的值：

```
let config = {
  _apiUrl: 'https://api.example.com'
}
Object.defineProperty(config, 'apiUrl', {
  get: function() {
    return this._apiUrl;
  },
  set: function() {
    throw new Error('here!')
  }
})
config.apiUrl = 'https://new-api.example.com'
// Uncaught Error: here!
```

同時，這也是第三題的答案，我們可以通過 get 與 set 去自動呼叫 render 函式，將程式碼改寫成這樣：

```
const state = {}

// 一次定義多個 property
```

3-43

3 物件與有趣的 prototype

```javascript
Object.defineProperties(state, {
  name: {
    // 這邊之所以用 this._name 而非 this.name
    // 是因為後者會形成無窮迴圈
    get: function() { return this._name },
    set: function(value) {
      this._name = value
      render(this)
    }
  },

  todos: {
    get: function() { return this._todos },
    set: function(value) {
      this._todos = value
      render(this)
    }
  }
})

document.body.innerHTML = `
  <div>
    <button onclick="updateName()">Update name</button>
    <button onclick="updateTodo()">Update todo</button>
    <div id="root"></div>
  </div>
`

// 設置初始值
state.name = 'hello';
state.todos = [
  'todo1',
  'todo2',
  'todo3'
]

function render(state) {
  document.querySelector('#root').innerHTML = `
    <div>
```

```
    <h1>${state.name}</h1>
    <ol>
      ${state.todos?.map(item => `<li>${item}</li>`).join('')}
    </ol>
  </div>
`
}

// 只要改值就會自動 update UI
function updateName() {
  state.name = 'name ' + Math.random()
}

function updateTodo() {
  state.todos = [...state.todos, `todo ${state.todos.length+1}`]
}
```

如此一來，就能做到只要修改 state 中的值，render 就會自動被呼叫到，而 UI 也會跟著更新，永遠呈現出最新的畫面。

Vue2 與 Object.defineProperty

其實我們剛剛達成的功能，就是一個超級陽春的自動綁定，因為具有「監控物件改動」的功能，因此改變物件的值以後會更新 UI。

而前端框架 Vue2 對於物件的監控，就是利用 Object.defineProperty 來實作的，如此一來就可以監聽物件的每一次變更。

我們一起看看 Vue2 實作這個功能的程式碼[10]，因為篇幅關係我只節錄其中一部分，並且加上了一些註解：

```
export function defineReactive(
  obj: object,
  key: string,
```

---

10 https://github.com/vuejs/vue/blob/v2.7.16/src/core/observer/index.ts#L125C1-L214C2

3 物件與有趣的 prototype

```
  val?: any,
  customSetter?: Function | null,
  shallow?: boolean,
  mock?: boolean,
  observeEvenIfShallow = false
) {
  // 用來追蹤依賴關係用的，底下我先拿掉相關的部分了
  const dep = new Dep()

  // 如果沒辦法 configure 就返回
  const property = Object.getOwnPropertyDescriptor(obj, key)
  if (property && property.configurable === false) {
    return
  }

  // 拿到原先設置好的 getter 與 setter
  // cater for pre-defined getter/setters
  const getter = property && property.get
  const setter = property && property.set

  // 這邊是個遞迴，如果 value 是 object 的話，那就再呼叫 observe
  // 而 observe 最終會呼叫到 defineReactive
  // 這就是在幫深層的物件的每一層都加上 reactive
  let childOb = shallow ? val && val.__ob__ : observe(val, false, mock)
  Object.defineProperty(obj, key, {
    enumerable: true,
    configurable: true,
    get: function reactiveGetter() {
      // 返回 value，這段比較簡單
      const value = getter ? getter.call(obj) : val
      // 中間省略不少依賴相關的程式碼
      return isRef(value) && !shallow ? value.value : value
    },
    set: function reactiveSetter(newVal) {
      const value = getter ? getter.call(obj) : val
      // 如果值沒變的話，其實就不用做任何事
      if (!hasChanged(value, newVal)) {
        return
      }
```

3.4 有趣的 defineProperty 與 Proxy

```
      if (setter) {
        setter.call(obj, newVal)
      } else if (getter) {
        // #7981: for accessor properties without setter
        return
      } else if (!shallow && isRef(value) && !isRef(newVal)) {
        value.value = newVal
        return
      } else {
        val = newVal
      }
      // 如果 newVal 是 object 的話，記得要再遞迴呼叫一次
      // 才能幫新的 object 也都設定成 reactive
      childOb = shallow ? newVal && newVal.__ob__ : observe(newVal, false, mock)

      // 通知依賴有變更
      dep.notify()
    }
  })

  return dep
}
```

上面之所以會有遞迴呼叫的部分，是因為前面一再提及的「變更物件」這件事，雖然說 get 與 set 會監聽物件的變化，但請小心底下的狀況：

```
const user = {}

Object.defineProperty(user, 'email', {
  get: function() {
    return this._email
  },

  set: function(value) {
    console.log('setter')
    this._email = value
  }
})
```

3-47

3 物件與有趣的 prototype

```
user.email = {
  primary: 'primary@huli.tw',
  secondary: 'secondary@huli.tw'
} // 觸發 setter

user.email.primary = 'test@huli.tw'
// 不會觸發 setter
```

當我們把物件 assign 給 user.email 時，會觸發 setter，但是去改動 user.email.primary 時，setter 沒有被觸發。這是因為之前一再提及的規則：「物件的指向不變，就不算改變」，從頭到尾 user.email 對應到的物件都是同一個，改動 user.email.primary 並沒有改動 user.email 的指向，因此不會觸發 setter。

這就是為什麼在 Vue 裡面會需要去遞迴呼叫，幫每一層物件都加上 reactive，才能確保你更動了任何一個值，都會觸發到 setter。除了物件以外，陣列也是一樣的，而且更麻煩一點：

```
const obj = {}
Object.defineProperty(obj, 'arr', {
  get: function() {
    return this._arr
  },

  set: function(value) {
    console.log('setter', value)
    this._arr = value
  }
})

obj.arr = [] // setter []
obj.arr = [1] // setter [1]
obj.arr.push(11) // 沒有觸發 setter
obj.arr[0] = 10 // 沒有觸發 setter
console.log(obj.arr) // [10, 11]
```

3.4 有趣的 defineProperty 與 Proxy

當我們將 obj.arr 重新賦值時，會觸發 setter，可是執行 obj.arr.push(10) 時卻不會，改動 obj.arr[0] 也不會，原理就是剛剛所說的：「物件的指向不變，就不算改變」。如果想要讓改動 obj.arr[0] 也觸發 setter 的話，就要把 obj.arr 的每一個 index 都用 Object.defineProperty 去定義。

為了方便示範，這邊先脫離 obj，只留下 arr：

```js
const arr = [1, 2, 3]
for(let i=0; i<arr.length; i++) {
  let value = arr[i]
  Object.defineProperty(arr, i, {
    get: function() {
      return value
    },


    set: function(newValue) {
      console.log('setter', newValue)
      value = newValue
    }
  })
}

arr[0] = 0 // setter 0
arr.push(10) // 還是沒偵測到
```

然而，像是 push 這種操作還是沒有辦法偵測到。再者，幫陣列的每一個元素都重新用 Object.defineProperty 去定義，在性能上可能會有些問題，畢竟物件的屬性最多幾百個就算很多了，但是陣列的話到幾萬或幾百萬都有可能，要監聽這麼多東西，一定會有性能的損耗。

因此，在 Vue2 裡面會檢查如果是陣列的話，就不會這樣幫每一個元素都加上變動的偵測，而是額外提供了一組 API 給使用者去呼叫，例如說 Vue.set，而那些陣列內建的方法如 push、splice 等等，也都會被覆蓋掉，換成 Vue2 自己的實作。

3 物件與有趣的 prototype

舉例來說，Vue2 的 Vue.set[11] 部分程式碼如下：

```
export function set(
  target: any[] | Record<string, any>,
  key: any,
  val: any
): any {
  const ob = (target as any).__ob__
  if (isArray(target) && isValidArrayIndex(key)) {
    target.length = Math.max(target.length, key)
    target.splice(key, 1, val)
    return val
  }
}
```

當檢測到 target 是個陣列時，就去呼叫 target.splice，為什麼這樣就可以讓 Vue 偵測到變動呢？因為這些方法早就被偷偷取代掉了[12]：

```
const arrayProto = Array.prototype
export const arrayMethods = Object.create(arrayProto)

const methodsToPatch = [
  'push',
  'pop',
  'shift',
  'unshift',
  'splice',
  'sort',
  'reverse'
]

/**
 * Intercept mutating methods and emit events
 */
methodsToPatch.forEach(function (method) {
```

---

11 https://github.com/vuejs/vue/blob/v2.7.16/src/core/observer/index.ts#L223

12 https://github.com/vuejs/vue/blob/v2.7.16/src/core/observer/array.ts#L25

3.4 有趣的 defineProperty 與 Proxy

```
  // cache original method
  const original = arrayProto[method]
  def(arrayMethods, method, function mutator(...args) {
    const result = original.apply(this, args)
    const ob = this.__ob__
    let inserted
    switch (method) {
      case 'push':
      case 'unshift':
        inserted = args
        break
      case 'splice':
        inserted = args.slice(2)
        break
    }
    if (inserted) ob.observeArray(inserted)
    // notify change
    if (__DEV__) {
      ob.dep.notify({
        type: TriggerOpTypes.ARRAY_MUTATION,
        target: this,
        key: method
      })
    } else {
      ob.dep.notify()
    }
    return result
  })
})
```

可以看到 Vue2 直接把那些會改動到 array 的方法全都替換掉，並且在最後面加上那個偵測依賴的機制，藉此來實作雙向綁定，在物件的值被更動時，就會通知有使用到的部分，並且進行畫面的更新。

以上就是與 Object.defineProperty 相關的內容，透過這個 API，我們可以調整更多物件的屬性，決定它是否可寫、可被列舉、設置可被更改等等，也能夠設置 getter 與 setter，讓操作變得更加自由。

3 物件與有趣的 prototype

而 Vue2 也正是利用相同的機制來實作物件的監聽，去捕捉每一次物件的值的改動，並且做出反應。那為什麼要一直強調 Vue2 而不是 Vue 呢？因為在 Vue3 中，這個功能的實作就不再使用 Object.defineProperty 了，而是改成用 ES6 新增的功能 Proxy。

物件的代理：Proxy

Proxy 這個字的意思是「代理」，是一個在網路世界中滿常見的名詞，例如說 proxy server 代理伺服器，當你使用代理伺服器時，網路流量會先經過 proxy server，才到想要前往的目的地。舉例來說，當你透過 proxy server 連接 google.com 時，你並不是直接從你的電腦連到 google.com，而是先連到 proxy server，再從 proxy server 連到 google。換句話說，google 不會知道是你來訪問，因為中間隔了一層。

而我們剛剛利用 Object.defineProperty 實作的那些功能，其實也是一種代理，透過 getter 跟 setter，去代理物件的讀跟寫兩項操作，這兩項操作都會先經過 getter 與 setter，我們就可以在這兩個函式中去做一些處理。

然而，雖然前面已經介紹過可以用 Object.defineProperty 來做物件的代理，但其實使用上並不是這麼方便。原因是，Object.defineProperty 比較適合用來做「單一一個屬性」的代理，畢竟它的 API 就是這樣提供的，但是在 Vue3 的 reactive 中，我們想要代理的是一整個物件。

舉個例子，假設我有一個物件 obj，我想要監聽它所有的 key 的改動，剛剛我們有看過 Vue2 的程式碼了，會用遞迴的方式去使用 Object.defineProperty，藉此來代理並且監聽 obj 的所有屬性。但這會有個問題，那就是新增的屬性沒辦法被監聽到，這是使用 Object.defineProperty 時一個滿大的缺點。因此在 Vue2 中提供了 Vue.set，當你想要新增新的屬性時，必須透過這個函式來增加，才能順利監聽到。

而 Proxy 就不同了，它原本的目的就是要來做物件的代理，所以就算是新增 key 也能監聽到。或是這樣講好了，Object.defineProperty 本來適合的情境就

3.4 有趣的 defineProperty 與 Proxy

是「定義一個屬性」，而 Proxy 則是「代理物件的行為」，因此 Proxy 顯然更適合 Vue 的那種 reactive 的情境。之所以 Vue2 用的是 Object.defineProperty，更多的是為了瀏覽器的相容性，因為 Proxy 是從 ES6 以後才有的東西。但從 Vue3 開始，reactive 的實作就已經換成 Proxy 了。

講了這麼多，不如直接來看看 Proxy 的基本使用方式：

```js
const state = {
  name: 'hello',
  todos: [
    'todo1'
  ]
}

const stateProxy = new Proxy(state, {
  get: function(target, prop) {
    console.log('getter', prop)
    return target[prop]
  },

  set: function(target, prop, value) {
    console.log('setter', prop, value)
    target[prop]= value
    return target[prop]
  }
})

stateProxy.name = 'hello1'
// setter name hello1

stateProxy.todos = [...stateProxy.todos, 'todo2']
// getter todos
// setter todos ['todo1', 'todo2']

// 新增屬性
stateProxy.newProp = 1
// setter newProp 1
```

3-53

3 物件與有趣的 prototype

利用 Proxy，我們可以很輕鬆達成所有物件屬性的代理，無論是什麼 key，都可以在 get 與 set 的時候做出反應，就連新增的屬性也可以。

而且 Proxy 可以代理的操作其實不只 get 與 set，還有更多更多的操作，例如說 delete 時會執行到的 deleteProperty 或是 key in obj 時會執行到的 has，這些都是可以代理的操作：

```
const proxy = new Proxy({}, {
  has: function() {
    return true
  },

  deleteProperty: function() {
    return false
  }
})

if ('test' in proxy) {
  console.log(proxy['test']) // undefined
}

proxy['a'] = 1
delete proxy['a']
console.log(proxy['a']) // 1
```

像上面的範例就是一個「不管你用哪個 key 來 in，全都回傳 true」，以及「永遠刪不掉屬性」的例子，雖然說在實作上不會這樣用，但只是想讓大家知道這也是做得到的。

接著，我們來看一下 Vue3 中是怎麼使用 Proxy 的，這是建立 reactive 的程式碼[13]：

```
export function reactive(target: object) {
  // if trying to observe a readonly proxy, return the readonly version.
  if (isReadonly(target)) {
```

---

13 https://github.com/vuejs/core/blob/v3.4.21/packages/reactivity/src/reactive.ts

3.4 有趣的 defineProperty 與 Proxy

```
    return target
  }
  return createReactiveObject(
    target,
    false,
    mutableHandlers,
    mutableCollectionHandlers,
    reactiveMap,
  )
}
```

這邊呼叫了 createReactiveObject，整段函式有點多，因此我只截取與 proxy 有關的：

```
function createReactiveObject(
  target: Target,
  isReadonly: boolean,
  baseHandlers: ProxyHandler<any>,
  collectionHandlers: ProxyHandler<any>,
  proxyMap: WeakMap<Target, any>,
) {
  if (!isObject(target)) {
    if (__DEV__) {
      warn(`value cannot be made reactive: ${String(target)}`)
    }
    return target
  }

  // 省略...
  const targetType = getTargetType(target)
  const proxy = new Proxy(
    target,
    targetType === TargetType.COLLECTION ? collectionHandlers : baseHandlers,
  )
  // 省略
  return proxy
}
```

3 物件與有趣的 prototype

這邊會直接用 new Proxy 回傳一個 proxy，而實際上的 handler 會根據 target-Type 來看，如果是陣列的話，就用不同的 handler 來處理。再來我們看一下物件會用到的 baseHandlers，也就是 mutableHandlers[14]：

```
class MutableReactiveHandler extends BaseReactiveHandler {
  constructor(isShallow = false) {
    super(false, isShallow)
  }

  set(
    target: object,
    key: string | symbol,
    value: unknown,
    receiver: object,
  ): boolean {
    // 省略
    const result = Reflect.set(target, key, value, receiver)
    // 省略
    return result
  }

  deleteProperty(target: object, key: string | symbol): boolean {
    const hadKey = hasOwn(target, key)
    const oldValue = (target as any)[key]
    const result = Reflect.deleteProperty(target, key)
    if (result && hadKey) {
      trigger(target, TriggerOpTypes.DELETE, key, undefined, oldValue)
    }
    return result
  }

  has(target: object, key: string | symbol): boolean {
    const result = Reflect.has(target, key)
    if (!isSymbol(key) || !builtInSymbols.has(key)) {
      track(target, TrackOpTypes.HAS, key)
    }
```

---

14 https://github.com/vuejs/core/blob/v3.4.21/packages/reactivity/src/baseHandlers.ts

```
    return result
  }

  ownKeys(target: object): (string | symbol)[] {
    track(
      target,
      TrackOpTypes.ITERATE,
      isArray(target) ? 'length' : ITERATE_KEY,
    )
    return Reflect.ownKeys(target)
  }
}
```

因為程式碼一樣很多，所以我有刪減了一些內容，可以看到 MutableReactiveHandler 是繼承自 BaseReactiveHandler，多了 set、deleteProperty、has 以及 ownKeys 這四種操作的代理，而內容跟我們剛剛自己寫的不太一樣，主要是都呼叫了 Reflect 相關的 API，包括 Reflect.set、Reflect.deleteProperty、Reflect.has 以及 Reflect.ownKeys 等等，至於這些是什麼，我們等等再講。

最後要來看到的是 BaseReactiveHandler，只實作了 get 操作的代理，一樣因為篇幅關係省略一些內容：

```
class BaseReactiveHandler implements ProxyHandler<Target> {
  constructor(
    protected readonly _isReadonly = false,
    protected readonly _isShallow = false,
  ) {}

  get(target: Target, key: string | symbol, receiver: object) {
    const isReadonly = this._isReadonly,
      isShallow = this._isShallow

    // 省略
    const targetIsArray = isArray(target)
    const res = Reflect.get(target, key, receiver)

    if (!isReadonly) {
      track(target, TrackOpTypes.GET, key)
```

```
    }

    if (isShallow) {
      return res
    }

    if (isRef(res)) {
      // ref unwrapping - skip unwrap for Array + integer key.
      return targetIsArray && isIntegerKey(key) ? res : res.value
    }

    if (isObject(res)) {
      // Convert returned value into a proxy as well. we do the isObject check
      // here to avoid invalid value warning. Also need to lazy access readonly
      // and reactive here to avoid circular dependency.
      return isReadonly ? readonly(res) : reactive(res)
    }

    return res
  }
}
```

可以看到這邊又再次使用了 Reflect.get 這一組由 Reflect 提供的 API，然後針對一些 flag 做了檢查，例如說如果不是 readonly 的話，就呼叫 track 函式來搜集依賴關係，以及如果是 shallow 的話就直接回傳 res 等等。

最後，如果要回傳的東西是一個物件的話，會回傳 reactive(res)，就是在這邊把巢狀的物件也變成了 proxy，藉此讓整個物件都能監聽得到。

看完了 Vue3 的 reactive 實作，我們來學習一下 Reflect 到底是個什麼東西，以及為什麼 Proxy 通常都會與 Reflect 搭配使用。

首先呢，Reflect 是一系列 static 的方法，就像 Math 那樣，例如說 Math 有 Math.abs、Math.floor 等等，而 Reflect 也是，有 Reflect.get、Reflect.set 等等，一共有 13 個方法，而且正好對應到 Proxy 可以代理的 13 種方法，兩者是一致的，清單如下：

3.4 有趣的 defineProperty 與 Proxy

1. apply
2. constructor
3. defineProperty
4. deleteProperty
5. get
6. getOwnPropertyDescriptor
7. getPrototypeOf
8. has
9. isExtensible
10. ownKeys
11. preventExtensions
12. set
13. setPrototypeOf

舉例來說，底下這些操作基本上是相等的：

```
const obj = {
  a: 1,
  b: 2,
  c: 3
}

function Fruit(name) {
  console.log('new fruit:', name)
}

// 底下兩組等價
delete obj.a;
```

```
Reflect.deleteProperty(obj, 'a');

// 底下兩組等價
console.log('b' in obj);
console.log(Reflect.has(obj, 'b'));

// 底下兩組等價
new Fruit('apple');
Reflect.construct(Fruit, ['apple'])
```

那既然相等,為什麼不直接用原本那些操作就好?

第一個原因是因為一致性,剛剛有提到 Proxy 可以攔截的方法也是那 13 個,因此透過 Reflect,我們就可以不用去思考原本的語法到底是什麼,只要直接用 Reflect 就搞定了,如底下範例所示:

```
const p = new Proxy({}, {
  deleteProperty(target, prop) {
    return Reflect.deleteProperty(target, prop)
  },

  get(target, prop) {
    return Reflect.get(target, prop)
  },

  has(target, prop) {
    return Reflect.has(target, prop)
  }
})

// 如果沒有 Reflect 的話,語法都不同
const p = new Proxy({}, {
  deleteProperty(target, prop) {
    return delete target[prop]
  },
```

3.4 有趣的 defineProperty 與 Proxy

```
    get(target, prop) {
      return target[prop]
    },
    has(target, prop) {
      return prop in target
    }
})
```

如果沒有 Reflect 的話，每一種代理的操作都可能會有不同語法，就要去思考說到底這個操作是用什麼語法，程式碼看起來會變得比較亂一點。有了 Reflect 之後，就統一了形式，不管是什麼，全部都呼叫 Reflect 就好。

第二個原因更為重要一些，那就是有些操作乍看之下等價，但其實並不是，我們先來看一個範例：

```
const parent = {
  _name: 'parent',
  get name(){
    return this._name;
  }
}

const child = {
  __proto__: parent,
  _name: 'child'
}

console.log(child.name) // child
```

這邊的 child 跟 parent 是有著原型鏈繼承的關係，因此當我們存取 child.name 時，在 child 身上找不到，就會往 __proto__ 也就是 parent 去找，找到了 name 的 getter，並且執行。

在執行 name 的 getter 時，這個 this 指向的是 child，所以最後輸出的是 child，感覺沒什麼問題。

3-61

3 物件與有趣的 prototype

但如果改成 proxy，就不一樣了：

```
const parent = {
  _name: 'parent',
  get name(){
    return this._name;
  }
}

const parentProxy = new Proxy(parent, {
  get(target, prop) {
    return target[prop]
  }
})

const child = {
  __proto__: parentProxy,
  _name: 'child'
}

console.log(child.name) // parent
```

由於 proxy 的 get 在回傳時，使用的是 target[prop]，而此時的 target 是 parent，因此 this 也會是 parent，所以最後會輸出的是 parent，而非預期的 child。

想要解決這種麻煩的 this 指向的問題，用 Reflect 就對了：

```
const parent = {
  _name: 'parent',
  get name(){
    return this._name;
  }
}

const parentProxy = new Proxy(parent, {
  get(target, prop, receiver) {
```

3-62

```
      return Reflect.get(target, prop, receiver)
  }
})

const child = {
  __proto__: parentProxy,
  _name: 'child'
}

console.log(child.name) // child
```

透過 Reflect.get 搭配第三個參數 receiver，可以讓 this 的指向變得正確，這就是為什麼用 Reflect 會比自己重新實作每一個功能都還要好。

也因為如此，才常常會看到 Proxy 與 Reflect 搭配使用，因為這兩者搭配起來是最適合的。

看完了 Reflect，我們再回頭來談談 Vue3 的 reactivie。剛剛看的那些程式碼中，我們著重的點在於 Proxy 的使用以及賦值，想去看 Vue3 是如何使用 Proxy 來解決以前在 Object.defineProperty 時會碰到的問題，因此在程式碼中，將其他不太相關的部分先省略掉了。

但其實還有一個實作的部分很值得看，那就是要如何處理「追蹤依賴」這件事情，舉一個簡單的例子：

```
import { reactive, watchEffect } from 'vue'
const state = reactive({
  count: 1
})

watchEffect(() => {
  console.log('update!', state.count)
})

state.count = 10
```

3 物件與有趣的 prototype

在程式碼中我們用了 watchEffect，因此只有當 state.count 更新時，watchEffect 才會再度執行，然後印出 state.count。但問題是，我們該怎麼知道那一行 watchEffect 是依賴於 state.count 的？用肉眼當然看得出來，可是 Vue 要怎麼知道？知道之後，又要怎麼執行更新？

其實這個可以利用 getter 來達成，我們只要在執行 watchEffect 的時候，記錄所有執行到的 getter，就知道這一次的呼叫會存取到哪些物件了！而執行更新的部分則是 setter，在 set 的時候，就去呼叫那些依賴的函式。

一個最簡單的實作像是這樣：

```
let activeEffect = null
let subscribersMap = new Map()

function watchEffect(callback) {
  activeEffect = callback
  const result = callback()
  activeEffect = null
}

function reactive(obj) {
  return new Proxy(obj, {
    get: function (target, prop, receiver) {
      const result = Reflect.get(target, prop, receiver)
      if (activeEffect) {
        let currentSubscribers = subscribersMap.get(prop)
        if (!currentSubscribers) currentSubscribers = []
        currentSubscribers.push(activeEffect)
        subscribersMap.set(prop, currentSubscribers)
      }
      return result
    },

    set: function(target, prop, value, receiver) {
      const result = Reflect.set(target, prop, value, receiver)
      const currentSubscribers = subscribersMap.get(prop) || []
      currentSubscribers.forEach(fn => fn())
      return result
```

3.4 有趣的 defineProperty 與 Proxy

```
    }
  })
}

const state = reactive({
  count: 1
})

watchEffect(() => {
  console.log('update!', state.count)
})
// update! 0

state.count = 10
// update! 10
```

當我們執行 watchEffect 時，將全域變數 activeEffect 設置成現在的函式，接著執行，在執行 callback 時因為有 console.log('update!',state.count)，會用到 state.count 的值，就會觸發到 Proxy 的 getter，此時我們就可以知道：「現在在跑的函式（activeEffect）會用到 state.count 的值」，因此就把這個關係寫進 map。

而之後當 state.count 更新時，就把之前紀錄過有依賴關係的函式全部都跑一遍，就可以達成我們想要的效果。雖然上面的實作有許多 bug，但只是為了簡單示範依賴關係的追蹤所寫出來的程式碼，核心概念有到就好。

如果想要參考更完整的實作，可以直接去參考 Vue 的原始碼。

Proxy 的其他應用

雖然我們已經看過 Vue3 的 reactive 實作，知道裡面有用 Proxy 了，但我相信有不少讀者可能會好奇，除了 reactive 這個功能以外，還有哪邊會用到 Proxy？

底下我簡單舉幾兩個 React 的前端框架 Next.js 中有使用到 Proxy 的地方。

3 物件與有趣的 prototype

第一個是在 Next.js 中你可以存取 request 的 headers，如果是我們自己來簡單實作一個的話，有可能會像這樣：

```js
class Headers {
  constructor(headers) {
    this.headers = headers
  }
  get(key) {
    return this.headers[key]
  }
  set(key, value) {
    this.headers[key] = value
  }
}

const headers = new Headers({
  'Content-Type': 'application/json'
})

console.log(headers.get('Content-Type')) // application/json
headers.set('Cookie', 'a=1')
console.log(headers.get('Cookie')) // a=1
```

看起來沒什麼問題，畢竟 headers 本質上也只是一堆的 key value 組合，只是把物件包裝一下而已。但是呢，有個問題是這樣子的開發者體驗很差，如果我用 headers.get("cookie')，是拿不到東西的，因為 c 是小寫，要打成大寫的 C 才能正確存取到 header。

因此，我們就可以利用 Proxy，在每次存取 header 的時候都自動將 key 轉成小寫，就可以避免掉這個問題，底下是 Next.js 的實作[15]：

```ts
export class HeadersAdapter extends Headers {
  private readonly headers: IncomingHttpHeaders

  constructor(headers: IncomingHttpHeaders) {
```

---

[15] https://github.com/vercel/next.js/blob/v14.1.0/packages/next/src/server/web/spec-extension/adapters/headers.ts

3.4 有趣的 defineProperty 與 Proxy

```javascript
// We've already overridden the methods that would be called, so we're just
// calling the super constructor to ensure that the instanceof check works.
super()

this.headers = new Proxy(headers, {
  get(target, prop, receiver) {
    // Because this is just an object, we expect that all "get" operations
    // are for properties. If it's a "get" for a symbol, we'll just return
    // the symbol.
    if (typeof prop === 'symbol') {
      return ReflectAdapter.get(target, prop, receiver)
    }

    const lowercased = prop.toLowerCase()

    // Let's find the original casing of the key. This assumes that there is
    // no mixed case keys (e.g. "Content-Type" and "content-type") in the
    // headers object.
    const original = Object.keys(headers).find(
      (o) => o.toLowerCase() === lowercased
    )

    // If the original casing doesn't exist, return undefined.
    if (typeof original === 'undefined') return

    // If the original casing exists, return the value.
    return ReflectAdapter.get(target, original, receiver)
  },
  set(target, prop, value, receiver) {
    if (typeof prop === 'symbol') {
      return ReflectAdapter.set(target, prop, value, receiver)
    }

    const lowercased = prop.toLowerCase()

    // Let's find the original casing of the key. This assumes that there is
    // no mixed case keys (e.g. "Content-Type" and "content-type") in the
    // headers object.
    const original = Object.keys(headers).find(
```

3　物件與有趣的 prototype

```
      (o) => o.toLowerCase() === lowercased
    )

    // If the original casing doesn't exist, use the prop as the key.
    return ReflectAdapter.set(target, original ?? prop, value, receiver)
   },
  })
 }
}
```

可以發現無論是 get 還是 set，都會先將 prop 統一轉成小寫，再進行後續的操作。這就是一個滿不錯的 Proxy 使用案例，藉由 Proxy 來改動想要存取的 key，統一名稱。

第二個案例是 searchParams 的存取。

在 Next.js 中，頁面有不同的渲染方式，可以簡單先分成靜態跟動態兩種，如果是靜態的渲染，那就沒辦法存取像是 searchParams 這種動態的、會改變的資料。因此，Next.js 需要去追蹤對於 searchParams 的存取，並且根據目前的渲染模式決定要做出什麼反應。

這個應用方式其實跟 Vue3 的 reactive 滿類似的，都是為了要追蹤「有誰存取到這個屬性」這件事情，底下是程式碼[16]：

```
/**
 * Takes a ParsedUrlQuery object and returns a Proxy that tracks read access to the
object
 *
 * If running in the browser will always return the provided searchParams object.
 * When running during SSR will return empty during a 'force-static' render and
 * otherwise it returns a searchParams object which tracks reads to trigger dynamic
rendering
 * behavior if appropriate
 */
```

---

16 https://github.com/vercel/next.js/blob/v14.1.1-canary.78/packages/next/src/client/components/search-params.ts

3.4 有趣的 defineProperty 與 Proxy

```
export function createDynamicallyTrackedSearchParams(
  searchParams: ParsedUrlQuery
): ParsedUrlQuery {
  const store = staticGenerationAsyncStorage.getStore()
  if (!store) {
    // we assume we are in a route handler or page render. just return the searchParams
    return searchParams
  } else if (store.forceStatic) {
    // If we forced static we omit searchParams entirely. This is true both during SSR
    // and browser render because we need there to be parity between these environments
    return {}
  } else if (!store.isStaticGeneration && !store.dynamicShouldError) {
    // during dynamic renders we don't actually have to track anything so we just return
    // the searchParams directly. However if dynamic data access should error then we
    // still want to track access. This covers the case in Dev where all renders are dynamic
    // but we still want to error if you use a dynamic data source because it will fail the build
    // or revalidate if you do.
    return searchParams
  } else {
    // We need to track dynamic access with a Proxy. We implement get, has, and ownKeys because
    // these can all be used to exfiltrate information about searchParams.
    return new Proxy({} as ParsedUrlQuery, {
      get(target, prop, receiver) {
        if (typeof prop === 'string') {
          trackDynamicDataAccessed(store, `searchParams.${prop}`)
        }
        return ReflectAdapter.get(target, prop, receiver)
      },
      has(target, prop) {
        if (typeof prop === 'string') {
          trackDynamicDataAccessed(store, `searchParams.${prop}`)
        }
        return Reflect.has(target, prop)
      },
      ownKeys(target) {
        trackDynamicDataAccessed(store, 'searchParams')
```

```
      return Reflect.ownKeys(target)
    },
  })
 }
}
```

只要有呼叫到 get，就去呼叫另一個函式 trackDynamicDataAccessed，在那個函式中會根據目前的設定做出反應。舉例來說，如果目前的設定是靜態渲染，就會印出警告或是錯誤，提醒使用者如果存取了 searchParams，就會自動切換成動態渲染。

以上就是 Proxy 的其他應用，滿有趣的對吧？

比起 Object.defineProperty，Proxy 可以更好地應用在物件的代理，能夠在 get、set 或其他操作前先做一些事情，也能夠利用這個機制來追蹤物件的依賴關係。搭配 Reflect 使用，可以讓 API 變得統一，也能讓 this 的指向不會出錯。

3.5 淺層複製與深層複製

在物件這個章節的最後，讓我們來談談在 JavaScript 中該如何複製一個物件（話說這篇講的主題，更常見的用語是深拷貝與淺拷貝，不過我覺得叫它深層複製與淺層複製也不錯）。

講到複製，有些人可能會直接給出這樣的程式碼：

```
const obj = {a:1}
const obj2 = obj
```

雖然這樣看起來也像複製，但其實只是讓 obj 跟 obj2 指向同一個物件，並沒有複製那個物件本身，當改到 obj2 的時候，obj 也會一起動到：

```
const obj = {a:1}
const obj2 = obj
obj2.a = 2
console.log(obj.a) // 2
```

3.5 淺層複製與深層複製

但這個行為應該不是大多數人在複製物件時會想要的，因此沒辦法滿足我們的需求。另外，這個行為也是很多人平常在工作上寫程式時會犯錯的地方，一定要特別注意。

想要複製一個物件的話，最簡單的方式之一是透過展開運算子，重新建立一個物件：

```
const obj = {a:1}
const obj2 = {...obj}
obj2.a = 2
console.log(obj.a) // 1
```

如此一來，就可以做到改到 obj2 的時候，不會一起改到 obj。

但是，這句話其實沒這麼精確，還記得之前一再強調的「JavaScript 物件的改變」嗎？只要物件的指向不變，就不算改變物件。上面的展開運算子，背後的實作跟這個類似：

```
const obj = {a:1}
const obj2 = {}
for(let key in obj) {
  obj2[key] = obj[key]
}
obj2.a = 2
console.log(obj.a) // 1
```

雖然看起來沒問題，但碰到巢狀的物件時，就會出狀況了：

```
const obj = {
  inner: {
    a: 1
  }
}

const obj2 = {}
for(let key in obj) {
  obj2[key] = obj[key]
}
obj2.inner.a = 2
```

3 物件與有趣的 prototype

```
console.log(obj.inner.a) // 2

const obj3 = {...obj}
obj3.inner.a = 3
console.log(obj.inner.a) // 3
```

其實從上面模擬實作那部分就可以知道了，這個物件的複製只有複製第一層而已，因此 obj["inner'] 跟 obj2["inner'] 指向的是同個物件，所以改到一個，另外一個自然也會動。

通常在談到複製時，我們會將其區分為兩種，淺的（shallow）跟深的（deep），像上面這種方式就叫做「淺的」，意思就是「只複製第一層」，所以 obj 跟 obj2 會不同，但是 obj 裡面的 inner 還是一樣的。如果是深層的複製，那 obj.inner 跟 obj2.inner 也會是兩個不同的物件。

以 JavaScript 原生的 API 來說，基本上都是淺層複製為主，那如果要實作深層複製的話，有沒有什麼方法呢？

有一個可能不會直接聯想到「複製」的方式，那就是 JSON.stringify 與 JSON.parse。我們可以先用 JSON.stringify 把一個物件序列化（serialize）成字串，接著再用 JSON.parse 反序列化（deserialize），就還原出了一個新的物件。因為最後產生出的物件是從一個字串而來，因此當然也不會跟原本的物件有任何關聯，就達成了深層複製的效果，範例如下：

```
const obj = {
  inner: {
    a: 1
  }
}

const obj2 = JSON.parse(JSON.stringify(obj))
obj2.inner.a = 2
console.log(obj.inner.a) // 1
```

3.5 淺層複製與深層複製

用這樣的方式來實作深層複製，原理非常簡單，實作也非常簡單，因此可以發現有不少專案都是這樣做的。例如說 Google 的 lighthouse 專案，裡面的 deepClone 就直接是這樣做的：

```
// https://github.com/GoogleChrome/lighthouse/blob/v11.6.0/core/config/config-helpers.
js#L576C1-L585C2
/**
 * // TODO(bckenny): could adopt "jsonified" type to ensure T will survive JSON
 * round trip: https://github.com/Microsoft/TypeScript/issues/21838
 * @template T
 * @param {T} json
 * @return {T}
 */
function deepClone(json) {
  return JSON.parse(JSON.stringify(json));
}
```

不過這個方式雖然好用，但其實有一些限制，例如說資料型別。

在 JSON 中，只有底下幾個型別：

1. Array

2. Object

3. Number

4. String

5. Boolean

6. Null

如果你想複製的物件不支援的話，就必須自己處理。例如說有 Date 的話，在 JSON.stringify 時會直接先把日期轉成字串，反序列化後也會變成一個字串，需要自己再實作反序列化的邏輯，還原成 Date。

3　物件與有趣的 prototype

如果想要把 BigInt 轉成 JSON，更是會直接拋出錯誤：Uncaught TypeError: Do not know how to serialize a BigInt。

針對這些 JSON 不支援的場合，通常還有另外三個選項，第一個選項就是使用第三方的套件，例如說 lodash 就提供了 deepClone 的方式。而第二個選項則是：自己做一個。

自己做一個深層複製

其實想要自己做一個簡單的深層複製並不難，只要運用遞迴的概念就可以實作出一個最陽春的版本，我們先做一個，接著再來慢慢改善：

```javascript
function clone(obj) {
  let result = {}
  for(let key in obj) {

    // 不是物件的話，直接複製就好了
    if (typeof obj[key] !== 'object') {
      result[key] = obj[key]
      continue
    }

    // 如果是個物件，就先複製完再賦值
    result[key] = clone(obj[key])
  }

  return result
}

// 底下拿來做簡單的測試
const obj = {
  inner: {
    a: 1
  }
}

const obj2 = clone(obj)
console.log(JSON.stringify(obj) === JSON.stringify(obj2)) // true
```

3-74

3.5 淺層複製與深層複製

```
console.log(obj === obj2) // false
console.log(obj.inner === obj2.inner) // false
```

在這個最陽春的版本中，其實已經可以複製一般的物件了。運用遞迴的概念，碰到非物件直接複製，物件的話就先複製一份，用簡短的程式碼就可以做出深層複製。

但上面的程式碼其實有幾個問題，第一個問題是它不支援 Array。當你傳入一個陣列時，它會回傳一個「看起來很像陣列的物件」，就有點像是 arguments 那樣的偽陣列。因此，我們要特別判斷是不是陣列：

```
function clone(obj) {
  // 判斷是不是陣列來決定初始值
  let result = Array.isArray(obj) ? [] : {}
  for(let key in obj) {

    // 不是物件的話，直接複製就好了
    if (typeof obj[key] !== 'object') {
      result[key] = obj[key]
      continue
    }

    // 如果是個物件，就先複製完再賦值
    result[key] = clone(obj[key])
  }

  return result
}

// 底下拿來做簡單的測試
const obj = [0,1,2, {a: 1}]

const obj2 = clone(obj)
console.log(JSON.stringify(obj) === JSON.stringify(obj2)) // true
console.log(obj === obj2) // false
console.log(obj[3] === obj2[3]) // false
```

3-75

3 物件與有趣的 prototype

陣列的問題處理完了，第二個問題是 null 目前會被複製成空物件 {}，這是因為 typeof null 會是 object，因此它被歸類為 object，所以要特別處理：

```javascript
function clone(obj) {
  // 判斷是不是陣列
  let result = Array.isArray(obj) ? [] : {}
  for(let key in obj) {

    // 不是物件的話，直接複製就好了
    // 檢查是否為 null
    if (typeof obj[key] !== 'object' || obj[key] === null) {
      result[key] = obj[key]
      continue
    }

    // 如果是個物件，就先複製完再賦值
    result[key] = clone(obj[key])
  }

  return result
}

// 底下拿來做簡單的測試
const obj = {
  a: null
}

const obj2 = clone(obj)
console.log(JSON.stringify(obj) === JSON.stringify(obj2)) // true
console.log(obj === obj2) // false
```

接著，第三個問題是目前還是沒辦法複製前面講過的 Date，這個也要做特殊的處理才行。那要怎麼複製一個 Date 的物件呢？其實只要把 Date 丟進去 new Date()，就可以產生出一個新的物件：

```javascript
const now = new Date()
const copy = new Date(now)
console.log(now === copy) // false
console.log(now.getTime() === copy.getTime()) // true
```

3-76

3.5 淺層複製與深層複製

因此，補上特殊處理以後會變成底下這個樣子：

```javascript
function clone(obj) {
  // 判斷是不是陣列
  let result = Array.isArray(obj) ? [] : {}
  for(let key in obj) {

    // 不是物件的話，直接複製就好了
    // 檢查是否為 null
    if (typeof obj[key] !== 'object' || obj[key] === null) {
      result[key] = obj[key]
      continue
    }

    // 如果是 Date，就回傳一個新的
    if (obj[key] instanceof Date) {
      result[key] = new Date(obj[key])
    } else {
      // 如果是個物件，就先複製完再賦值
      result[key] = clone(obj[key])
    }
  }

  return result
}

// 底下拿來做簡單的測試
const obj = {
  a: null,
  b: {
    c: new Date()
  }
}

const obj2 = clone(obj)
console.log(JSON.stringify(obj) === JSON.stringify(obj2)) // true
console.log(obj.b.c === obj2.b.c) // false
console.log(obj.b.c.getTime() === obj2.b.c.getTime()) // true
```

3-77

3 物件與有趣的 prototype

這樣就可以複製 Date 物件了，測試過後也沒問題。不過，這個實作還是有一些小細節要修，例如說原型鏈的影響。目前在複製時是直接用 for in 來遍歷所有屬性，但是在原型鏈上的屬性也會一起被遍歷進去，舉例來說：

```javascript
const obj = {
  __proto__: {
    b: 1,
  },
  a: 1
}

const obj2 = clone(obj)
console.log(obj2) // {a: 1, b: 1}
```

原本是存在於原型鏈上的屬性，在複製過後卻直接被複製到了 obj2 中，這明顯是不對的。因此，我們要加上是不是自己屬性的檢查，才能解決這個狀況：

```javascript
function clone(obj) {
  // 判斷是不是陣列
  let result = Array.isArray(obj) ? [] : {}
  for(let key in obj) {

    // 檢查是否為自身屬性
    // 這裡之所以不直接用 obj.hasOwnProperty
    // 是因為物件上可能存在同名的屬性
    if (!Object.prototype.hasOwnProperty.call(obj, key)) continue

    // 不是物件的話，直接複製就好了
    // 檢查是否為 null
    if (typeof obj[key] !== 'object' || obj[key] === null) {
      result[key] = obj[key]
      continue
    }

    // 如果是 Date，就回傳一個新的
    if (obj[key] instanceof Date) {
      result[key] = new Date(obj[key])
    } else {
      // 如果是個物件，就先複製完再賦值
```

3.5 淺層複製與深層複製

```
      result[key] = clone(obj[key])
    }
  }
  return result
}

const obj = {
  __proto__: {
    b: 1,
  },
  a: 1
}

const obj2 = clone(obj)
console.log(obj2) // {a: 1}
```

最後，還剩下一個大魔王問題，叫做循環引用，也就是物件會不斷循環，這個在前面講的利用 JSON 來做深層複製的狀況下也會有問題：

```
const obj = {}
obj.self = obj
JSON.stringify(obj)
// Uncaught TypeError: Converting circular structure to JSON
```

在上面的範例中，由於我們把 obj.self 設定成了 obj，因此你可以不斷 obj.self.self.self.self⋯，就這樣無限的存取下去。而 JSON.strginfiy 會直接拋出錯誤，說沒辦法把這樣的循環結構序列化成 JSON 字串。

在我們的實作中，如果複製一個無限的物件，會發生錯誤：Uncaught RangeError:Maximum call stack size exceeded，因為會不斷遞迴，直到 call stack 的數量超出限制。

還有另一個也跟引用有關的 bug，假設我們原本的物件是 [obj,obj]，陣列的第一個跟第二個元素都是相同物件。在複製過後，很有可能我們想保留同樣的狀況，也就是複製完的前兩個元素，是同一個物件。但是在上面的實作中，沒有辦法達成這個要求，會是不同的物件。

3 物件與有趣的 prototype

循環引用跟保留 reference 的這兩個問題，其實解法都是一樣的，那就是準備好一個 Map，來保存我們已經複製過的物件，如果複製的時候發現已經存在於 Map 裡面，就直接返回，否則就加進去 Map，這樣如果未來碰到相同的物件，就會直接回傳之前複製好的結果。

實作如下：

```javascript
function clone(obj, clonedObjects = new WeakMap()) {
  // 判斷是不是陣列
  let result = Array.isArray(obj) ? [] : {}

  // 如果要複製的 object 已經複製過了，直接回傳
  if (clonedObjects.has(obj)) {
    return clonedObjects.get(obj)
  }

  // 沒有複製過的話，就加進去 map
  clonedObjects.set(obj, result)

  for(let key in obj) {

    // 檢查是否為自身屬性
    // 這裡之所以不直接用 obj.hasOwnProperty
    // 是因為物件上可能存在同名的屬性
    if (!Object.prototype.hasOwnProperty.call(obj, key)) continue

    // 不是物件的話，直接複製就好了
    // 檢查是否為 null
    if (typeof obj[key] !== 'object' || obj[key] === null) {
      result[key] = obj[key]
      continue
    }

    // 如果是 Date，就回傳一個新的
    if (obj[key] instanceof Date) {
      result[key] = new Date(obj[key])
    } else {
      // 如果是個物件，就先複製完再賦值
      result[key] = clone(obj[key], clonedObjects)
```

3.5 淺層複製與深層複製

```
    }
  }

  return result
}

const obj = {}
obj.self = obj

const obj2 = clone(obj)

const element = {
  name: 'hello'
}
const arr = [element, element]
const arr2 = clone(arr)
console.log(arr2[0] === arr2[1]) // true
console.log(arr2[1]) // {name: 'hello'}
```

利用 clonedObjects 的檢查，我們可以知道物件是否被複製過，藉此來保留原本的引用關係，以及避開循環引用造成的錯誤。

以上就是自己簡單實作一個深層複製需要注意的基本事項，另外，上面的實作一定還有其他 bug，因為 JavaScript 中物件的種類太多了，例如說 RegExp 現在也沒辦法複製。不過，這只是簡單示範一個最基本的深層複製而已，所以沒有考慮到所有狀況。

講到這裡，你會不會好奇 lodash 的深層複製又是怎麼實作的？又考慮到了哪些狀況？

從 lodash 原始碼中學習

Lodash 裡面有一個叫做 cloneDeep 的函式，也是在做深層複製，程式碼[17]如下：

---

[17] https://github.com/lodash/lodash/blob/main/src/cloneDeep.ts

3 物件與有趣的 prototype

```
import baseClone from './.internal/baseClone.js';

/** Used to compose bitmasks for cloning. */
const CLONE_DEEP_FLAG = 1;
const CLONE_SYMBOLS_FLAG = 4;

/**
 * This method is like `clone` except that it recursively clones `value`.
 * Object inheritance is preserved.
 *
 * @since 1.0.0
 * @category Lang
 * @param {*} value The value to recursively clone.
 * @returns {*} Returns the deep cloned value.
 * @see clone
 * @example
 *
 * const objects = [{ 'a': 1 }, { 'b': 2 }]
 *
 * const deep = cloneDeep(objects)
 * console.log(deep[0] === objects[0])
 * // => false
 */
function cloneDeep(value) {
    return baseClone(value, CLONE_DEEP_FLAG | CLONE_SYMBOLS_FLAG);
}

export default cloneDeep;
```

　　裡面程式碼只有一行，呼叫了 baseClone，並且傳入 value 與 CLONE_DEEP_FLAG | CLONE_SYMBOLS_FLAG。在註解中可以看得很清楚，後者的這個用法，原理就是前面講過的位元運算，運用 bit 的特性來壓縮多個 flag。

　　舉例來說，原始的作法可能會是 baseClone(value,{isDeep:true,isSymbol:true})，第二個參數傳入一個物件，有點像是 config 那樣。但如果運用了位元運算，就可以用數字的方式實作第二個參數，CLONE_DEEP_FLAG | CLONE_SYMBOLS_FLAG 就等於是 1 | 4，換成二進位是 0101，因此在 baseClone 裡就可以運用 & 來取出設定好的 flag：

3.5 淺層複製與深層複製

```
const isDeep  = bitmask & CLONE_DEEP_FLAG
const isFlat  = bitmask & CLONE_FLAT_FLAG
const isFull  = bitmask & CLONE_SYMBOLS_FLAG
```

接著，我們來看看 baseClone 的實作，由於程式碼有點長，因此我會分段來講解。先來看看第一段：

```
function baseClone(value, bitmask, customizer, key, object, stack) {
  let result

  // 拿出 flag
  const isDeep  = bitmask & CLONE_DEEP_FLAG
  const isFlat  = bitmask & CLONE_FLAT_FLAG
  const isFull  = bitmask & CLONE_SYMBOLS_FLAG

  // 客製化用的，與 cloneDeep 無關
  if (customizer) {
    result = object ? customizer(value, key, object, stack) : customizer(value)
  }
  if (result !== undefined) {
    return result
  }

  // 如果不是 object 就直接回傳
  if (!isObject(value)) {
    return value
  }
  // 底下先省略
}
```

第一個段落其實沒有做太多事情，就是把 flag 拿出來設置一下變數，接著檢查是不是 object，不是的話就直接回傳。接著來看第二個段落：

```
function baseClone(value, bitmask, customizer, key, object, stack) {
  // 以上省略
  const isArr = Array.isArray(value)
  const tag = getTag(value)
  if (isArr) {
    result = initCloneArray(value)
```

3 物件與有趣的 prototype

```
      if (!isDeep) {
        return copyArray(value, result)
      }
    } else {
      const isFunc = typeof value === 'function'

      if (isBuffer(value)) {
        return cloneBuffer(value, isDeep)
      }
      if (tag === objectTag || tag === argsTag || (isFunc && !object)) {
        result = (isFlat || isFunc) ? {} : initCloneObject(value)
        if (!isDeep) {
          return isFlat
            ? copySymbolsIn(value, copyObject(value, keysIn(value), result))
            : copySymbols(value, Object.assign(result, value))
        }
      } else {
        if (isFunc || !cloneableTags[tag]) {
          return object ? value : {}
        }
        result = initCloneByTag(value, tag, isDeep)
      }
    }
    // 以下省略
}
```

這個部分主要是根據要複製的物件類型決定初始值,例如說陣列就有一個自己的方法 initCloneArray,而物件也有個 initCloneObject,甚至還有一個 initCloneByTag 會初始化更多不同類型的值,我們先來看看 getTag 是怎麼實作的:

```
const toString = Object.prototype.toString

/**
 * Gets the `toStringTag` of `value`.
 *
 * @private
 * @param {*} value The value to query.
 * @returns {string} Returns the `toStringTag`.
 */
```

3.5 淺層複製與深層複製

```
function getTag(value) {
  if (value == null) {
    return value === undefined ? '[object Undefined]' : '[object Null]'
  }
  return toString.call(value)
}
```

如果是 undefined 或是 null，那就會回傳上面的兩個字串，否則直接呼叫了 Object.prototype.toString，運用它的回傳結果當作 tag，再來我們看看 initCloneByTag：

```
/** `Object#toString` result references. */
const argsTag = '[object Arguments]'
const arrayTag = '[object Array]'
const boolTag = '[object Boolean]'
const dateTag = '[object Date]'
const errorTag = '[object Error]'
const mapTag = '[object Map]'
const numberTag = '[object Number]'
const objectTag = '[object Object]'
const regexpTag = '[object RegExp]'
const setTag = '[object Set]'
const stringTag = '[object String]'
const symbolTag = '[object Symbol]'
const weakMapTag = '[object WeakMap]'

const arrayBufferTag = '[object ArrayBuffer]'
const dataViewTag = '[object DataView]'
const float32Tag = '[object Float32Array]'
const float64Tag = '[object Float64Array]'
const int8Tag = '[object Int8Array]'
const int16Tag = '[object Int16Array]'
const int32Tag = '[object Int32Array]'
const uint8Tag = '[object Uint8Array]'
const uint8ClampedTag = '[object Uint8ClampedArray]'
const uint16Tag = '[object Uint16Array]'
const uint32Tag = '[object Uint32Array]'

/**
```

```
 * Initializes an object clone based on its `toStringTag`.
 *
 * **Note:** This function only supports cloning values with tags of
 * `Boolean`, `Date`, `Error`, `Map`, `Number`, `RegExp`, `Set`, or `String`.
 *
 * @private
 * @param {Object} object The object to clone.
 * @param {string} tag The `toStringTag` of the object to clone.
 * @param {boolean} [isDeep] Specify a deep clone.
 * @returns {Object} Returns the initialized clone.
 */
function initCloneByTag(object, tag, isDeep) {
  const Ctor = object.constructor
  switch (tag) {
    case arrayBufferTag:
      return cloneArrayBuffer(object)

    case boolTag:
    case dateTag:
      return new Ctor(+object)


    case dataViewTag:
      return cloneDataView(object, isDeep)

    case float32Tag: case float64Tag:
    case int8Tag: case int16Tag: case int32Tag:
    case uint8Tag: case uint8ClampedTag: case uint16Tag: case uint32Tag:
      return cloneTypedArray(object, isDeep)

    case mapTag:
      return new Ctor

    case numberTag:
    case stringTag:
      return new Ctor(object)

    case regexpTag:
      return cloneRegExp(object)
```

```
    case setTag:
      return new Ctor

    case symbolTag:
      return cloneSymbol(object)
  }
}
```

這就是為什麼我說要實作一個完整的深層複製，需要很多心力。看到這一大堆判斷的程式碼以及考慮到的資料型別，就能知道我們剛剛實作的陽春版，是真的很陽春，很多資料型別都沒有考慮進去。

使用這種很多人用的第三方 library 的好處之一就是這樣，已經幫你考慮到了各種狀況，就算沒有考慮到，也很有可能會有其他人發 Issue 或是 PR，之後就會新增上去。

接著我們再來看第三個段落：

```
function baseClone(value, bitmask, customizer, key, object, stack) {
  // 以上省略
  // Check for circular references and return its corresponding clone.
  stack || (stack = new Stack)
  const stacked = stack.get(value)
  if (stacked) {
    return stacked
  }
  stack.set(value, result)

  if (tag === mapTag) {
    value.forEach((subValue, key) => {
      result.set(key, baseClone(subValue, bitmask, customizer, key, value, stack))
    })
    return result
  }

  if (tag === setTag) {
    value.forEach((subValue) => {
```

3　物件與有趣的 prototype

```
      result.add(baseClone(subValue, bitmask, customizer, subValue, value, stack))
    })
    return result
  }

  if (isTypedArray(value)) {
    return result
  }
  // 以下省略
}
```

在這個段落中，實現了我們剛剛也有做過的檢查，那就是發現了複製過的物件，就直接回傳。而註解也有寫說是為了 circular references 而做的。話說這邊的 stack 跟我們所熟知的可以 push 跟 pop 的資料結構 Stack 是不同的，這邊的 stack 其實比較像是我們之前用的 Map，只有 set、has 跟 get 可以用。

除了檢查 reference 以外，也有針對 Map、Set 以及 TypedArray 這三種情況做了特別處理。

接著來看看第四段，也是最後一段：

```
function baseClone(value, bitmask, customizer, key, object, stack) {
  // 以上省略
  const keysFunc = isFull
    ? (isFlat ? getAllKeysIn : getAllKeys)
    : (isFlat ? keysIn : keys)

  const props = isArr ? undefined : keysFunc(value)
  arrayEach(props || value, (subValue, key) => {
    if (props) {
      key = subValue
      subValue = value[key]
    }
    // Recursively populate clone (susceptible to call stack limits).
    assignValue(result, key, baseClone(subValue, bitmask, customizer, key, value, stack))
  })
```

3-88

```
    return result
}
```

這一段其實就是我們前面寫的 for in 加上遞迴的複雜版，這邊一樣會把所有的 key 取出來，然後遞迴呼叫 baseClone，來實作出深層複製的效果。

以上就是 lodash 的深層複製實作，可以看出最花費時間也最細節的地方就在於要處理許多不同的資料型別，畢竟每一種的複製方式都可能有所不同。

話說，前面我有講過深層複製除了 JSON 以外有三個選項，第一個是使用 lodash 這種套件，第二個是自己做，而第三個之前賣了關子，現在來揭曉答案了。

第三個是使用最新的內建深層複製方法：structuredClone。

內建的深層複製 structuredClone

其實在瀏覽器中，原本就會需要用到 deep copy 的功能，例如說 window.postMessage，可以發送一個物件給其他的 window，所以瀏覽器就必須複製這個物件，並且傳送到目的地去。

因此，我們也可以利用這個機制來實作出深層複製：

```
const obj = {
  inner: {
    a: 1
  }
}

const {port1, port2} = new MessageChannel();
port2.onmessage = event => {
  console.log(event.data) // {inner: {a: 1}}
  event.data.inner.a = 2 // 修改複製後的物件
  console.log(obj.inner.a) // 1，原本的物件不會變
};
port1.postMessage(obj);
```

3 物件與有趣的 prototype

雖然以前就有這個機制，但是瀏覽器並沒有把這個複製的功能直接開放出來。

從 2015 年開始，就有人在討論是不是應該把這個功能開放出來變成一個獨立的 API，讓開發者們可以使用，而 2016 年之後這個討論轉移至 HTML 規格的 GitHub repo 上 [18]，直到 2018 年才有人發了 pull request 去修改 HTML 規格 [19]，並且在 2021 年正式 merge，而瀏覽器的支援也差不多是從 2021 年開始的。

根據 GitHub 上的討論，會叫做 structuredClone 而不是 deepClone，是因為 structure 這個名稱很明顯指出了哪些東西會被複製，只有資料結構本身會被複製，而物件的 method 不會被複製，聽了這個理由之後覺得名字取得其實滿不錯的。

因此，現在的主流瀏覽器都支援 structuredClone 了，在 CanIUse 網站上標註的全球支援度為 93%，還算是不錯。而 structuredClone 的用法也非常簡單，並且支援很多種類型：

```
const obj = {
  date: new Date(),
  regexp: /abc/,
  set: new Set([1,2,3]),
  nested: {
    a: 1
  }
}

const obj2 = structuredClone(obj)
```

如果專案支援的瀏覽器已經是比較新的版本了，那就可以大膽地拋開之前用的第三方套件或是 JSON.stringify，換成這個更完整的 structuredClone，如果還需要支援舊的瀏覽器的話，那可能要再等等了。

---

18 https://github.com/whatwg/html/issues/793

19 https://github.com/whatwg/html/pull/3414

3.5 淺層複製與深層複製

話說，你有沒有想過 structuredClone 大概是怎麼實作的？先說說我的想法，我一開始看到 structuredClone 的時候，會認為內部的實作大概跟其他 deep clone 差不多吧，就是遞迴去複製一個物件，像是 lodash 那種感覺，畢竟以前看到的 deep clone 也都是那樣做的。

那到底是不是呢？讓我們直接來看看原始碼吧！

由於瀏覽器實作這些 structuredClone 的程式碼都會是 C++ 或其他 JavaScript 以外的語言，因此我們先從簡單的開始，來看一下 structuredClone 的 polyfill 是怎麼實現的。

core-js 是一個專門實作 polyfill 的 library，裡面包含了許多的 polyfill，而 structuredClone 當然也是其中一個，我們先來看看它的實作[20]：

```
// `structuredClone` method
// https://html.spec.whatwg.org/multipage/structured-data.html#dom-structuredclone
$({ global: true, enumerable: true, sham: !PROPER_STRUCTURED_CLONE_TRANSFER, forced: FORCED_REPLACEMENT }, {
  structuredClone: function structuredClone(value /* , { transfer } */) {
    var options = validateArgumentsLength(arguments.length, 1) > 1 && !isNullOrUndefined(arguments[1]) ? anObject(arguments[1]) : undefined;
    var transfer = options ? options.transfer : undefined;
    var map, buffers;

    if (transfer !== undefined) {
      map = new Map();
      buffers = tryToTransfer(transfer, map);
    }

    var clone = structuredCloneInternal(value, map);

    // since of an issue with cloning views of transferred buffers, we a forced to detach them later
    // https://github.com/zloirock/core-js/issues/1265
```

---

[20] https://github.com/zloirock/core-js/blob/v3.36.0/packages/core-js/modules/web.structured-clone.js

3 物件與有趣的 prototype

```
    if (buffers) detachBuffers(buffers);

    return clone;
  }
});
```

可以看到這裡只是呼叫了 structuredCloneInternal 這個方法去執行真的複製過程，接著來看一下這個方法，因為程式碼很長，所以我一樣會稍微截斷，讓大家看整體的架構跟做法，而不是各種細節。

由於截斷了還是很長，因此一樣是分段看，先來看第一段：

```
var structuredCloneInternal = function (value, map) {
  if (isSymbol(value)) throwUncloneable('Symbol');
  if (!isObject(value)) return value;
  // effectively preserves circular references
  if (map) {
    if (mapHas(map, value)) return mapGet(map, value);
  } else map = new Map();

  var type = classof(value);
  var C, name, cloned, dataTransfer, i, length, keys, key;
  // …
}
```

第一段其實看不出太多東西，前半段就是型態的檢查，如果是 Symbol 那不能複製，不是物件的話直接回傳，後半段就是檢查循環引用；接著來看第二段：

```
var structuredCloneInternal = function (value, map) {

  switch (type) {
    case 'Array':
      cloned = Array(lengthOfArrayLike(value));
      break;
    case 'Object':
      cloned = {};
      break;
    case 'Map':
      cloned = new Map();
```

3.5 淺層複製與深層複製

```
      break;
    case 'Set':
      cloned = new Set();
      break;
    case 'RegExp':
      // in this block because of a Safari 14.1 bug
      // old FF does not clone regexes passed to the constructor, so get the source and
flags directly
      cloned = new RegExp(value.source, getRegExpFlags(value));
      break;
    case 'Error':
      name = value.name;
      switch (name) {
        case 'AggregateError':
          cloned = new (getBuiltIn(name))([]);
          break;
        case 'EvalError':
        case 'RangeError':
        case 'ReferenceError':
        case 'SuppressedError':
        case 'SyntaxError':
        case 'TypeError':
        case 'URIError':
          cloned = new (getBuiltIn(name))();
          break;
        case 'CompileError':
        case 'LinkError':
        case 'RuntimeError':
          cloned = new (getBuiltIn('WebAssembly', name))();
          break;
        default:
          cloned = new Error();
      }
      break;
    case 'DOMException':
      cloned = new DOMException(value.message, value.name);
      break;
    case 'ArrayBuffer':
    case 'SharedArrayBuffer':
```

3-93

```javascript
      cloned = cloneBuffer(value, map, type);
      break;
    case 'DataView':
    case 'Int8Array':
    case 'Uint8Array':
    case 'Uint8ClampedArray':
    case 'Int16Array':
    case 'Uint16Array':
    case 'Int32Array':
    case 'Uint32Array':
    case 'Float16Array':
    case 'Float32Array':
    case 'Float64Array':
    case 'BigInt64Array':
    case 'BigUint64Array':
      length = type === 'DataView' ? value.byteLength : value.length;
      cloned = cloneView(value, type, value.byteOffset, length, map);
      break;
    case 'DOMQuad':
      // ...
    case 'File':
      // ...
    case 'FileList':
      // ...
    case 'ImageData':
      // ...
    default:
      if (nativeRestrictedStructuredClone) {
        cloned = nativeRestrictedStructuredClone(value);
      } else switch (type) {
        case 'BigInt':
          // can be a 3rd party polyfill
          cloned = Object(value.valueOf());
          break;
        case 'Boolean':
          cloned = Object(thisBooleanValue(value));
          break;
        case 'Number':
          cloned = Object(thisNumberValue(value));
```

```
            break;
          case 'String':
            cloned = Object(thisStringValue(value));
            break;
          case 'Date':
            cloned = new Date(thisTimeValue(value));
            break;
          case 'Blob':
            // ...
          case 'DOMPoint':
          case 'DOMPointReadOnly':
            // ...
          case 'DOMRect':
          case 'DOMRectReadOnly':
            // ...
          case 'DOMMatrix':
          case 'DOMMatrixReadOnly':
            // ...
          case 'AudioData':
          case 'VideoFrame':
            // ...
          case 'CropTarget':
          case 'CryptoKey':
          case 'FileSystemDirectoryHandle':
          case 'FileSystemFileHandle':
          case 'FileSystemHandle':
          case 'GPUCompilationInfo':
          case 'GPUCompilationMessage':
          case 'ImageBitmap':
          case 'RTCCertificate':
          case 'WebAssembly.Module':
            throwUnpolyfillable(type);
            // break omitted
          default:
            throwUncloneable(type);
        }
      }
    }
    // ...
  }
```

3 物件與有趣的 prototype

可以看到一樣是考慮到了許多類型，每一種不同的資料型別的複製實作都有可能不同。最後我們來看第三段：

```
var structuredCloneInternal = function (value, map) {
  // ...

  mapSet(map, value, cloned);

  switch (type) {
    case 'Array':
    case 'Object':
      keys = objectKeys(value);
      for (i = 0, length = lengthOfArrayLike(keys); i < length; i++) {
        key = keys[i];
        createProperty(cloned, key, structuredCloneInternal(value[key], map));
      } break;
    case 'Map':
      value.forEach(function (v, k) {
        mapSet(cloned, structuredCloneInternal(k, map), structuredCloneInternal(v, map));
      });
      break;
    case 'Set':
      value.forEach(function (v) {
        setAdd(cloned, structuredCloneInternal(v, map));
      });
      break;
    case 'Error':
      // ...
    case 'DOMException':
      if (ERROR_STACK_INSTALLABLE) {
        createNonEnumerableProperty(cloned, 'stack', structuredCloneInternal(value.stack, map));
      }
  }

  return cloned;
};
```

這三段看下來，其實做法很明顯跟 lodash 的 cloneDeep 非常類似，都是考慮到了各種型別該如何複製，接著遞迴呼叫，把每一個屬性都照同樣的方法去複製，就可以做出深度複製的效果。

看一個還不夠，我們來看另一個專門實作 structuredClone 的 polyfill[21]：

```javascript
import {deserialize} from './deserialize.js';
import {serialize} from './serialize.js';

/**
 * @typedef {Array<string,any>} Record a type representation
 */

/**
 * Returns an array of serialized Records.
 * @param {any} any a serializable value.
 * @param {{transfer?: any[], json?: boolean, lossy?: boolean}?} options an object with
 * a transfer option (ignored when polyfilled) and/or non standard fields that
 * fallback to the polyfill if present.
 * @returns {Record[]}
 */
export default typeof structuredClone === "function" ?
  /* c8 ignore start */
  (any, options) => (
    options && ('json' in options || 'lossy' in options) ?
      deserialize(serialize(any, options)) : structuredClone(any)
  ) :
  (any, options) => deserialize(serialize(any, options));
  /* c8 ignore stop */

export {deserialize, serialize};
```

很明顯可以看出這個實作就跟剛剛看到的 core-js 的實作不同，它是先 serialize 以後再 deserialize，這個就像是 JSON.parse(JSON.stringify()) 一樣，同樣都是先序列化以後再反序列化，跟 JSON 那招的原理是一樣的。

---

21 https://github.com/ungap/structured-clone/blob/v1.2.0/esm/index.js

3 物件與有趣的 prototype

接著我們來看看序列化是怎麼做的，中文部分是我的註解：

```
// 底下這段在另外一個檔案 types.js，為了方便閱讀直接複製進來
export const VOID      = -1;
export const PRIMITIVE = 0;
export const ARRAY     = 1;
export const OBJECT    = 2;
export const DATE      = 3;
export const REGEXP    = 4;
export const MAP       = 5;
export const SET       = 6;
export const ERROR     = 7;
export const BIGINT    = 8;

// 這邊才是序列化相關的函式
const serializer = (strict, json, $, _) => {
  const as = (out, value) => {
    const index = _.push(out) - 1;
    $.set(value, index);
    return index;
  };

  // 這個是實際執行序列化的函式
  const pair = value => {

    // 這邊一樣在檢查是不是複製過
    if ($.has(value))
      return $.get(value);

    // 底下根據不同的 type 去考慮怎麼序列化
    let [TYPE, type] = typeOf(value);
    switch (TYPE) {
      case PRIMITIVE: {
        let entry = value;
        switch (type) {
          case 'bigint':
            TYPE = BIGINT;
            entry = value.toString();
            break;
          case 'function':
```

3-98

3.5 淺層複製與深層複製

```
      case 'symbol':
        if (strict)
          throw new TypeError('unable to serialize ' + type);
        entry = null;
        break;
      case 'undefined':
        return as([VOID], value);
    }
    return as([TYPE, entry], value);
  }
  case ARRAY: {
    if (type)
      return as([type, [...value]], value);

    const arr = [];
    const index = as([TYPE, arr], value);
    for (const entry of value)
      arr.push(pair(entry));
    return index;
  }
  case OBJECT: {
    if (type) {
      switch (type) {
        case 'BigInt':
          return as([type, value.toString()], value);
        case 'Boolean':
        case 'Number':
        case 'String':
          return as([type, value.valueOf()], value);
      }
    }

    if (json && ('toJSON' in value))
      return pair(value.toJSON());

    // 一樣是針對每個 key，遞迴去做序列化
    const entries = [];
    const index = as([TYPE, entries], value);
    for (const key of keys(value)) {
```

3-99

```
          if (strict || !shouldSkip(typeOf(value[key])))
            entries.push([pair(key), pair(value[key])]);
        }
        return index;
      }
      case DATE:
        return as([TYPE, value.toISOString()], value);
      case REGEXP: {
        const {source, flags} = value;
        return as([TYPE, {source, flags}], value);
      }
      case MAP: {
        const entries = [];
        const index = as([TYPE, entries], value);
        for (const [key, entry] of value) {
          if (strict || !(shouldSkip(typeOf(key)) || shouldSkip(typeOf(entry))))
            entries.push([pair(key), pair(entry)]);
        }
        return index;
      }
      case SET: {
        const entries = [];
        const index = as([TYPE, entries], value);
        for (const entry of value) {
          if (strict || !shouldSkip(typeOf(entry)))
            entries.push(pair(entry));
        }
        return index;
      }
    }

    const {message} = value;
    return as([TYPE, {name: type, message}], value);
  };

  return pair;
};
```

3.5 淺層複製與深層複製

```
// 對外是 export 這個函式，會去呼叫序列化的實作
export const serialize = (value, {json, lossy} = {}) => {
  const _ = [];
  return serializer(!(json || lossy), !!json, new Map, _)(value), _;
};
```

其實無論是序列化或是直接複製，結構都很類似，都是根據不同的 type 去處理，然後針對巢狀的物件去做遞迴。唯一的差別是複製就直接複製了，而序列化則是會把原始物件轉化成另一種形式。例如說 JSON.stringify 就是把物件變成一個字串，而在這個 polyfill 的實作中，轉換後的結果會是一個陣列：

```
const obj = {
  a: 1,
  b: null,
  c: [1,2,3],
  d: new Date(),
  e: /regexp/
}
console.log(serialize(obj))
/*
[
  [ 2, [ [1,2],[3,4],[5,6],[9,10],[11,12] ] ],
  [ 0, 'a' ],
  [ 0, 1 ],
  [ 0, 'b' ],
  [ 0, null ],
  [ 0, 'c' ],
  [ 1, [ 2, 7, 8 ] ],
  [ 0, 2 ],
  [ 0, 3 ],
  [ 0, 'd' ],
  [ 3, '2024-03-02T02:02:51.858Z' ],
  [ 0, 'e' ],
  [ 4, { source: 'regexp', flags: '' } ]
]
*/
```

3　物件與有趣的 prototype

其實序列化說穿了就是「把原始物件按照規則，轉成另一個容易傳輸的格式」，像這個轉出來的結果雖然是陣列，但基本上都是原始型別或是純粹的物件，要轉成字串是很容易的。

而反序列化的程式碼也很簡單，就是原本怎麼轉過去，現在就反著做把它轉回來：

```js
const deserializer = ($, _) => {
  const as = (out, index) => {
    $.set(index, out);
    return out;
  };

  const unpair = index => {
    if ($.has(index))
      return $.get(index);

    const [type, value] = _[index];
    switch (type) {
      case PRIMITIVE:
      case VOID:
        return as(value, index);
      case ARRAY: {
        const arr = as([], index);
        for (const index of value)
          arr.push(unpair(index));
        return arr;
      }
      case OBJECT: {
        const object = as({}, index);
        for (const [key, index] of value)
          object[unpair(key)] = unpair(index);
        return object;
      }
      case DATE:
        return as(new Date(value), index);
      case REGEXP: {
        const {source, flags} = value;
        return as(new RegExp(source, flags), index);
```

3.5 淺層複製與深層複製

```
      }
      case MAP: {
        const map = as(new Map, index);
        for (const [key, index] of value)
          map.set(unpair(key), unpair(index));
        return map;
      }
      case SET: {
        const set = as(new Set, index);
        for (const index of value)
          set.add(unpair(index));
        return set;
      }
      case ERROR: {
        const {name, message} = value;
        return as(new env[name](message), index);
      }
      case BIGINT:
        return as(BigInt(value), index);
      case 'BigInt':
        return as(Object(BigInt(value)), index);
    }
    return as(new env[type](value), index);
  };

  return unpair;
};

/**
 * @typedef {Array<string,any>} Record a type representation
 */

/**
 * Returns a deserialized value from a serialized array of Records.
 * @param {Record[]} serialized a previously serialized value.
 * @returns {any}
 */
export const deserialize = serialized => deserializer(new Map, serialized)(0);
```

3-103

3 物件與有趣的 prototype

程式碼如果沒有看得很懂沒關係，這是正常的。在看程式碼的時候，先抓主要結構以及先有一點感覺就行了，只要大概知道是怎麼做的就是一種進步了。那些細節可以先忽略掉，等待日後再回來看。

看完了這兩種 polyfill 的實作後，很明顯可以看出來兩個的方向不一樣，core-js 的是像原本 lodash 的那種，而剛剛看的是像 JSON 的那種，那到底 structuredClone 正確的實作是怎樣呢？

碰到這個問題時，去讀 spec 就對了！

structuredClone 並不是 JavaScript 語言的一部分，而是屬於 HTML 相關的標準，因此會在 HTML 的規格裡面 [22]，在規格的描述中，也是先序列化以後再反序列化。

最後，我們來看一下瀏覽器的實作是怎麼樣的，稍微看一下結構就好，不用看到細節。先來看 Chromium 的實作 [23]：

```
// Copyright 2018 the V8 project authors. All rights reserved.
// Use of this source code is governed by a BSD-style license that can be
// found in the LICENSE file.
ScriptValue WindowOrWorkerGlobalScope::structuredClone(
    ScriptState* script_state,
    const ScriptValue& message,
    const StructuredSerializeOptions* options,
    ExceptionState& exception_state) {
  if (!script_state->ContextIsValid()) {
    return ScriptValue();
  }
  ScriptState::Scope scope(script_state);
  v8::Isolate* isolate = script_state->GetIsolate();
```

---

22 https://html.spec.whatwg.org/multipage/structured-data.html#dom-structuredclone

23 https://source.chromium.org/chromium/chromium/src/+/refs/tags/124.0.6323.0:third_party/blink/renderer/core/frame/window_or_worker_global_scope.cc;l=120

3.5 淺層複製與深層複製

```
Transferables transferables;
// 重點在這行，一樣是序列化
scoped_refptr<SerializedScriptValue> serialized_message =
    PostMessageHelper::SerializeMessageByMove(isolate, message, options,
                                              transferables, exception_state);

if (exception_state.HadException()) {
  return ScriptValue();
}

DCHECK(serialized_message);

auto ports = MessagePort::DisentanglePorts(
    ExecutionContext::From(script_state), transferables.message_ports,
    exception_state);
if (exception_state.HadException()) {
  return ScriptValue();
}

UnpackedSerializedScriptValue* unpacked =
    SerializedScriptValue::Unpack(std::move(serialized_message));
DCHECK(unpacked);

SerializedScriptValue::DeserializeOptions deserialize_options;
deserialize_options.message_ports = MessagePort::EntanglePorts(
    *ExecutionContext::From(script_state), std::move(ports));

return ScriptValue(isolate,
                   unpacked->Deserialize(isolate, deserialize_options));
}
```

只看結構的意思就是去抓程式碼裡的關鍵字，根據 function 名稱來判斷它的流程是如何，很明顯可以看出跟規格應該是差不多的。接著來看看 Safari 背後的引擎 WebKit[24]：

---

[24] https://github.com/WebKit/WebKit/blob/safari-7617.2.4.13-branch/Source/WebCore/page/WindowOrWorkerGlobalScope.cpp#L51

3 物件與有趣的 prototype

```
/*
*Copyright(C)2021 Apple Inc.All rights reserved.
*
*Redistribution and use in source and binary forms,with or without
*modification,are permitted provided that the following conditions
*are met:
*1.Redistributions of source code must retain the above copyright
*notice,this list of conditions and the following disclaimer.
*2.Redistributions in binary form must reproduce the above copyright
*notice,this list of conditions and the following disclaimer in the
*documentation and/or other materials provided with the distribution.
*
*THIS SOFTWARE IS PROVIDED BY APPLE INC.AND ITS CONTRIBUTORS ``AS IS''
*AND ANY EXPRESS OR IMPLIED WARRANTIES,INCLUDING,BUT NOT LIMITED TO,
*THE IMPLIED WARRANTIES OF MERCHANTABILITY AND FITNESS FOR A PARTICULAR
*PURPOSE ARE DISCLAIMED.IN NO EVENT SHALL APPLE INC.OR ITS CONTRIBUTORS
*BE LIABLE FOR ANY DIRECT,INDIRECT,INCIDENTAL,SPECIAL,EXEMPLARY,OR
*CONSEQUENTIAL DAMAGES(INCLUDING,BUT NOT LIMITED TO,PROCUREMENT OF
*SUBSTITUTE GOODS OR SERVICES;LOSS OF USE,DATA,OR PROFITS;OR BUSINESS
*INTERRUPTION)HOWEVER CAUSED AND ON ANY THEORY OF LIABILITY,WHETHER IN
*CONTRACT,STRICT LIABILITY,OR TORT(INCLUDING NEGLIGENCE OR OTHERWISE)
*ARISING IN ANY WAY OUT OF THE USE OF THIS SOFTWARE,EVEN IF ADVISED OF
*THE POSSIBILITY OF SUCH DAMAGE.
*/
ExceptionOr<JSC::JSValue> WindowOrWorkerGlobalScope::structuredClone(JSDOMGlobalObje
ct& lexicalGlobalObject, JSDOMGlobalObject& relevantGlobalObject, JSC::JSValue value,
StructuredSerializeOptions&& options)
{
    Vector<RefPtr<MessagePort>> ports;
    auto messageData = SerializedScriptValue::create(lexicalGlobalObject, value,
WTFMove(options.transfer), ports, SerializationForStorage::No, SerializationContext::W
indowPostMessage);
    if (messageData.hasException())
        return messageData.releaseException();

    auto disentangledPorts = MessagePort::disentanglePorts(WTFMove(ports));
    if (disentangledPorts.hasException())
        return disentangledPorts.releaseException();

    Vector<RefPtr<MessagePort>> entangledPorts;
```

3.5 淺層複製與深層複製

```
    if (auto* scriptExecutionContext = relevantGlobalObject.scriptExecutionContext())
        entangledPorts = MessagePort::entanglePorts(*scriptExecutionContext,
disentangledPorts.releaseReturnValue());

    return messageData.returnValue()->deserialize(lexicalGlobalObject,
&relevantGlobalObject, WTFMove(entangledPorts));
}
```

同樣可以看到關鍵字 serialize 跟 deserialize，可以推測背後的邏輯應該也是類似的。至於 Firefox 背後使用的 JavaScript 引擎 SpiderMonkey，這邊就不附上原始碼了，留給有興趣的讀者自己去搜尋相關的程式碼。

像是這種序列化之後再反序列化的做法，比起 lodash 那種直接複製的做法有一種好處，那就是序列化完的資料是可以傳輸的，也就是說，你甚至可以把序列化完的資料存在資料庫或是發送給 server，在 server 端還原，這個複製的行為不僅限於前端。

舉例來說，有很多 global 的狀態管理工具都會有個「time travel debugging」的功能，稱之為時空旅行，它能夠儲存每一次的狀態變更以及改動，讓你可以透過 debug tool 回到之前任何一個狀態。

如果我們可以把狀態序列化，例如說把 Date、RegExp 那些也都序列化成字串，那這個 time travel debugging 就是可以跨端的，例如說把狀態存在資料庫，甚至可以有個後台統一觀看所有 session 的紀錄，並且重新播放。

不過遺憾的是目前似乎沒有可以直接把物件序列化成字串的方法（只有 JSON.stringify，但許多物件不支援），雖然 structuredClone 內部其實是有的，但並沒有對外開放，因此使用起來就跟 lodash 的 cloneDeep 一樣，只能產生一個複製好的新物件。

但如果執行環境是 Node.js 的話，可以運用 v8 開放出來的 API，做到剛剛講的事情：

```
const v8 = require('v8')

const obj = {
```

3-107

3 物件與有趣的 prototype

```
  a: 1,
  b: null,
  c: 1n,
  d: new Date(),
  e: /regexp/
}

// 用 v8 提供的序列化，結果會是 buffer
const output = v8.serialize(obj)
console.log(output)
// <Buffer ff 0f 6f 22 01 61 49 02 22 01 62 30 22 01 63 5a 10 01 00 00 00 00 00 00 00 22
01 64 44 00 60 23 01 d4 df 78 42 22 01 65 52 22 06 72 65 67 65 78 70 00 ... 2 more
bytes>

// 可以轉成字串，但會看起來像亂碼，因為沒什麼意義
console.log(output.toString())
// 1o"aI"b0"cZ"dDPq234xB"eR"regexp{

// 傳輸之後再轉回來
console.log(v8.deserialize(output))
// { a: 1, b: null, c: 1n, d: 2024-03-02T03:40:51.126Z, e: /regexp/ }
```

小結

圍繞著「物件」這個核心主題，我們用了一整個章節來講述物件的各種特性。

從物件導向開始，慢慢去理解聽起來艱澀的「原型鏈」到底是怎麼一回事，說穿了其實就是物件之間類似繼承的關係，運作方式類似於 scope，找不到就往上層找；找的地方叫做原型，找的方式一層一層串起來，就叫做鏈，合在一起就叫做 prototype chain，也就是原型鏈。

理解了原型鏈以後，就會知道為什麼物件明明是空的，卻有 toString 可以用，因為 toString 存在於 Object.prototype 上面，因此可以被所有的物件存取到。除此之外，也大概能理解當你在做 new Something() 的時候，背後到底做了什麼，

小結

去呼叫了哪些方法。

接著我們看到了以原型鏈為基礎的特殊攻擊手法：prototype pollution，藉由污染原型鏈上的屬性，去改變程式的執行流程，藉此創造出攻擊的機會。在談論網頁相關的資訊安全議題時，最常被提及的是 XSS，而 prototype pollution 出場的機會則比較少，我認為主要原因是開發者對這個攻擊的認識沒這麼多，所以就不會特別去談它。

不過，我認為這是一個重要的議題，而且對我們理解物件的運作方式也很有幫助，因此花了不少的篇幅在講攻擊的原理、手法、實際案例以及防範方式。

再來我們探討了被討論過許多次的議題：call by value 與 call by reference，並且嘗試從別的角度切入，去討論這個議題。這個角度就是：「先了解機制，有空再去思考名詞」，畢竟機制本身才是重要的，而非名詞，理解了機制以後，就能夠知道是怎麼運作的，至少可以避免寫出類似的 bug。但如果只知道名詞而不知道機制，那問題就大了。

看完了求值策略的討論後，我們探討了更深入的物件屬性，除了原本大家關心的 value 以外，其實還有像 enumerable 或 writable 這類型的屬性，讓物件的屬性可以設置得更加細緻。而最重要的是透過 getter 與 setter，可以去攔截特定屬性的存取，並且做出反應。

但如果想做的是這種物件代理的話，Proxy 是個更適合的選擇，因此我們從 Vue3 reactive 的角度去介紹 Proxy，稍微看了一下 Vue3 的原始碼，知道它是怎麼利用 Proxy 來達成物件的攔截以及代理，並且利用這個機制來做出 reactive 的機制。除了 Vue 以外，也看了 Next.js 對於 Proxy 的一些用法，學習到了 Proxy 在實際工作上的用途。

最後，談到了物件的深層複製以及淺層複製，學到了不同的複製方法，並且嘗試自己寫了一個陽春版的，才能知道在複製物件時，到底會碰到哪一些問題，例如說循環引用等等。

3 物件與有趣的 prototype

　　與此同時，也去看了 lodash 的實作，從知名套件的原始碼中學習到了一些用法，增廣見聞。最後的最後也介紹到了新的複製方式：structuredClone，除了介紹用法以外，也去看了兩個不同 polyfill 的實作以及瀏覽器 Chromium 及 WebKit 的實作，並從規格去理解 structuredClone 背後到底做了哪些事情。

　　以上就是與物件相關的所有內容，應該已經涵蓋大多數常見的狀況以及重要的原理，希望大家閱讀完以後，有覺得自己又更瞭解了物件一些。

4

從 scope、closure 與 this 談底層運作

　　在面試的時候，scope、closure、hoisting 以及 this 都是很經典的問題，一定很多人被問過，網路上也有一堆文章在講解這些機制，但我相信一定許多讀者們都好奇過，到底學這些要幹嘛？有什麼用處？如果只是為了面試的話，是不是就跟以前考試背書差不多？

4 從 scope、closure 與 this 談底層運作

在這個章節中，我會談到上面提的各種經典議題，並且希望能跟讀者一起探索這些知識在日常開發中有哪些用途。就跟之前談到資料型別的時候一樣，有些知識是重要的，有些沒這麼重要，在這個章節中也會承襲之前的作法，盡可能把多一點心力放在重要的知識上，而不是那些不重要的。

4.1 JavaScript 如何解析變數？談談 scope

Scope 通常被翻譯為作用域或是範疇，對我來說其實把兩者加起來更為精確，也就是：「作用範圍」，換言之，scope 就是某個變數有作用的範圍，超出了這個範圍就存取不到這個變數了。

在 JavaScript 裡面，基本上有四種方式可以建立一個新的變數。

第一種是大家應該都耳熟能詳的 var，用它建立的 scope 會是以 function 為單位，只存在於 function 裡面，超出 function 就存取不到了：

```
function test(){
  var a = 1
  console.log(a)
}
console.log(a) // Uncaught ReferenceError: a is not defined
```

而第二以及第三種是 let 跟 const，是從 ES6 以後才新增的方式，用這兩種建立出來的變數，scope 會是 block，也就是 {}，如下所示：

```
if (true) {
  let a = 1
  console.log(a)
}

console.log(a) // Uncaught ReferenceError: a is not defined
```

只要超出了最近的 block，變數就超出了範圍，會沒辦法存取到。

4.1 JavaScript 如何解析變數？談談 scope

而最後一種是什麼都不加，就會變成全域變數，是需要盡量避免的作法：

```
if (true) {
  a = 1
  console.log(a) // 1
}
console.log(a) // 1
```

JavaScript 在解析變數時的行為跟之前提過的 prototype chain 類似，都是一層一層解析的，例如說以底下程式碼為例：

```
function test() {
  let a = 10;
  if (true) {
     console.log(a)   // a
  }
}

test()
```

在 if 的那個區塊中，並沒有名稱是 a 的變數，因此 JavaScript 就往上一層找，也就是 test 函式，在這個函式裡面存在 a，所以就會解析為這個變數。就像 prototype 會構成 prototype chain 一樣，scope 也會構成 scope chain，而 JavaScript 就沿著這一條鏈不斷往上找，直到找到（解析成功）或是找不到（解析失敗，拋出 ReferenceError）為止。

在談到 scope 的解析時，其實不同程式語言會有不同的方式，最常見的就是像 JavaScript 這種，它的 scope 是「靜態的」，代表說它不會變，是跟程式碼的結構有關，例如說底下的例子：

```
var x = 10;

function fn1() {
  var x = 20;
  log();
}
```

4 從 scope、closure 與 this 談底層運作

```
function fn2() {
  log();
}

function log() {
  console.log(`x: ${x}`);
}

fn1();
fn2();
```

在這個範例中我們有兩個函式 fn1 與 fn2，fn1 會先宣告一個變數 x，然後呼叫 log，而 fn2 則是直接呼叫 log。在 log 中印出 x 的值，不論是用 fn1 還是 fn2 呼叫，最後印出來的值都會是 10，因為在 JavaScript 中，變數的解析只看程式碼結構，不看是誰呼叫的。

儘管我們在呼叫 log 前宣告了一個變數 x = 20，在 log 中也不會用到那個變數，因為 log 的 scope 就是 log 自己跟上一層（global），與呼叫它的函式無關。

接著我們再看一段相同功能的程式碼，只是這次是用 bash 改寫：

```
#!/bin/bash

x=10

fn1() {
  local x=20
  log
}

fn2() {
  log
}

log() {
  echo "x: $x"
}
```

```
fn1
fn2
```

　　在 bash 中就不同了，因為 bash 支援動態的 scope，意思就是 scope 的解析會跟「是誰呼叫它」有關，所以 fn1 呼叫 log 的時候，印出的值會是 20，而 fn2 呼叫 log 時，印出的值會是 10，雖然都是同一個 log 函式，但這兩次解析出的 x 是不同的變數，一個是 fn1 裡的變數 x，另一個則是全域變數 x。

　　如果是靜態的 scope，其實在編譯的時候就能知道 x 所指涉到的值到底是哪一個變數，但動態 scope 就不同了，一定要在執行的時候才能知道。仔細想想會覺得滿合理的，畢竟都叫動態了，scope 的解析會跟呼叫方式有關，因此一定要真的呼叫才會知道結果。

　　上面的範例也可以換個方式改寫，這次只呼叫一個函式：

```
#!/bin/bash

x=10

fn1() {
  echo "x: $x" # 10
  local x=20
  log
}

log() {
  echo "x: $x" # 20
}

fn1
```

　　一開始先在 fn1 中印出 x，此時的值會是 10，接下來宣告另一個 x 然後呼叫 log，印出的 x 就變成了 20。那如果是 JavaScript 呢？

```
var x = 10;
```

4 從 scope、closure 與 this 談底層運作

```
function fn1() {
  console.log(`x: ${x}`);
  var x = 20;
  log();
}

function log() {
  console.log(`x: ${x}`);
}

fn1();
```

根據我們剛剛的理解，此時第一個印出的 x 應該會是 10，第二個是 20，但如果實際去跑，會發現第一個印出的居然是 undefined！這到底是什麼魔法，怎麼不是 10 也不是 20，居然跑出了個 undefined？

這個行為就是著名的：hoisting。

Hoisting 通常被翻譯為提升或是變數提升，描述的就是剛剛的行為，我們預期 fn1 中的 console.log 會印出全域變數的 x，也就是 10，但最後卻印出 undefined。之所以會被叫做 hositing，是因為我們可以「想像」剛剛那段程式碼在執行時長得像這樣：

```
var x = 10;

function fn1() {
  var x;
  console.log(`x: ${x}`);
  x = 20;
  log();
}

function log() {
  console.log(`x: ${x}`);
}

fn1();
```

4-6

4.1 JavaScript 如何解析變數？談談 scope

原本的 var x = 20; 被拆成兩行，一個是宣告變數，另一個是賦值，而宣告變數那行被「提升」到了 function 的最前面，才導致了 console.log 的輸出是 undefined，因為從頭到尾能存取到的都只有區域變數 x，而不是我們原先預期的全域變數。

之所以會強調「想像」，是因為實際上並不會把你的程式碼拆成兩行並且換位置。

知道了這個神奇的行為以後，不知道你會不會跟我一樣，在心裡浮現出了一個疑問，那就是對於「JavaScript 是直譯式的」的靈魂拷問：「直譯式不是一行一行執行的嗎？」。

從小到大都不斷聽到「JavaScript 是直譯式的」這句話，以及「直譯式就是一行一行執行」，跟 C 語言那種需要編譯的不同，JavaScript 不用編譯，直接跑就行了。

但問題是，如果 JavaScript 真的是直譯式的、一行一行執行的，那在我們執行到 console.log 的時候，為什麼 JavaScript 引擎會知道底下還有一個 var x = 20？如果 JavaScript 不是直譯式的，那難道是從小到大都被騙了嗎？

這個的細節我們留在下一個章節講，先來繼續講解 hoisting。

Hoisting 這個機制給我們的啟示是，假設你在一個 scope 中宣告了變數 x，無論你宣告 x 的時機點是什麼，在這個 scope 中的 x 永遠是同一個，都是你宣告的那個變數。

就如同剛剛看到的範例一樣：

```
var x = 10;

function fn1() {
  console.log(`x: ${x}`); // undefined
  var x = 20;
}

fn1();
```

4 從 scope、closure 與 this 談底層運作

不管這個 var x = 20 是出現在 console.log 之前還是之後，你的那個 x 都不會是第一行的全域變數。

舉一個相反的例子，在 Golang 裡面如果執行相同邏輯的程式碼：

```go
package main
import "fmt"

var x = 10

func fn1() {
  fmt.Printf("x: %d\n", x) // 10
  var x = 20
  fmt.Printf("x: %d\n", x) // 20
}

func main() {
  fn1()
}
```

第一次印出來的 x 會是全域變數 10，第二次才會是區域變數 20，跟我們原本想像的比較類似。

常見的 scope 問題

話說這種「上下層的 scope 有相同名稱的變數，導致存取被覆蓋」的狀況，稱之為 variable shadowing，就好像是有層影子蓋住一樣，讓我們沒辦法存取上一層 scope 的同名變數。

雖然看起來滿合理的，但如果一不注意還是有可能寫出 bug，我們舉一個 Golang 的範例：

```go
func handleUserCreationOrLog(sql *sql.DB, request Request, userInfo UserInfo) error {
    var err error

    if request.IsNewUser {
        user, err := convertUserInfo(&UserInfo{
```

4.1 JavaScript 如何解析變數？談談 scope

```
        UserInfo:   userInfo,
        CreatedAt: time.Now().UTC(),
    })

    if err != nil {
        return err
    }

    query := sql.Query("CREATE_USER_QUERY",
        user.UserID, request.SessionId)
    err = query.Exec()
} else {
    query := sql.Query("CREATE_USER_LOG_QUERY",
        userInfo.UserID, request.SessionId)
    err = query.Exec()
}

if err != nil {
    return err
}

return nil
}
```

先是在函式內宣告了一個 err 的變數，最後會根據 err 是否有值來判斷成功與否，並且回傳。在處理過程中，如果發現是新的 user，就寫入資料庫。

那上面這段程式碼的問題在哪裡呢？

問題在於這一行：「user,err:= convertUserInfo(&UserInfo{」，因為利用了 := 的緣故，在 Golang 代表宣告一個變數並且賦值，而又是在 if 裡，所以建立了一個 local scope 的變數 err。

因此，在 if 區塊裡面有用到 err 的地方，都會被這個變數蓋掉，永遠不會修改到上層的 err，導致就算有錯誤發生，函式最後的檢查也不會成立。由於在 Golang 中是真的很常用 :=，跟一般的 = 比起來也只差一個字元，所以更容易忽略這種錯誤，導致 bug 的產生。

4 從 scope、closure 與 this 談底層運作

而在 JavaScript 中因為宣告變數基本上都會搭配 var 或是 let 等關鍵字,所以寫出這種 bug 的機會並不多。

不過呢,在 JavaScript 中則是有另外一種幾乎每個新手都曾經碰過的狀況:

```
var btn = document.querySelectorAll('button')
for(var i=0; i<=4; i++) {
  btn[i].addEventListener('click', function() {
    alert(i)
  })
}
```

要幫 5 個按鈕加上 click handler,按下按鈕之後個別要輸出 1、2、3、4、5。在 ES6 的 let 出現之前,基本上直覺會寫成這個形式。

但如果實際去測試,會發現每個按鈕按下去以後,都出現了 5,全部都是相同的數字。這是因為你會以為上面的迴圈在做的事情是:

```
btn[0].addEventListener('click', function() {
  alert(0)
})

btn[1].addEventListener('click', function() {
  alert(1)
})
// ...
```

實際上其實是:

```
btn[0].addEventListener('click', function() {
  alert(i)
})

btn[1].addEventListener('click', function() {
  alert(i)
})
// ...
```

4.1 JavaScript 如何解析變數？談談 scope

我們只是加上了一個會跳出 i 的 event handler 而已。而且因為 i 的 scope 是 function，所以每一圈的 i 都是同一個 i，在按下按鈕的時候 i 因為迴圈結束變成了 5，所以每一個按鈕都會跑出 5。

最快的解決方法是把 var 改成 let，就變成每一圈迴圈都會有一個新的 i 出現，類似於這樣：

```
{
  let i=0
  btn[i].addEventListener('click', function() {
    alert(i)
  })
}
{
  let i=1
  btn[i].addEventListener('click', function() {
    alert(i)
  })
}
// ...
```

總之呢，對於 JavaScript 的 scope 來說，只要把握底下幾個重點即可：

1. var 的 scope 是 function，let/const 的 scope 是 block，都沒有的話就是 global

2. scope 是靜態的，只跟程式碼的結構有關

3. 只要在 scope 中有宣告變數，那這個變數從開頭就在了，與執行順序無關

4. 使用迴圈搭配 var 時要特別小心 scope 的問題

4.2 Hoisting 不是重點，理解底層機制才是

在剛剛的章節中有提到以前都會認為 JavaScript 是直譯式一行一行執行的，解析一行執行一行，如果繼續抱持著這種想法的話，會影響你對許多東西的理解。

因此，這個章節我們要來破除迷思，來理解 JavaScript 引擎背後的執行方式，讓你拋開「JavaScript 是直譯式的」這個陳舊的觀念。

話說每一個 JavaScript 的引擎實作都有可能不同，因此這個章節只會講到 Chrome 背後的引擎 V8 的實作。

V8 引擎的執行流程

在 V8 的實作中，當你要執行一段 JavaScript 程式碼時，會先把程式碼轉換成所謂的 AST（Abstract Syntax Trees），就是把都是文字的程式碼變得結構化，之後要做什麼都方便。

而有些語法錯誤也會在這個階段處理，例如說只寫了一個 if 但後面沒接 ()，就會在這個階段出錯，報出 Unexpected token 的錯誤。

以剛剛的程式碼為例：

```
var x = 10;

function fn1() {
  console.log(`x: ${x}`); // undefined
  var x = 20;
}

fn1();
```

我們可以用一些現成工具[25]來轉換成 AST，轉換後的結果會是個 100 多行的 JSON，為了方便閱讀，我們分段來看，首先看整體的結構：

```
{
  "type": "Program",
  "body": [
    {
      "type": "VariableDeclaration",
      ...
    },
    {
      "type": "FunctionDeclaration",
      ...
    },
    {
      "type": "ExpressionStatement",
      ...
    }
  ],
  "sourceType": "module"
}
```

一個大的 program 底下分三個區塊：

1. VariableDeclaration

2. FunctionDeclaration

3. ExpressionStatement

其中第一個 VariableDeclaration 對應到的就是 var x=10; 這一行，實際內容如下：

```
{
  "type": "VariableDeclaration",
  "declarations": [
    {
      "type": "VariableDeclarator",
      "id": {
        "type": "Identifier",
```

---

25 https://astexplorer.net/

4 從 scope、closure 與 this 談底層運作

```
        "name": "x"
      },
      "init": {
        "type": "Literal",
        "value": 10,
        "raw": "10"
      }
    }
  ],
  "kind": "var"
}
```

其實看 JSON 結構大概能看出來是在描述什麼,把程式碼轉換成了很有結構的形式,把 identifier 解析了出來,也把 10 解析出來。

再來中間的那個 function 解析出來的 AST 最長,由於函式最後 var x=20 的 AST 跟上面長得很像,我就直接省掉了,只留下函式宣告跟 console.log 的部分:

```
{
  "type": "FunctionDeclaration",
  "id": {
    "type": "Identifier",
    "name": "fn1"
  },
  "expression": false,
  "generator": false,
  "async": false,
  "params": [],
  "body": {
    "type": "BlockStatement",
    "body": [
      {
        "type": "ExpressionStatement",
        "expression": {
          "type": "CallExpression",
          "callee": {
            "type": "MemberExpression",
            "object": {
              "type": "Identifier",
```

4-14

```json
        "name": "console"
      },
      "property": {
        "type": "Identifier",
        "name": "log"
      },
      "computed": false,
      "optional": false
    },
    "arguments": [
      {
        "type": "TemplateLiteral",
        "expressions": [
          {
            "type": "Identifier",
            "name": "x"
          }
        ],
        "quasis": [
          {
            "type": "TemplateElement",
            "value": {
              "raw": "x: ",
              "cooked": "x: "
            },
            "tail": false
          },
          {
            "type": "TemplateElement",
            "value": {
              "raw": "",
              "cooked": ""
            },
            "tail": true
          }
        ]
      }
    ],
    "optional": false
```

4 從 scope、closure 與 this 談底層運作

```
      }
    },
  ]
 }
}
```

函式宣告的 type 會是 FunctionDeclaration，接著用 body 描述內容，我們的 console.log() 是一個 ExpressionStatement，呼叫 function 則用 CallExpression 來表示，參數放在 arguments 裡面，而 TemplateLiteral 則是模板字串解析後的結果。

接著是最後一段 fn1() 變成 AST 的結果：

```
{
  "type": "ExpressionStatement",
  "expression": {
    "type": "CallExpression",
    "callee": {
      "type": "Identifier",
      "name": "fn1"
    },
    "arguments": [],
    "optional": false
  }
}
```

跟上面呼叫 console.log 的輸出差不多，但這邊的 arguments 是空陣列，因為我們沒有傳任何參數進去。

轉換成 AST 以後，V8 接著會把 AST 編譯為 bytecode，沒錯，就是你知道的那個編譯，不過並不是編譯成 machine code，而是 V8 自己定義的 bytecode。

如果你想看看 bytecode 的樣子，可以自己用 Node.js 跑底下的指令：

```
node --print-bytecode test.js > bytecode.txt
```

不過由於內容會很長，因此我們可以將想看的部分包成一個函式並且呼叫（沒呼叫的話不會產生 bytecode），這樣比較好找，我使用的內容如下：

4.2 Hoisting 不是重點，理解底層機制才是

```
function test_main() {
  var x = 10;

  function fn1() {
    console.log(`x: ${x}`);
    var x = 20;
  }

  fn1();
}

test_main()
```

其中 test_main 這個函式產生的 bytecode 轉換成指令後是：

```
CreateClosure [0], [0], #2
Star1
LdaSmi [10]
Star0
CallUndefinedReceiver0 r1, [0]
LdaUndefined
Return

Constant pool (size = 1)
0x17a35a85f6f9: [FixedArray] in OldSpace
 - map: 0x2ad425bc0211 <Map(FIXED_ARRAY_TYPE)>
 - length: 1
           0: 0x17a35a85f6a9 <SharedFunctionInfo fn1>
```

第一行 CreateClosure 是呼叫 fn1 前的準備，把 constant pool 中位置在 0 的東西（就是 fn1）存入暫存器 r1，然後 LdaSmi[10] 是載入數字 10 的意思，並且用 Star0 存到暫存器 r0，而 CallUndefinedReceiver0 r1 就是呼叫 r1 所儲存的函式。

最後載入 undefined 並且 return。

底下則是 fn1 的內容：

```
LdaGlobal [0], [0]
Star2
```

4-17

4 從 scope、closure 與 this 談底層運作

```
GetNamedProperty r2, [1], [2]
Star1
LdaConstant [2]
Star3
Ldar r0
ToString
Add r3, [4]
Star3
CallProperty1 r1, r2, r3, [5]
LdaSmi [20]
Star0
LdaUndefined
Return


Constant pool (size = 3)
0x17a35a85f821: [FixedArray] in OldSpace
 - map: 0x2ad425bc0211 <Map(FIXED_ARRAY_TYPE)>
 - length: 3
         0: 0x2ad425bc5ce1 <String[7]: #console>
         1: 0x0b0085f0c8c1 <String[3]: #log>
         2: 0x17a35a85f7c1 <String[3]: #x: >
```

　　第一行 LdaGlobal[0] 是先把 constant pool 裡面第 0 個東西取出來，也就是 console，然後用 Star2 存進 r2。接著 GetNamedProperty r2,[1] 後面的 [1] 指的是 constant pool 裡面的位置 1，也就是 log，於是整句就是把 console 的 log 屬性取出來，存進 r1。

　　接著把 constant pool 2 的字串取出來存進 r3，然後載入 r0（目前還沒看到 r0 初始化的程式碼，所以是 undefined）做 toString，接著跟 r3 拼起來，然後執行 CallProperty1，也就是 console.log(r3)。

　　再來載入 20，存進 r0，回傳 undefined。

　　從 bytecode 中我們可以得知這個區域變數 x 從頭到尾已經留好 r0 的位置給它了，只是 console.log 之後才會初始化成 20。

4-18

總之呢，當 V8 把程式碼從 AST 轉成 bytecode 以後，就會用一個叫做 Ignition 的直譯器（interpreter）去一行一行執行 bytecode。這個直譯器就跟我們一開始對直譯的想像是一樣的，看見一行執行一行，根據 bytecode 內容去執行相對應的動作。

從我們目前已知的流程來看，code => AST => bytecode => interpreter，其中在 AST 到 bytecode 那步時，其實 V8 就把我們的程式碼摸透透了，那時就已經知道每一個 scope 裡面會有哪些變數。

不過 V8 的執行流程還沒講完呢，還有一個提升 JavaScript 效能的秘密武器。

V8 的加速秘密武器：TurboFan

為什麼 C 的執行速度會快？是因為 C 的程式碼編譯過後直接變成 machine code（機器碼），就是 01001010 這種 binary 的形式，因此執行起來是最快的。如果有個 JavaScript 的編譯器能把 JavaScript 編譯成 machine code，那執行起來一樣會快很多。

而 V8 的 TurboFan 編譯器就是類似的東西。

前面有講到在 V8 中，當我們把程式碼編譯成 bytecode 以後，會交由 Ignition 去執行，而當某一段程式碼執行很多次，而且傳入的參數類型都一致的時候，TurboFan 就會把這段 bytecode 直接編譯成機器碼，下次執行就不透過 Ignition 了，而是直接執行機器碼，速度就會快上許多。

但是沒有人能保證某段程式碼永遠不會變，舉例來說：

```
function add(a, b) {
  return a + b
}

for(let i=1; i<=1000000; i++) {
  console.log(add(i, i))
}

console.log(add('hello', 'world'))
```

4 從 scope、closure 與 this 談底層運作

我們執行了一百萬次 add 函式，傳入的都是數字，當 Ignition 發現這點之後就會讓 TurboFan 把 add 這個函式轉成機器碼，加速執行效率。

然而，我們最後執行的 add 傳入的參數是字串，不是數字了，所以之前針對數字轉化的機器碼就不能用了，需要再跑回去用 Ignition 執行，這通常叫做 deoptimize，是需要盡量避免的行為。

與 bytecode 類似，我們一樣可以用 V8 來測試並且模擬這個行為：

```
// 執行：node --trace-opt --trace-deopt test.js
function add(a, b) {
  return a + b;
}

for (let i = 0; i < 100; i++) {
  add(i, i);
}
```

當我們的 i 只有 100 時，不會出現任何東西，接著將 i 調成一百萬之後再跑一次，就能看見 terminal 的輸出如下：

```
[marking 0x2776ee0658d9 <JSFunction (sfi = 0x4c22e9de901)> for optimization to TURBOFAN,
ConcurrencyMode::kConcurrent, reason: small function]
[compiling method 0x2776ee0658d9 <JSFunction (sfi = 0x4c22e9de901)> (target TURBOFAN)
OSR, mode: ConcurrencyMode::kConcurrent]
[marking 0x2776ee066269 <JSFunction add (sfi = 0x4c22e9de9b9)> for optimization to
TURBOFAN, ConcurrencyMode::kConcurrent, reason: small function]
[compiling method 0x2776ee066269 <JSFunction add (sfi = 0x4c22e9de9b9)> (target
TURBOFAN), mode: ConcurrencyMode::kConcurrent]
[completed compiling 0x2776ee066269 <JSFunction add (sfi = 0x4c22e9de9b9)> (target
TURBOFAN) - took 0.041, 0.292, 0.000 ms]
[completed optimizing 0x2776ee066269 <JSFunction add (sfi = 0x4c22e9de9b9)> (target
TURBOFAN)]
[completed compiling 0x2776ee0658d9 <JSFunction (sfi = 0x4c22e9de901)> (target TURBOFAN)
OSR - took 0.000, 0.667, 0.000 ms]
[completed optimizing 0x2776ee0658d9 <JSFunction (sfi = 0x4c22e9de901)> (target
TURBOFAN) OSR]
```

4.2 Hoisting 不是重點，理解底層機制才是

說明了 TurboFan 已經把 add 這個 function 最佳化並且編譯成 mahcine code 了。不過為什麼會有兩個 function 都被最佳化呢？我們可以再加一個參數 --print-opt-code 來看到更詳細的報告，底下是節錄：

```
[compiling method 0x0ec5027a6291 <JSFunction add (sfi = 0x16430411e9b9)> (target
TURBOFAN), mode: ConcurrencyMode::kConcurrent]
--- Raw source ---
(a, b) {
  return a + b;
}


--- Optimized code ---
optimization_id = 1
source_position = 57
kind = TURBOFAN
name = add
stack_slots = 6
compiler = turbofan
address = 0x16430411fcd1

Instructions (size = 256)
0x1063cbfe0     0   f85f8050        ldur x16, [x2, #-8]
0x1063cbfe4     4   b8435210        ldur w16, [x16, #53]
0x1063cbfe8     8   36000070        tbz w16, #0, #+0xc (addr 0x1063cbff4)
0x1063cbfec     c   58000631        ldr x17, pc+196 (addr 0x00000001063cc0b0)
0x1063cbff0     10  d61f0220        br x17
0x1063cbff4     14  a9bf7bfd        stp fp, lr, [sp, #-16]!
0x1063cbff8     18  910003fd        mov fp, sp
0x1063cbffc     1c  a9be03ff        stp xzr, x0, [sp, #-32]!
0x1063cc000     20  a9016fe1        stp x1, cp, [sp, #16]
0x1063cc004     24  f8520342        ldur x2, [x26, #-224]
[...]
--- End code ---
[completed compiling 0x0ec5027a6291 <JSFunction add (sfi = 0x16430411e9b9)> (target
TURBOFAN) - took 0.042, 0.291, 1.875 ms]
[completed optimizing 0x0ec5027a6291 <JSFunction add (sfi = 0x16430411e9b9)> (target
TURBOFAN)]
--- Raw source ---
```

4-21

4 從 scope、closure 與 this 談底層運作

```
// 執行：node --trace-opt --trace-deopt test.js
function add(a, b) {
  return a + b;
}

for (let i = 0; i < 1000000; i++) {
  add(i, i);
}

--- Optimized code ---
// [...]
--- End code ---
[completed compiling 0x0ec5027a5901 <JSFunction (sfi = 0x16430411e901)> (target
TURBOFAN) OSR - took 0.000, 0.625, 0.833 ms]
[completed optimizing 0x0ec5027a5901 <JSFunction (sfi = 0x16430411e901)> (target
TURBOFAN) OSR]
```

可以看到不止 add 函式本身，而是我們整塊程式碼都被最佳化了，利用這個指令也能看到最後輸出的 machine code 是什麼。

接著我們再利用底下程式碼來看看 deoptimize 的行為：

```
// 執行：node --trace-opt --trace-deopt test.js
function add(a, b) {
  return a + b;
}

for (let i = 0; i < 1000000; i++) {
  add(i, i);
}

add('hello', 'world')
```

去掉一些雜訊之後的輸出會是：

```
[marking <JSFunction add> for optimization to TURBOFAN, reason: small function]
[compiling method <JSFunction add> (target TURBOFAN)]
[completed compiling <JSFunction add> (target TURBOFAN) - took 0.000, 0.250, 0.000 ms]
[completed optimizing <JSFunction add> (target TURBOFAN)]
[bailout (kind: deopt-eager, reason: not a Smi): begin. deoptimizing <JSFunction add>
```

可以看到 add 先被 optimize 成 machine code，然後在執行最後一行程式碼時 deoptimize，原因是：「not a Smi」，Smi 是 V8 中 small int 的簡寫。雖然說我們之前有講過根據規格，在 JavaScript 中的數字應該都是浮點數，但不代表在 JavaScript 引擎底層就必須這樣實作，當 V8 碰到可以用 int 來存的數字時，還是會用 int 存而不是用 double。

總之呢，當 V8 看到我們傳入 add 的參數是字串而非 smi 的時候，就觸發了 deoptimize 機制。同理，把最後一行改成 add(3.14,2.5) 也會出現相同訊息，因為浮點數跟 smi 也是不同的。

我們再來看一個實測的案例：

```
let start = performance.now()

function add(a, b) {
  return a + b;
}

for (let i = 0; i < 10000000; i++) {
  add(i, i);
  add("a", "b");
}

let end = performance.now()
console.log('time:', end - start)
```

我們在一千萬次的迴圈中不斷呼叫 add，一次給數字，另一次給字串，在我的 Apple M2 Pro 上花了 25ms 左右。

若是我們新增一個完全一樣的函式，一個固定給數字呼叫，另一個固定給字串：

```
let start = performance.now()

function add(a, b) {
  return a + b;
}
```

4 從 scope、closure 與 this 談底層運作

```
function add2(a, b) {
  return a + b;
}

for (let i = 0; i < 10000000; i++) {
  add(i, i);
  add2("a", "b");
}

let end = performance.now()
console.log('time:', end - start)
```

這次只花了 7ms，是剛剛的 30%。

在第一次的測試中，由於 add 的參數會有 smi 也會有字串，因此就算被 optimize，最後的 machine code 也必須考量到這兩種狀況而會有額外的效能損耗。而改良之後直接區分為兩個函式，一個固定 smi，另一個固定字串，optimize 後的程式碼就很簡單高效，提升了不少速度。

不過我認為像我們一般在寫產品的時候，如果沒有碰到效能上的問題，也不需要特別做什麼 optimize，先做的話反而太早了（俗稱的 premature optimization），不一定是件好事。

但像是 React 這種偏底層的框架，就有必要做了，因為效能也是很重要的一部分。在 React 的程式碼裡面搜尋 V8，會找到兩個地方的註解，開宗明義就寫著是針對 V8 做的 optimization。

第一個是在建立 JSX 的時候會執行到的檔案 ReactJSXElement.js[26]：

```
let props;
if (!('key' in config)) {
  // [...]
  props = config;
} else {
  // We need to remove reserved props (key, prop, ref). Create a fresh props
  // object and copy over all the non-reserved props. We don't use `delete`
  // because in V8 it will deopt the object to dictionary mode.
```

4.2 Hoisting 不是重點，理解底層機制才是

```
  props = {};
  for (const propName in config) {
    // Skip over reserved prop names
    if (propName !== 'key') {
      props[propName] = config[propName];
    }
  }
}
```

註解裡面寫說 config 裡面有 key 的話，需要把一些預留好的屬性刪除，但因為用 delete 會讓 V8 做 deoptimization，因此改成把物件複製一遍。如果不曉得 V8 的實作，只看這段程式碼的話，應該會認為 delete 絕對比複製還要快，但考量到 V8 內部的機制後，會發現複製能帶來額外的好處。

第二個出現的地方則是出現在 ReactFiber.js[27]：

```
if (enableProfilerTimer) {
  // Note: The following is done to avoid a v8 performance cliff.
  //
  // Initializing the fields below to smis and later updating them with
  // double values will cause Fibers to end up having separate shapes.
  // This behavior/bug has something to do with Object.preventExtension().
  // Fortunately this only impacts DEV builds.
  // Unfortunately it makes React unusably slow for some applications.
  // To work around this, initialize the fields below with doubles.
  //
  // Learn more about this here:
  // https://github.com/facebook/react/issues/14365
  // https://bugs.chromium.org/p/v8/issues/detail?id=8538

  this.actualDuration = -0;
  this.actualStartTime = -1.1;
```

---

[26] https://github.com/facebook/react/blob/540efebcc34357c98412a96805bfd9244d6aa678/packages/react/src/jsx/ReactJSXElement.js#L331

[27] https://github.com/facebook/react/blob/540efebcc34357c98412a96805bfd9244d6aa678/packages/react-reconciler/src/ReactFiber.js#L182

4 從 scope、closure 與 this 談底層運作

```
    this.selfBaseDuration = -0;
    this.treeBaseDuration = -0;
}
```

關於這段程式碼以及背後的問題，V8 還有特別寫一篇部落格文章《The story of a V8 performance cliff in React[28]》來講解，大意就是在 React 開啟效能分析 debug 的模式時，會記錄每個 Fiber 的執行時間，而上面看到的這些數字，原本是初始化成 0 的，非常合理。

當開始紀錄的時候，就會被 performance.now() 的回傳值給取代，是一個浮點數。

而 V8 針對物件存取速度做的改善，會與物件的 interface 有關，在內部又叫做 shape，例如說一個 {x:1,y:1} 的物件就有著 (x:smi,y:smi) 這個 shape。當物件新增了一個 key 的時候，就會產生另一個新的 shape。

舉例來說，我現在寫 obj.z = 3，就會產生一個 (z:smi) 的 shape，並且與之前產生過的 (x:smi,y:smi) 做關聯，串連在一起就變成完整的樣子了。

同理，當 x 或是 y 不再是 smi 的時候，也會產生一個新的 shape 去做關聯。而理論上來說，所有有著相同 interface 的物件，底層都是共用了同一個 shape 去做加速。這個 shape 會記錄一些物件的存取相關資訊，在取值時能夠加速。

React Fiber 原本的問題是初始值是 smi，後來改成 double，這時應該要產生一個新的 shape，就像我們前面說的那樣。可是呢，因為 fiber 這個物件用了 Object.preventExtensions 來阻止，導致 V8 出現了一點問題，不知道該怎麼處理，就乾脆幫所有的 fiber 都產生一個新的 shape，導致原本的加速根本不起作用。

雖然之後 V8 修正了這個問題，但是 React 那邊也同樣改了一版，把原本初始化成 0 的地方改成了 -0、-1.1 這種 double，讓 shape 保持一致，就不會有這問題。

---

28 https://v8.dev/blog/react-cliff

4.2 Hoisting 不是重點，理解底層機制才是

總之呢，從這些點可以看出來，如果保持物件的 shape 一致，是會有加速效果的。若是未來碰到那種分秒必爭，需要不斷加速的場合，可以再去翻翻 V8 的部落格，有講到不少小技巧。

寫到這邊，我們先來做個階段性總結。

V8 在執行 JavaScript 程式碼的時候，會先轉成 AST，再轉成 bytecode，透過 Iginition 來執行，邊執行邊搜集資訊，把常用且穩定的地方用 TurboFan 編譯成機器碼，就能夠加速執行；當加速的地方不穩定的時候，再 deoptimize 變回原本用 Iginition 來跑。

而這個過程很明顯有編譯也有直譯，並不是真的看見一行執行一行，還是早在轉換成 AST 以後，就熟悉整體的程式碼結構了。而所謂的 hoisting 就只是看到 scope 裡面有宣告變數的話，就把那個位置先留起來而已。

如果用 let 的話，一樣是先把位置留起來，但有一點點不一樣：

```
let a = 1
function test() {
  console.log(a) // ReferenceError: Cannot access 'a' before initialization
  let a = 2
}
test()
```

與用 var 時會輸出 undefined 不同，用 let 時會直接輸出錯誤，說不能在 a 初始化之前就存取它。單看程式碼其實是有些奇怪，因為 a 都還沒宣告呢。不過就如同我之前所說的，不管你用 let、const 還是 var 都是一樣的，變數的位置早在執行之前就都先留起來了，就算還沒執行到那一行，也等於是已經宣告了變數。

來看變數宣告的規格吧

我們簡單看個 ECMAScript 的 spec 來為這個小章節做個收尾。

用 let 與 const 宣告變數的地方在 14.3.1 Let and Const Declarations，開頭就直接看到一段 note：

4 從 scope、closure 與 this 談底層運作

> 📖 **quote ECMAScript**

let and **const** declarations define variables that are scoped to the running execution context's LexicalEnvironment.The variables are created when their containing Environment Record is instantiated but may not be accessed in any way until the variable's *LexicalBinding* is evaluated.A variable defined by a *LexicalBinding* with an *Initializer* is assigned the value of its *Initializer*'s *AssignmentExpression* when the *LexicalBinding* is evaluated,not when the variable is created.If a *LexicalBinding* in a **let** declaration does not have an *Initializer* the variable is assigned the value **undefined** when the *LexicalBinding* is evaluated.

中文翻譯為：let 和 const 宣告的變數是屬於目前執行環境的詞彙環境（Lexical Environment）範圍。這些變數在它們所屬的環境記錄（Environment Record）被建立時就已經產生，但在詞彙綁定（Lexical Binding）被執行前，無法被存取。如果用 let 或 const 宣告的變數有設定初始值（Initializer），這個變數會在詞彙綁定被執行時才會被賦值，而不是在變數創建時就賦值。如果 let 宣告的變數沒有設定初始值，當詞彙綁定被執行時，這個變數的值會是 undefined。

簡單來講就是剛剛我們看到的行為啦，這些變數在剛開始的時候就已經產生了，但是在還沒賦值以前都沒辦法存取，也就是我們看到的 ReferenceError 錯誤。這個行為有個著名的名詞叫做 TDZ（Temporal Dead Zone，暫時性死區），講的是從進入 scope 開始一直到賦值這段時間，沒辦法存取變數。

那真的執行到那一行的時候，又會做哪些事情呢？

> 📖 **quote ECMAScript**

LexicalBinding:*BindingIdentifier Initializer*

1. Let *bindingId* be StringValue of *BindingIdentifier*.

2. Let *lhs* be!ResolveBinding(*bindingId*).

3. If IsAnonymousFunctionDefinition(*Initializer*)is **true**,then

    a. Let *value* be?NamedEvaluation of *Initializer* with argument *bindingId*.

4. Else,

    a. Let *rhs* be?Evaluation of *Initializer*.

    b. Let *value* be?GetValue(*rhs*).

5. Perform!InitializeReferencedBinding(*lhs*,*value*).

6. Return empty.

話說這種變數宣告的東西，在 spec 裏面都會叫做 binding（綁定），首先會執行 ResolveBinding 去解析這個綁定，如果我們的程式碼是 let a = 2，bindingId 就會是 a，再來第三步是特別針對匿名函式的，我們在 2.4 講函式的時候有提過類似的東西，會幫匿名函式取個跟變數名稱一樣的名字。

第四步就是執行右側初始化的程式碼得到結果，第五步 InitializeReferencedBinding 就是真的在執行變數綁定的方法了。

我們先來看 ResolveBinding 做了哪些事情：

quote ECMAScript

1. If *env* is not present or *env* is **undefined**,then

    a. Set *env* to the running execution context's LexicalEnvironment.

2. Assert:*env* is an Environment Record.

3. If the source text matched by the syntactic production that is being evaluated is contained in strict mode code,let *strict* be **true**;else let *strict* be **false**.

4. Return?GetIdentifierReference(*env*,*name*,*strict*).

4 從 scope、closure 與 this 談底層運作

第一步判斷如果 env 是空的的話，就把 env 設置成現在的 execution context 的 LexicalEnvironment，大家把這個東西想成一張大表格就好，紀錄著 scope 裡面的變數。

而最後一步呼叫的 GetIdentifierReference 才是真的重點：

> **quote ECMAScript**
>
> 1. If *env* is **null**, then
>
>   a. Return the Reference Record{*[[Base]]*:unresolvable,*[[ReferencedName]]*:*name*,*[[Strict]]*:*strict*,*[[ThisValue]]*:empty}.
>
> 2. Let *exists* be ?*env*.HasBinding(*name*).
>
> 3. If *exists* is **true**, then
>
>   a. Return the Reference Record{*[[Base]]*:*env*,*[[ReferencedName]]*:*name*,*[[Strict]]*:*strict*,*[[ThisValue]]*:empty}.
>
> 4. Else,
>
>   a. Let *outer* be *env.[[OuterEnv]]*.
>
>   b. Return ?GetIdentifierReference(*outer*,*name*,*strict*).

如果 env 是 null，回傳 unresolvable，無法解析。

否則就執行 env 上的 HasBinding，如果有找到就回傳。若還是找不到，就再呼叫一次 GetIdentifierReference，只是這次的 env 設置成目前 env 的 [[OuterEnv]]。像這種利用遞迴的方式，而且不斷往 [[OuterEnv]] 去找，不就正是我們前面所講的 scope chain 嗎？沒錯，這就是 scope chain 在規格中的樣子。

可以簡單把每一個 scope 想成是一個 env，然後 env 有個 [[OuterEnv]] 會紀錄外層的 scope 是哪個，於是只要遞迴呼叫，就可以不斷往上層找，直到找到為止。

看完了尋找變數，我們來看剛剛先跳過的建立變數 InitializeReferenced Binding：

> **quote ECMAScript**
>
> 1. Assert:IsUnresolvableReference(*V*)is **false**.
>
> 2. Let *base* be *V.[[Base]]*.
>
> 3. Assert:*base* is an Environment Record.
>
> 4. Return?*base*.InitializeBinding(*V.[[ReferencedName]]*,*W*).

這邊的著墨並不多，重點是最後那個 InitializeBinding，而這一步其實就只是在 Environment Record 建立一筆紀錄而已。

以上就是在 ECMAScript 中尋找變數以及建立變數的簡單過程，只是想讓大家看看在規格中是怎樣被描述的。這背後還涉及許多更進一步的知識，包括 Environment Record 的各種細節以及 Realms 等等，全部講完需要很長一段時間才能搞懂，而且搞懂了也不一定能增加理解，因此我覺得先到這裡就夠了。

最需要記住的其實只有兩點而已：

1. V8 的執行流程，知道 code => AST => bytecode => Ignition <=> Turbo-Fan 這個流程

2. 變數的位置早在執行之前就都先留起來了，就算還沒執行到那一行，也等於是已經宣告了變數

4.3 Closure 的實際運用

前面看完了 scope，我們緊接著來看另一個也很常被討論的話題：closure，閉包。

4 從 scope、closure 與 this 談底層運作

先來看一個簡單的範例：

```
function run() {
  var a = 42
  function logA() {
    console.log(a)
  }
  logA() // 42
}

run()
```

我們在 run 裡面宣告了另一個函式 logA，呼叫之後可以印出變數 a 的值，整段程式碼看起來平凡無奇，沒什麼特別的。接著讓我們簡單改一下，這次不要直接呼叫 logA，而是把它回傳：

```
function run() {
  var a = 42
  function logA() {
    console.log(a)
  }
  return logA // 回傳一個函式
}

var fn = run()
fn() // 42
```

我們一般對於 function 的認知是，一旦執行結束了，裡面的東西就都被釋放了。然而，在上面的這個範例中，儘管 run 的執行已經結束了，在呼叫 fn 的時候，依然印出了 run 裡面的變數 a，就代表 a 還沒被釋放。

換句話說，a 這個變數被「關在」logA 這個 function 裡面了，所以只要 logA 還存在的一天，a 就永無安寧，只能一直被關在裡面。

而之所以會這樣，是因為我在 function 裡面回傳了另一個 function，才能造成這種明明執行完畢卻還有東西被關住的現象，而這種情形就是一般人所熟知的閉包，closure。

4-32

4.3 Closure 的實際運用

閉包的原理不難，就是把變數關在 function 裡面保存住，但難的是，到底有什麼情況下會需要用到閉包？

環境隔離的妙用

閉包的特別之處在哪裡？以剛剛的程式碼為例，最特別的地方在於從外面的角度來看，由於 a 這個變數存在於 run 之中，因此在外面是完全碰不到的。但是從 logA 的角度來看，因為它屬於 run 的 scope 中，所以可以任意存取 a。

雖然在外界沒辦法直接碰到 a，但因為 logA 會被回傳到外面，因此可以透過 logA 跟變數 a 互動。不對，應該要說外界「只能」透過 logA 跟裡面互動，logA 成為了內外的橋樑以及唯一的道路。

這又有什麼用處呢？我們來看個簡單的範例。

假設我今天有個記錄餘額的變數跟一個扣款的 function，而且設置了上限，最多只能扣 10 塊錢：

```
var balance = 999
function deduct(n) {
  balance -= Math.max(n, 10)
}

deduct(13) // 只被扣 10 塊
balance -= 999 // 還是被扣了 999 塊
```

雖然說我的 deduct 函式沒問題，使用上也沒問題，但最大的問題是 balance 這個變數暴露在外，因此只要任何人忘記要用 deduct 這個函式，就可以繞過這個邏輯，想怎麼改就怎麼改。

但如果我們用閉包來改寫，世界就不一樣了：

```
function getWallet() {
  var balance = 999
  return {
    deduct: function(n) {
      balance -= Math.max(n, 10)
```

4 從 scope、closure 與 this 談底層運作

```
    }
  }
}

var wallet = getWallet()
wallet.deduct(13) // 只被扣 10 塊
balance -= 999 // Uncaught ReferenceError: balance is not defined
```

用了閉包改寫之後，我們把 balance 關在 getWallet 裏面，回傳了一個物件，因此外界只能透過這個物件跟裡面的 balance 溝通，要減少的時候只能透過 deduct 函式，沒辦法直接存取內部的 balance。

這就是閉包最主要的用途之一：環境隔離。

如果上面這個範例看了沒什麼感覺，我們再看一個：

```
var dataLayer = []
function addData(item) {
  dataLayer.push(item)
  processData()
}

function processData() {
  // 對 dataLayer 做一些處理，送到後端
}
```

小明宣告了一個叫做 dataLayer 的變數以及兩個函式，負責把資料新增進去以及處理，看起來都沒什麼問題。然而，上線之後過了一段時間，小明從後端的 log 中發現前端傳來的資料有點奇怪，怎麼會多一堆根本不知道是什麼的東西？

仔細研究了一陣子之後，才發現 dataLayer 這個變數名稱跟 Google Analytics 拿來紀錄事件的變數撞名了，因此許多第三方 plugin 或是擴充套件等等會不請自來，主動丟東西到 dataLayer 裡面。

既然問題的原因是「撞名」，而會撞名的根本原因在於「環境衝突」，用閉包之後，問題一樣可以輕鬆被解決：

```
function createDataProcessor() {
  var dataLayer = []

  return function(item) {
    dataLayer.push(item)
    processData()
  }

  function processData() {
    // 對 dataLayer 做一些處理
  }
}

var addToDataLayer = createDataProcessor()
addToDataLayer('test')
```

透過閉包，讓我們把外面跟裡面的環境隔離開來，就不會再有變數名稱衝突或是東西被別人亂改的狀況發生。

話又說回來，在什麼情形下這些狀況容易發生呢？那就是使用 library，或是作為 library 被其他人使用的時候！在沒有各種 bundler 的時代，library 都是直接引入一個 JavaScript，在 window 加一個入口就能開始用了，如果沒搞好的話，很有可能會污染到原本的環境。

因此這些 library 通常都會利用閉包把自己隔離開來，創造出自己的小圈圈。不過比起回傳物件或函式，會更偏向直接把東西綁在 window 上，例如說早期的 jQuery 架構大概長這樣：

```
(function(window) {

  var
    document = window.document,
    location = window.location,

    core_version = "1.9.1",

    // Define a local copy of jQuery
    jQuery = function( selector, context ) {
```

4 從 scope、closure 與 this 談底層運作

```
        return new jQuery.fn.init( selector, context, rootjQuery );
    }

    // 定義其他功能，省略

    window.jQuery = window.$ = jQuery;

})(window);
```

利用了 IIFE 的方式來做環境隔離，把變數都放在自己的 function 裡面，就不會跟其他人打架。當函式執行完成以後，由於很多東西綁定在了 window 上面，因此就算沒有特別回傳什麼，裡面的這些變數還是會被關起來，只能透過 jQuery 或是 $ 來存取，一樣形成了一種閉包。

用 IIFE 來隔離環境其實也不只這種古早 jQuery 時期會做，現代的 bundler 其實底層一樣是這套，例如說 webpack 好了，假設我們現在有兩個檔案 index.js 跟 utils.js，utils.js 裡面定義了一個叫 hello 的函式會輸出 hello，而 index.js 只是引入 hello 並且呼叫，打包後的程式碼架構大概會長這樣：

```
(() => {
  "use strict";
  // 定義 modules 有哪些
  var modules = ({
    "./utils.js":
    ((_, exports, require) => {
      // 定義 exports 有哪些
      // require.r 跟 require.d 不是重點先省略了
      require.r(exports);
      require.d(exports, {
        hello: () => (hello)
      });

      // utils.js 的內容
      function hello() {
        console.log('hello');
      }
    })
  });
```

4-36

4.3 Closure 的實際運用

```
  // require 的實作
  var cache = {};
  function require(moduleId) {
    // 檢查 cache 有沒有，有的話就回傳
    var cachedModule = cache[moduleId];
    if (cachedModule !== undefined) {
      return cachedModule.exports;
    }
    var module = cache[moduleId] = {
      exports: {}
    };

    // 執行 moduleId 的內容
    modules[moduleId](module, module.exports, require);
    return module.exports;
  }

  var exports = {};
  (() => {
    require.r(exports);
    // 呼叫 utils.hello()，主要程式碼在這
    var utils = require("./utils.js");
    (0, utils.hello)();
  })();
})();
```

上面的程式碼主要分成三個部分，第一個部分是定義了各種 module，我們的範例中唯一有使用到的是 utils.js 這個 module，裡面只有一個叫做 hello 的函式。第二部分則是 require 的實作，先檢查要引入的函式是否存在於快取裡，不存在的話就直接執行 module 的內容，執行完以後 module.exports 就是 utils.js 裡面 export 的東西了。

最後第三個部分則是 index.js 中的主要程式碼，由於 module 的引入已經完成，因此呼叫 require 時就會拿到 utils.js 中 export 的物件，最後再呼叫 utils.hello，就完成了全部的步驟。

4 從 scope、closure 與 this 談底層運作

平常在用 webpack 時，可能不會立刻想到底層是怎麼實作的，但只要把 webpack 打包過的程式碼這樣拆開來看過之後，應該就能抓到大致的原理了，用了不只一個 IIFE 來隔絕環境，並且實作 require 以及快取的機制，把所有程式碼都包在一起。

總而言之呢，當你想要創造出一片自己的小天地跟外界隔離時，閉包是個絕佳的選項。

幫函式加上功能

第二個閉包常見的功能，就是幫函式加上功能。

這是什麼意思呢？如果有寫過 React 的話，在還沒有 function component 的那個年代，component 的宣告都是用 class，因此又稱作 class component，像是這樣：

```
class Hello extends Component {
  constructor(props) {
    super(props);
    this.state = {
      count: 0,
    };
  }

  handleClick = () => {
    this.setState({ count: this.state.count + 1 });
  };

  render() {
    return (
      <div>
        <h1>Hello, {this.props.name}!</h1>
        <p>You've clicked {this.state.count} times.</p>
        <button onClick={this.handleClick}>Click me</button>
      </div>
    );
  }
```

4.3 Closure 的實際運用

```
  }
}
```

假設現在我們要實作一個權限管理的功能，某一些元件一定要有特定的權限才能顯示，否則必須顯示一個錯誤訊息，你會怎麼實作這個功能呢？

一個簡單的做法是直接在每一個元件中都加上相關的檢查（先假設現在使用者的 permission 會經由 props 傳入）：

```
class Hello extends Component {
  constructor(props) {
    super(props);
  }

  render() {
    if (this.props.permission !== 'admin') {
      return <p>Access Denied</p>;
    }

    return (
      <div>
        <h1>Hello, {this.props.name}!</h1>
      </div>
    );
  }
}
```

但這種做法就是把權限檢查相關的程式碼直接侵入到每一個元件當中高度耦合，未來會不太好維護。因此，更好的做法是額外宣告一個專門用來檢查權限的 component，並且可以套用在別的 component 上：

```
function withPermission(WrappedComponent) {
  return class EnhancedComponent extends Component {
    render() {
      const { requiresPermission, permission,  ...props } = this.props;

      if (!permission.includes(requiresPermission)) {
        return <p>Access Denied</p>;
```

4 從 scope、closure 與 this 談底層運作

```
    }

    return <WrappedComponent {...props} />;
  }
};
}

const ProtectedHello = withPermission(Hello);
```

withPermission 這個函式接收了一個 component 做為參數並且回傳了另一個 component，被叫做 Higher-Order Component，簡稱為 HOC，而我們使用 HOC 的主要目的為「幫現有的 class 加上額外功能」，相信有經歷過 class component 時代的讀者們應該都不陌生。

而這個 HOC 的概念，其實是來自於 Higher-Order Function，那既然 HOC 是「參數可以接收元件」，HOF 就是「參數可以接收函式」了。其實不需要想得太複雜，就把 higher-order 這東西想成是「疊加在現有的東西之上」就行了。

例如說前面做的 withPermission 這個 HOC，就是要幫現有的元件增加功能，所以輸入是一個元件，輸出也是一個元件。不過所謂的 higher-order 其實並沒有要求輸出一定要是相同的型別，例如說 map 通常也被視為是一種 HOF，因為它的參數可以接收一個函式。所以呢，光是參數能接收函式這件事，就足以被視為是 HOF 了。

不過這個章節會先忽略 map 這種「參數是函式，但輸出不是」的狀況，只關注在「輸入輸出都是函式」，這比較接近我們剛剛講的 HOC 的主要使用案例：「幫函式加上功能」。

以這個觀點來看，我認為最常見的一個 HOF 就是 debounce 了。

假設今天我們要實作一個自動補完的功能，在打字的時候會傳入關鍵字呼叫後端 API，由後端 API 回傳找到的清單，此時最簡單的做法是在 keydown 的時候去呼叫 API。

4.3 Closure 的實際運用

然而，在這個使用情境之下，這樣的做法還有改善空間。舉例來說，我可能會快速輸入一個英文單詞或是句子，假設我打了 10 個字好了，就會往後端送 10 次請求，這樣對後端來說可能負荷太重，而且使用者想看的可能只是最後一次的結果而已。

因此，一個簡單有效的改善策略是：「最後一次打字完才觸發搜尋」，那我們要怎麼定義怎樣叫做「最後一次打字完」呢？可以先簡單定成「300 毫秒內沒有繼續打字」，如此一來，當我快速打 10 個字的時候，由於每一次按鍵可能只間隔 100 毫秒或更短，只有當我打完第 10 個字並且過了 300 毫秒後，才會觸發搜尋，從原本的 10 次降低為 1 次。

而「N 毫秒內沒有繼續動作才觸發執行」這個功能就叫做 debounce，適合使用的場景在於某個事件在短時間內會多次觸發，但其實沒必要這麼頻繁，只要在停止動作後觸發就行了。

常見的 debounce 實作會長得像這樣：

```
function debounce(fn, delay) {
  let timer;

  return function(...args) {
    // 清除上一次的計時器
    if (timer) clearTimeout(timer);

    // 設置新的計時器，延遲執行函數
    timer = setTimeout(() => {
      func(...args);
    }, delay);
  };
}

// 把原本處理 input 的函式丟進去，產生另一個函式
const handleInput = debounce((event) => {
  console.log('Input value:', event.target.value);
}, 300);
```

4-41

4 從 scope、closure 與 this 談底層運作

```
// 使用的時候用這個 debounce 過的函式
document.getElementById('my-input')
  .addEventListener('input', handleInput);
```

利用 setTimeout 不斷延遲執行，只要有新的呼叫就把 timer 清掉，然後重新設定一次計時器，因此計時器觸發的時間點就會是沒有動作以後的 300 毫秒。而 debounce 裡面的這個變數 timer 其實就是被閉包關住的值，用來儲存計時器用的。

除了 debounce 以外，還有另一個類似的東西叫做 throttle，限制函式在一定時間內只能觸發一次。舉例來說，假設你的網頁會需要隨著瀏覽器大小變化而做出改動，並且需要用到 JavaScript 來調整東西，那就勢必要監聽 resize 事件。

但一般我們在調整大小的時候，寬高都會在短時間內不斷變化，如果針對每一次改動都做出反應，短時間可能就有幾百次，會導致效能較差。這時如果用上 debounce，就能在整體視窗 resize 完之後做出反應，呼叫這麼一次就好。

然而，如果使用者不斷改動視窗大小調整寬高，根據 debounce 的原理，就永遠不會觸發 resize。因此，另一個策略 throttle 就能派上用場了，我們可以設置在 50 毫秒內最多只觸發一次，如此一來就能夠即時跟著調整，並且不會像原本一樣呼叫這麼多次。

不過話說回來，debounce 跟 throttle 其實各有各的好處啦，說實在的，這種狀況要用 debounce 其實也是可以的，還是要看產品需求而定。

例如說 Google 搜尋好了，基本上就是我們前面講的自動補完的例子，在你打字的時候底下會跳出相關的關鍵字，那你猜 Google 是用 debounce 還是 throttle 呢？

答案是：「都沒用」。

Google 的伺服器才沒有在怕請求太多，想要使用者體驗最好的話，當然是每打一個字就跑出搜尋結果，不能像 debounce 那樣還要停住一下下才搜尋，也不能用 throttle 限制頻率。因此在用 Google 搜尋時，會發現不管你打字再快，

4.3 Closure 的實際運用

底下的建議搜尋也會一直變動，就是沒有用 debounce 的鐵證。就算你同時打了 7 個字，觀察後會發現送出了 7 個請求，代表說也沒有做 throttle。

但這也要你的搜尋 API 能夠在短時間內回傳結果才有效，如果後端扛不住的話，就乖乖用上 debounce 或是 throttle 吧。

最後再舉一個常見的 HOF，就是加上快取功能的函式。

假設某個函式的執行很花時間，而且沒有任何副作用，代表輸入一樣，輸出鐵定一樣，那在傳入相同參數時，我們就會希望能直接回傳結果，就能夠省去不少時間。

基本的 memoize 實作以及範例會像這樣：

```javascript
function memoize(fn) {
  const cache = new Map();

  return function(...args) {
    const key = JSON.stringify(args); // 把參數序列化
    if (!cache.has(key)) {
      cache.set(key, fn(...args));
    }
    return cache.get(key);
  };
}

// 範例：計算費式數列的函數
function fibonacci(n) {
  if (n <= 1) return n;
  return fibonacci(n - 1) + fibonacci(n - 2);
}

// 使用記憶化包裝費式數列函數
const memoizedFibonacci = memoize(fibonacci);

console.time('first');
memoizedFibonacci(40);
console.timeEnd('first'); // 765ms
```

從 scope、closure 與 this 談底層運作

```
console.time('second');
memoizedFibonacci(40);
console.timeEnd('second'); // 0.004ms
```

我們先把所有參數做序列化之後當作 key，然後在內部宣告一個 Map 做為儲存快取的空間，先檢查該參數是否存在，不存在的話就設置到快取中，接著回傳結果。

第一次呼叫計算費氏數列的函式時，花了 700 多毫秒，而第二次因為快取中已經有結果了，所以才花 0.004 毫秒而已，明顯快上許多，這就是快取的威力。

被忽略的記憶體怪獸

Closure 之所以好用，就在於可以在函式內有一個自己獨立的小空間能儲存東西，但與此同時，也要注意記憶體管理的問題。

我們來做一個簡單的小程式，會在畫面上顯示一千個隨機分佈的黑點，有兩個按鈕 refresh 跟 clear，按了前者會隨機重新排列黑點，按了 clear 則是會把黑點全部都清掉，HTML 跟 CSS 長這樣：

```
<style>
  div {
    position: absolute;
    width: 10px;
    height: 10px;
    border-radius: 50%;
    background: black;
  }
</style>
<body>
  <button id="btnRefresh">Refresh</button>
  <button id="btnClear">Clear</button>
</body>
```

4.3 Closure 的實際運用

而重頭戲 JavaScript 如下：

```javascript
function createElements() {
  let elements = Array.from({ length: 1000 })
    .map(() => {
      const item = document.createElement('div');
      document.body.appendChild(item);
      return item;
    })
  return {
    refresh: function() {
      elements.forEach(item => {
        item.style.left = Math.random() * window.innerWidth + 'px';
        item.style.top = Math.random() * window.innerHeight + 'px';
      })
    },
    clear: function() {
      elements.forEach(item => document.body.removeChild(item));
    }
  };
}

let handler = createElements();
handler.refresh();
btnRefresh.addEventListener('click', () => {
  handler.refresh();
});
btnClear.addEventListener('click', () => {
  handler.clear();
});;
```

我們宣告了一個 createElements 的函式，用閉包的方式把 elements 關在裡面，對外暴露出 refresh 以及 clear 這兩個方法，並且在按鈕上綁定相關的事件處理。按下 refresh 就重新排列，按下 clear 就把 DOM 全部都移除掉。

看起來沒問題，但實際執行會發現 clear 完以後，雖然畫面上的黑點確實都不見了，但是那 1000 個 div 還存在於記憶體之中。這是因為只要還有人在引用這些 DOM 物件，就會佔著記憶體空間，就算從畫面上消失了也一樣。

4-45

4　從 scope、closure 與 this 談底層運作

那應該怎麼修復這個問題呢？大家往下看之前可以先想一下，方法不只一個。

既然根本原因是「還有人在引用這些 DOM 物件」，那就把這個引用關係拔掉就行了。所以第一種方法很簡單，就是在 clear 完以後，直接把 elements 清掉：

```
clear: function() {
  elements.forEach(item => document.body.removeChild(item));
  elements = null; // 加上這行清掉對於 DOM 物件的引用
}
```

第二種方式則是仔細觀察到底引用關係是什麼，首先 DOM 物件被 elements 給引用了，這個應該沒有問題，那又是誰引用 elements 了呢？沒錯，就是 createElements 所回傳的 handler 這個物件，它是閉包裡面跟外面的橋樑，因此只要把 handler 回收，裡面的 DOM 物件也會跟著一起回收，這樣也是可行的：

```
btnClear.addEventListener('click', () => {
  handler.clear();
  handler = null; // 回收整個 handler
});
```

不過，這樣的說法其實有點問題，因為重點並不在 handler 這個物件，物件本身不會記住變數，只有函式才會。

因此，更精確的說法是，createElements 回傳的物件中，refresh 跟 clear 這兩個函式引用了 elements，而 handler 則引用了 refresh 跟 clear，所以清掉 handler，refresh 跟 clear 就跟著被回收，進而讓 elements 也被回收。

這個小細節，我們看底下的範例應該會更容易理解：

```
let handler = createElements();
handler.refresh();
btnRefresh.onclick = handler.refresh; // 直接綁上函式
btnClear.addEventListener('click', () => {
  handler.clear();
  handler = null; // 回收 handler
});
```

4.3 Closure 的實際運用

這次我們的 refreh 按鈕事件不用 addEventListener 了,而是直接放到 onclick 上面。而按下 clear 時,一樣會把 handler 給回收掉,就只有事件綁定那邊改了一點而已。

那你猜結果會一樣嗎?按下 clear 之後,那些 DOM 是否被回收了呢?

答案是:沒有,沒被回收。handler 被回收了沒錯,但是 handler.refresh 還被 btnRefresh 給引用著呢!而 handler.refresh 又引用了 elements,所以沒辦法回收這一塊的記憶體。

聽完上面的解釋,你可能會想這樣做:

```
btnClear.addEventListener('click', () => {
  handler.clear();
  handler.refresh = null; // 先回收 handler.refresh
  handler = null; // 回收 handler
});
```

既然問題出在 handler.refresh,那就先把它回收就好啦,這樣不就行了嗎?但仔細想想,會發現這樣是沒用的。如果你還記得第三章在講物件時提過的知識,就會知道我們把 handler.refresh 設為 null,只是把當前 handler.refresh 的指向改變,而原本的那個函式依然被 btnRefresh 給引用著。

因此,正確方式是要把 btnRefresh.onclick 設置成 null,這樣才能把 refresh 函式回收掉,最後再把 handler 也回收掉,就大功告成了:

```
btnClear.addEventListener('click', () => {
  handler.clear();
  btnRefresh.onclick = null // 先回收 handler.refresh
  handler = null; // 回收 handler
});
```

接著,我們再來看最後一個案例,這是一個使用 websocket 連線的案例:

```
function createWebSocketHandler() {
  let socket = new WebSocket("wss://example.com/chat");
  let messages = [];
```

4 從 scope、closure 與 this 談底層運作

```
socket.onmessage = function(event) {
  messages.push(event.data);
};

return {
  sendMessage: function(text) {
    socket.send(text);
  },
  closeConnection: function() {
    socket.close();
    socket.onmessage = null;
    socket = null;
  }
};
}

const chatHandler = createWebSocketHandler();
chatHandler.sendMessage("Hello, world!");
chatHandler.closeConnection();
```

在這個案例中,我們已經記取了教訓並且做足準備,在關閉連線時,除了把 websocket close 以外,由於 socket.onmessage 引用了 messages,因此先把這段引用清空,接著再把整個 socket 的引用清空,如此一來這些東西應該都能被回收才對。

應該 ... 吧?

這是另一個在使用閉包時會產生的錯覺,那就是「只有我有用到的東西才會被記住」。事實上,閉包才沒有在管你使用與否,只要是同一個 scope 的東西就全部記了下來。

因此,儘管 sendMessage 與 closeConnection 這兩個函式沒有用到 messages,它依然被引用了。所以就算把 socket.onmessage 給清除,messages 的記憶體空間還是沒辦法被回收。

這是需要特別注意的地方，一個不小心就會讓你有了「我清乾淨了」的錯覺，時間久了記憶體洩漏的狀況變嚴重，才會意識到原來是有 bug 的。

以上就是閉包相關的內容，雖然拿它來隔離環境很有用，在實務上也滿常用到，但需要特別小心記憶體洩漏的問題，這類的問題通常比較難排查，因為每次都只會洩漏一點點，需要累積一段時間才能察覺到問題。

4.4 This 是什麼，真的重要嗎？

終於來到了第四個章節最後的一個議題，也是 JavaScript 初學者去面試時若被問到會最頭痛的一題：「請解釋一下什麼是 this？」

關於 this 的文章有很多，教你怎麼利用簡單規則記住 this 的也不少，既然這本書都叫做重修就好了，大部分讀者應該都有看過這些東西。但我相信對各位來說，最難的可能並不是記這些規則，而是找不到一個理由去記它。

像是「133 221 333 123 111」這一串毫無規則的數字，一堆小時候有玩過楓之谷的人記得滾瓜爛熟，是因為這組數字要拿來快速解組隊任務。但記了判斷 this 的規則以後可以幹嘛？在哪邊用得到呢？如果這個問題沒有辦法解開，似乎就無法說服自己去記住它。

當然啦，如同開頭講的，有一個地方用得到那就是面試，面試的時候會考，所以記住才能表現好。但這理由對很多人來說是不成立的（或是逼不得已的），沒辦法打從心底相信這是重要的。

我也是這樣認為的，面試考這個實在是很無聊，記住這些規則也很無聊，就跟記 []+[] 還有 []+{} 的結果一樣，就算知道了又怎麼樣呢？這些都屬於我在第二章中提過的「不重要的資料型別」，就算不知道我也不覺得有什麼問題。

話雖如此，this 跟這些比起來還是稍微重要一點，但我覺得切入點要對，才有辦法讓大家感受到這件事情。因此，接著我要來跟大家講講 this 的哪些知識重要，哪些不重要。

從 Java 的 this 開始

在本書的第一個章節有提過 JavaScript 的設計受到 Java 很大的影響，許多東西被要求看起來像 Java，因此若是要想理解 this 到底是個什麼東西，我覺得從 Java 來看是一個不錯的選擇。

Java 的核心是物件導向，而物件導向的最基礎概念是你有一個設計圖叫做 class，接著你可以根據這個設計圖，做出一堆類似的東西，這每一個東西都叫做 instance，通常翻譯為「實例」，但我看到一堆中文專有名詞混在一起就會覺得可讀性偏差，因此之後會盡量用 instance 來表示。

底下是一個簡單的例子，我們在 Java 中宣告一個 Book 的 class，接著用 new 來建立一個新的 instance，並且呼叫 printName 方法把書名印出來：

```
class Book {
  String name;

  Book(String input) {
    this.name = input;
  }

  void printName() {
    System.out.println(this.name);
  }
}

// 要使用的時候這樣用
Book myBook = new Book("Beyond XSS");
myBook.printName();
```

可以看到無論是在 constructor 或是在 printName 裡面，都出現了 this 這個字。那 this 在這邊代表的是什麼呢？代表的就是「當前的」instance，例如說當我呼叫 myBook.printName() 的時候，在執行 printName 時的 this 就是 myBook，這個行為應該滿合理的。

4.4 This 是什麼，真的重要嗎？

也就是說，this 這個特殊的字，在 class 裡指的是當前的 instance，誰呼叫這些方法，this 就是誰。如果用白話的中文來比喻，可以想成「我」，printName 裡的程式碼意思是：「把我的名字印出來」，當我們執行 myBook.printName 時，這個「我」很顯然就是 myBook。

除此之外，在 Java 中，this 只會出現在 class 裡面，並不會出現在其他地方，只跟物件導向有關。話說回來，其實上面的範例就算把 this 都拿掉，也還是可以正常運作：

```
class Book {
  String name;

  Book(String input) {
    name = input;
  }

  void printName() {
    System.out.println(name);
  }
}
```

這是因為在 class 中其實你不需要用 this，就已經隱含著「我」了，畢竟整個 class 裡面就一個屬性叫做 name，不需要特別說 this.name，講 name 就可以了，就知道你是要存取自己的名字了。

那為什麼還要有 this 呢？有什麼狀況是沒有 this 做不到的嗎？底下我簡單舉兩個情形，第一個是命名衝突的時候：

```
class Book {
  String name;

  Book(String name) {
    name = name;
  }

  void printName() {
    System.out.println(name);
```

4 從 scope、closure 與 this 談底層運作

```
    }
}
```

在 constructor 中接收的參數叫做 name，而 Book 的一個屬性也叫做 name，在兩者撞名的情形之下，那句 name = name 所指涉的對象都是參數 name，因此最後呼叫 printName 時會出現 null，表示屬性 name 從來沒有被設置過。

這時候我們就需要 this，寫成 this.name = name，就不會有歧異了，前面的是自己的 name，後面的是參數 name。

而第二種狀況是我們需要做 method chaining（鏈式呼叫）的時候，這是什麼呢？有用過 jQuery 的人一定不陌生：

```
$("#box").css("color","blue").fadeOut(500).fadeIn(500);
```

我們在呼叫 css 方法改變 style 以後，可以繼續接著 .fadeOut 來淡出，再接一個 .fadeIn 漸入，只要你想就可以不斷接下去，不需要一直重複選擇元素。而 method chaining 的其中一種實作方式就是回傳 this，其實你在呼叫完 css() 方法之後回傳的是 this，也就是最開始的 $("#box")，因此就可以一直連鎖下去。

寫成 Java 的話大概會是：

```
class Num {
  int value;

  Num(int value) {
    this.value = value;
  }

  Num add(int value) {
    this.value += value;
    return this;
  }

  Num minus(int value) {
    this.value -= value;
```

```
    return this;
  }

  void printResult() {
    System.out.println(this.value);
  }
}

// 要使用的時候這樣用
new Num(30).add(15).minus(3).printResult();
```

由於 add 跟 minus 這兩個方法都是回傳 this，因此可以不斷用 method chaining 的方式接續下去，雖然上面的範例只用了兩個，但你要用兩百個都不成問題。

上面所舉的這兩個例子，如果沒有 this 的話該怎麼辦呢？答案是也不能怎麼辦，這些功能就做不到了（method chaining 可以用另一種方式，每次都回傳新的物件，但就有點不太一樣了）。

這就是為什麼在物件導向中我們一定需要 this，因為它是一個特殊的、自動加上的變數，讓我們可以很方便地在 class 所定義的方法中知道是誰在呼叫我，就能有更多的彈性去發展出更多功能。

看到這邊，希望你會覺得 this 這個變數的出現非常合理而且必要，並且簡單易懂，沒什麼模糊空間以及歧異。

既然 Java 是如此，那為什麼到了 JavaScript 就都變了呢？

走樣的 this

在第三章的時候我們有提過 JavaScript 中物件導向的特別之處，那就是它是 prototype-based 的，而不是 class-based。在 JavaScript 中，就算是 ES6 以後新增的 class，底層也還是舊的那套 constructor 加上 prototype 的寫法。

4 從 scope、closure 與 this 談底層運作

因此，比起 Java 那種一整套的 class 語法，在 JavaScript 中只有 function 可以用，所以 constructor 是一個獨立的 function，而原本 class 的那些方法，在 JavaScript 中也是各個獨立的 function，透過 prototype 把這些東西給關聯起來。

舉例來說，我們剛剛講的 Java 中 Book 的案例，寫成 JavaScript 是這樣的：

```javascript
// constructor 是一個獨立的 function
function Book(input) {
  this.name = input;
}

// 方法也是一個獨立的函式，透過 prototype 關聯
Book.prototype.printName = function() {
  console.log(this.name);
}

let myBook = new Book("Beyond XSS");
myBook.printName();
```

原本在 class-based 中被放在一起的東西，現在全部分散開來，透過 prototype 做關聯，這就是 prototype-based 與 class-based 最大的不同之一。

話雖如此，當你看到上面的範例時，會覺得「this 是什麼」這個問題很難嗎？照理來說應該不太會。雖然跟前面 Java class 的例子語法上不太一樣，但畢竟本質上都是物件導向的一種，所以 this 代表的意思跟 Java 是一模一樣的，就只是「現在的 instace」而已。

那到底是什麼讓 this 在 JavaScript 中變得這麼複雜、這麼難以親近？

我認為的答案有兩個：

1. 脫離物件導向的 this
2. this 是動態的，會改變

4.4 This 是什麼，真的重要嗎？

舉一個很常見的考題，請問 this 印出來的值是什麼：

```
function hello(){
  console.log(this)
}

hello()
```

答案是：「關我屁事」。

我認為脫離物件導向的 this，大多數都是不重要的。畢竟 this 原本就是為了物件導向而存在的東西，在 JavaScript 中物件導向本質上就是 function 加上 prototype，只要是 function 就可以用 this，就算與物件導向無關也沒差。

因為這種高度彈性的設計，所以你會看到物件導向以外的 this。但你看到最多的場合，大概就只有面試題了，在實際開發的時候，我自己是幾乎沒碰過。只要碰到 this，一定跟物件導向有關，會跟 prototype 綁在一起。

但既然都提到了，就來講一下答案好了。

上面這種狀況，嚴格模式下會是 undefined，可以想成「就跟你說不要亂用了，給你個 undefined 讓你小心一點」，非嚴格模式底下會是預設的 global 物件，在瀏覽器會是 window，Node.js 會是 global。

這個規則就是你會在其他地方看到的「預設綁定」。

脫離物件導向的 this 沒什麼好講的，接下來我們來看看造成 JavaScript 中 this 難題的最大元兇：「this 是會改變的」。

直接舉一個最常見，而且開發上也會碰到的例子：

```
function Handler(name) {
  this.name = name;
}

Handler.prototype.handleClick = function() {
  console.log(`Element ${this.name} clicked`);
}
```

4 從 scope、closure 與 this 談底層運作

```
Handler.prototype.handleMouseover = function() {
  console.log(`Element ${this.name} mouseover`);
}

const myHandler = new Handler('test');
btn.onclick = myHandler.handleClick;
btn.onmouseover = myHandler.handleMouseover;
```

我們 new 了一個 Handler 的 instance 出來並把名稱設定為 test，接著將事件處理的方法掛在 HTML 的元素上面，希望在它被點擊或是滑鼠移過去的時候，在 console 印出 log。

但實際嘗試過後，會發現 console 印出來的東西是「Element clicked」，this.name 看起來居然是空的，啊我的名字怎麼不見了？

再舉一個案例：

```
function Adder(initialValue) {
  this.value = initialValue;
}

Adder.prototype.inc = function() {
  this.value++;
  console.log(`Value: ${this.value}`)
}

const adder = new Adder(5);

setInterval(adder.inc, 1000);
```

我們寫了一個簡單的 Adder，給定初始值之後就可以不斷累積，並且設置每秒會加一，加完以後 log 出現在的值。

根據這個簡單的邏輯，第一次印出來的值應該會是 5+1 = 6，但觀察後卻發現印出來的是 NaN，這又是怎麼回事？

4-56

4.4 This 是什麼，真的重要嗎？

這全都是「this 是會改變的」這個特性在搞鬼。

這樣講好了，在 Java 中你那些 class 的方法就是跟著 instance 一起用，所以沒什麼問題，this 是不會變的，一直都是當前呼叫的 instance。

但是呢，在 JavaScript 中 function 是一等公民，可以被當作參數傳來傳去或甚至透過賦值讓它脫離原本的物件，就像這樣：

```javascript
function Book(name) {
  this.bookName = name;
}

Book.prototype.printName = function() {
  console.log(this.bookName)
}

const book = new Book('Beyond XSS');
book.printName(); // 'Beyond XSS'

const fn = book.printName;
fn(); // undefined
```

在使用 book.printName() 時，可以很明顯看到你的 instance 跟方法 printName 是緊密連在一起的，因此 printName 中的 this 就是 book。

可是，當我們把 book.printName 賦值給 fn 之後，printName 這個函式就脫離了 instance，變成獨立的函式了。在這種狀況下呼叫 fn，就跟前面所說的那個關我屁事的例子一樣，變成了「脫離物件導向的 this」，this 就變成了 window，而 window.bookName 就是 undefined。

前面的 Handler 跟 Adder 也都是一樣的原理，我們直接把 instance 的方法指定給其他地方，如 btn.onclick = myHandler.handleClick 或是 setInterval(adder.inc,1000) 等等，這些都會讓 instance 與 method 分離，讓函式脫離原本的物件，最後導致預料以外的 bug。

4 從 scope、closure 與 this 談底層運作

那應該要怎麼改才對呢？只要讓物件與方法一輩子連在一起就好了，為了達成這個目的，通常會需要再建立一個 function，而不是直接傳入：

```
btn.onclick = () => {
  myHandler.handleClick();
}

setInterval(() => {
  adder.inc()
}, 1000);
```

如此一來，在呼叫時就可以保留原本的 this，不會有剛剛那些問題。

話說如果你有經歷過 React class component 的時代，應該會對這個問題有點印象，因為同樣的事情在 React 裡面很常發生：

```
class Button extends React.Component {
  constructor(props) {
    super(props);
    this.state = { count: 0 };
  }

  handleClick() {
    console.log(this.state.count); // 這裡會有問題
  }

  render() {
    return (
      <button onClick={this.handleClick}>
        Click Me
      </button>
    );
  }
}
```

渲染了一個 button，並且綁定 onClick 事件，點擊時會印出 state.count，看起來沒什麼特別的。但因為我們在 onClick 直接傳入了 this.handleClick，導致

handleClick 與 instance 分離了,所以當使用者按下按鈕時,那裡面的 this 並不是我們所想的 this,就造成了錯誤。

以上這些案例都能凸顯出「this 是會變動的」這個知識是非常重要的,只要掌握了這個原則之後,就能盡可能避免這些有問題的寫法。除了「讓物件與方法分離」容易造成問題以外,箭頭函式也是另一個可能會有問題的地方。

```
// 一般用法
document.getElementById("btn")
  .addEventListener("click", function() {
    this.style.backgroundColor = "red";
  });

// 改成箭頭函式
document.getElementById("btn")
  .addEventListener("click", () => {
    this.style.backgroundColor = "red"; // 出錯
  });
```

在 event listener 的 callback 中,通常 this 會指向你綁定事件的那個元素,在這個範例中就是 #btn 這個元素。第一個範例是沒有問題的,this 確實指向了它,而我們也成功修改了顏色。

然而,第二個範例我們只是把一般的函式改成箭頭函式而已,就出現了錯誤,因為 this 不一樣了。許多人因為可以少打一些字,因此很愛用箭頭函式,但是在使用的時候切記:「箭頭函式會改變你的 this」。

用了箭頭函式以後,this 的值會是外層 scope 的 this,這是它跟一般函式最大的差別。不過如果把這個特性用得好的話,也是可以解決許多問題的,例如說剛剛 React class component 的例子,不要直接綁定 this.handleClick,而是加一層箭頭函式就沒事了:

```
<button onClick={() => this.handleClick()}>
  Click Me
</button>
```

4 從 scope、closure 與 this 談底層運作

如同剛剛所說的，箭頭函式中的 this 會是外層 scope 的 this，也就是 render function 中的 this，這個必定會指向 component，因此可以解決 this 變來變去的問題。

簡單總結一下，this 是會變動的，有兩種情況要特別注意：

1. 當物件與方法分離時，this 會不見
2. 使用箭頭函式時，this 會跟外層 scope 的 this 一致

刻意改變 this

既然 this 是會變動的，除了剛剛講的這些不小心讓 this 不一樣的狀況以外，我們也可以刻意去改變 this 的值。換句話說，this 的值是可以被我們決定的。

在講解該怎麼刻意改變 this 之前，先來回答一個最重要的問題：「在什麼狀況下需要這樣做？」

第一個狀況是我們預期到 this 可能會不見，因此提前先把它強制綁定好，這樣就算物件與方法分離，this 也還是原本預期的那個。經典案例就是前面一再提到的 React component：

```
class Button extends React.Component {
  constructor(props) {
    super(props);
    this.state = { count: 0 };
    this.handleClick = this.handleClick.bind(this);
  }

  handleClick() {
    console.log(this.state.count);
  }

  render() {
    return (
      <button onClick={this.handleClick}>
        Click Me
```

</button>
        );
    }
}
```

在 constructor 中就先用 bind 把 this 給綁定上去，這樣即使直接把 this.handleClick 傳入 onClick，使其跟物件脫離，this 的值也還是會維持原樣，不會改變，這就是 bind 的用處。

再舉一個例子，以前我覺得每次都要寫 document.querySelector 很多字，心想何不模仿 jQuery，用一個 $ 代替就好：

```
let $ = document.querySelector;
console.log($('body'));
```

可是執行的時候卻會拋出錯誤：「Uncaught TypeError:Illegal invocation」，這是因為 querySelector 這個方法也是需要看 this 的，原本用 document.querySelector() 呼叫時，this 是 document，但現在賦值後物件與方法分離，this 就不見了。

要修掉這個 bug，一樣靠 bind 就好，強制把正確的 this 綁定上去就行了：

```
let $ = document.querySelector.bind(document);
console.log($('body'));
```

再來第二個狀況是你想用的功能把 this 當作一個參數來使用，因此你只能透過改變 this 把想傳的參數傳進去。像是第二章有提過的 Object.prototype.toString，就是一個例子。

當我們對某個物件執行 obj.toString() 時，如果該物件自己實作了 toString，就只會呼叫到這個被覆蓋掉的 toString，沒辦法呼叫到我們原本想要的那一個。我們原本想要的是 Object.prototype.toString 這個函式。

然而，這個函式並不接收任何參數，只會針對 this 做處理，因此我們需要透過改變 this，來得到我們想要的結果：
```

4 從 scope、closure 與 this 談底層運作

```
const obj = {
  toString() {
    return 'test';
  }
}

console.log(obj.toString()); // test
console.log(Object.prototype.toString.call(obj)) // [object Object]
```

在章節 1.3 的時候我有提過在 JavaScript 中有很多的內建方法都是基於 this 來做的，比如說 String.prototype.repeat 就是一例，由於並沒有限制 this 一定要是字串，所以你傳一個 function 也是可以的：

```
function a(){console.log('hello')}
const result = String.prototype.repeat.call(a, 2)
console.log(result)
// function a(){console.log('hello')}function a(){console.log('hello')}
```

this 傳入 function，就會把它先變成字串，接著再重複指定的次數。

當你想刻意改變 this 的時候，可以用 .call,.apply 或是 .bind 這三個方法，當你學會如何把 this 玩弄於股掌之間的時候，大概就不會對 this 感到這麼恐懼了。

小結

同一件事情，用不同角度看，會得到不同的答案。同樣的事物，你看待它的眼光不同，也會影響到你如何理解。舉例來說，學生時期很多人都覺得歷史只是死背年代跟發生的事件，只要背起來就能拿高分；不只歷史如此，可能其他科目也是如此。

但同時也有另一群人樂在其中，察覺到背後的脈絡並試圖去理解，雖然沒有特別背誦，憑著正確的觀念也是拿了高分。

小結

　　我自己認為 scope、closure 或是 this 這些議題並沒有這麼難，只是大家少了一個好的切入點以及理由去學習它。這就是為什麼我在本書中會盡量舉例，以實際案例帶大家來看看觀念不正確的時候會寫出什麼 bug，如此一來，應該就能理解某個知識的重要性。

　　在這個章節中我們先從 scope 這個最重要的小事開始談起，除了 JavaScript 的靜態 scope 以外，也參考了 bash 的動態 scope，我覺得參考別的程式語言是滿讚的一個行為，可以讓我們知道「原來還有這種截然不同的機制存在」。

　　接著從 scope 的議題帶到底層的執行方式，拋開「JavaScript 是直譯式的」這個陳舊的觀念，實際去看看 V8 到底都幫我們做了些什麼。在學習一個知識的時候，要怎麼跟別人創造出差異？我的答案是：「深度」。

　　當別人在討論 hoisting 是什麼的時候，我們往下一層，直接去看 V8 到底怎麼看待這件事情，順便趁機瞭解了那些它幫我們做的改善，還搭配了 React 作為實際案例，更加有說服力。我們從中學習了兩件事，第一件是當你做的東西越底層，就越需要考慮性能這個因素。第二件是當有人問你「比如說？」的時候，你可以直接貼 React 原始碼給他看。

　　再來講到了 closure，概念應該不難理解，只是很多人不知道到底可以用在哪裡。因此我們從環境隔離以及增加功能的角度去切入，舉了 jQuery、webpack 以及 React 來當作例子，看看實際開發中到底什麼時候會用到 closure，還有哪些用法會導致記憶體問題，需要盡量避免。

　　最後則是千古難題 this，這一題我在 6 年前的部落格文章有探討過一次，但我覺得現在的我講得更好，更能辨別哪些是重要的，哪些又是不重要的。也能從不同的切入點，給大家一個學習 this 的好理由。

　　當我們從 Java 的物件導向切入時，就會覺得 this 也不過如此，到底有什麼難的。那之所以到了 JavaScript 之後會難度飆升，肯定是出了什麼問題。只要找出那些問題並且一一拆解，就能非常清楚地去認識 this 是個什麼東西。

4 從 scope、closure 與 this 談底層運作

當我們跟 this 稱兄道弟很熟以後，甚至還可以跟它玩，給他這個給他那個，去運用 this 做到更多的事。以前的我們因為害怕 this 所以不敢用，現在的我們想怎麼用就怎麼用。

希望大家讀完這個章節以後，有覺得自己的觀念又更穩固了，慢慢把自己的知識圖譜建立起來。

5

理解非同步

在本書中介紹了各種經典議題，例如說型別、hoisting、prototype、closure 以及 this 等等，但如果要舉一個在 JavaScript 中很重要也很常用，可是新手常常搞混的概念，那非同步（asynchronous）當仁不讓，絕對是第一名。

在實際開發的時候，很常會用到非同步的概念，例如說串接 API 拿資料好了，在 JavaScript 中這就是一個非同步的行為，使用到的頻率非常非常高。

5 理解非同步

但是,非同步這個概念真的有這麼困難嗎?我覺得不是的,而是許多人只理解了表層,沒有去思考為什麼會有非同步,忽略了背後的脈絡。我認為只要利用不同的順序學習,非同步就可以變得簡單許多。

因此,在這個章節中,我會帶大家重新認識非同步這個議題,希望閱讀完畢以後,能讓讀者覺得:「非同步原來是這樣,滿簡單的嘛!」

在開始之前,有四個問題我想先請大家思考,這四個問題的解答會在之後公布。

1. 活動網站

小明在一間專門辦活動的網站擔任前端工程師,被主管指派一個任務,那就是要加一段程式碼,呼叫後端 API 來取得「活動是否已經開始」,開始的話才前往活動頁,否則就不做任何事。

假設 getAPIResponse 是一個非同步的 function,會利用 ajax 去呼叫 API 之後取得結果,而 /event 這個 API 會回傳 JSON 格式的資料,其中 started 這個 boolean 的欄位代表著活動是否已經開始。

於是小明寫出以下程式碼:

```
// 先設一個 flag 並且設為 false,表示活動沒開始
let isEventStarted = false

// call API 並取得結果
getAPIResponse('/event', response => {
  // 判斷活動是否開始並設置 flag
  if (response.started) {
    isEventStarted = true
  }
})

// 根據 flag 決定是否前往活動頁面
if (isEventStarted) {
  goToEvent()
}
```

請問:這段程式碼有沒有問題?如果有的話,問題在哪裡?

2. 慢慢等

在完成了活動網頁之後,小明覺得自己對非同步好像還是沒有那麼熟悉,於是就想來做個練習,寫出了底下的程式碼:

```js
let gotResponse = false
getAPIResponse('/check', () => {
  gotResponse = true
  console.log('Received response!')
})
while(!gotResponse) {
  console.log('Waiting...')
}
```

意思就是在 ajax 的 response 回來之前會不斷印出 waiting,直到接收到 response 才停止。

請問:以上寫法可以滿足小明的需求嗎?如果不行,請詳述原因。

3. 詭異的計時器

小明被主管指派要去解一個 bug,在公司的程式碼裡面找到了這一段:

```js
setTimeout(() => {
  alert('Welcome!')
}, 1000)
// 後面還有其他程式碼,這邊先略過
```

這個 bug 是什麼呢?就是這個計時器明明指定說 1 秒之後要跳出訊息,可是執行這整段程式碼(注意,底下還有其他程式碼,只是上面先略過而已)以後,alert 卻在 2 秒以後才跳出來。

請問:這有可能發生嗎?無論你覺得可能或不可能,都請試著解釋原因。

4. 執行順序大考驗

```
execute(function() {
  console.log('callback')
})
console.log('hello')
```

請問：最後的輸出順序為何？是先 hello 再 callback，還是先 callback 再 hello，還是不一定？

希望各位讀者在繼續看下去以前，都能夠花點時間思考這四個題目的答案，這樣在公佈解答時，才能知道自己是否有真的把非同步的概念學進去。

5.1　逼不得已的非同步

大家有寫過 Node.js 嗎？在講非同步的時候，我會從 Node.js 開始講起，因為我覺得這樣做比較能理解非同步在幹嘛。在開始之前，我們先複習一下 runtime 的概念。

JavaScript 是一個程式語言，會有程式語言本身所規範可以用的東西，例如說用 var 宣告變數，用 if else 進行判斷，或者是使用 function 宣告函式，這些東西都是 JavaScript 這個程式語言本身就有的部分。

既然我上面說了「程式語言本身就有的部分」，就代表也有一些東西其實是「不屬於 JavaScript 這個程式語言的」。例如說 document.querySelector('body')，可以讓你拿到 body 的 DOM 物件並且對它做操作，而操作之後會即時反應在瀏覽器的畫面上。

這個 document 是哪來的？其實是瀏覽器給 JavaScript 的，這樣才能讓 JavaScript 透過 document 這個物件與瀏覽器進行溝通，來操控 DOM。

如果你去翻 ECMAScript 的文件，會發現裡面完全沒有出現 document 這個東西，因為它不是這個程式語言本身的一部份，而是瀏覽器提供的。如果在瀏覽器上面跑 JavaScript，我們可以把瀏覽器稱作是 JavaScript 的「執行環境（runtime）」，因為 JavaScript 就跑在上面嘛，十分合理。

除了 document 以外，像是拿來計時的 setTimeout 與 setInterval，拿來做 AJAX 的 XMLHttpRequest 與 fetch，這些都是瀏覽器這個執行環境所提供的東西。那如果換了一個執行環境，是不是就有不同的東西可以用？除了瀏覽器以外，還有別的 JavaScript 的執行環境嗎？

真巧，還真的剛好有，就是 Node.js。

有些人會以為 Node.js 是一個 JavaScript 的 library，但其實不然，不過也不能怪大家，因為最後的 .js 兩個字很容易讓人誤解。如果你覺得那兩個字一直誤導你的話，可以暫且把它叫做 Node 就好。

Node.js 其實是 JavaScript 的一個執行環境，就如同它自己在官網上所說的：「Node.js® is a JavaScript runtime built on Chrome's V8 JavaScript engine.」。

所以 JavaScript 程式碼可以選擇跑在瀏覽器上，就能透過瀏覽器這個執行環境提供的東西操控畫面，或者是發 Request 出去；也可以選擇跑在 Node.js 這個執行環境上面，就可以利用 Node.js 提供的東西。

那 Node.js 提供了什麼呢？例如說 fs，全稱為 file system，是控制檔案的介面，所以可以用 JavaScript 來讀寫電腦裡的檔案！還提供了 http 這個模組，可以用 JavaScript 來寫 server。

以上就是執行環境的複習以及 Node.js 的基本介紹，執行環境在第一章的時候已經有提過了，如果還是不熟悉這個概念，也可以翻回去再複習一次。

阻塞與非阻塞

前面有提過 Node.js 有提供控制檔案的介面，讓我們可以寫一段 JavaScript 來讀取與寫入檔案，底下是範例程式碼：

```
const fs = require('fs') // 引入內建 file system 模組
const file = fs.readFileSync('./input.txt') // 讀取檔案
console.log(file.toString()) // 印出內容
```

5 理解非同步

上面這段程式碼先引入 Node.js 提供的內建模組 fs，再來使用 fs.readFileSync 讀取檔案，最後把檔案的內容用 console.log 給印出來。

看起來好像沒什麼問題…嗎？

如果檔案小的話的確是沒什麼問題，但如果檔案很大呢？例如說檔案有 777 MB 好了，要把這麼大的檔案讀進記憶體，可能要花個幾秒鐘甚至更久。在讀取檔案的時候，程式就會停在第二行，要等讀取檔案完畢以後，才會把檔案內容放到 file 這個變數裡，並且執行第三行的 console.log(file)。

換句話說，fs.readFileSync 這個 method「阻擋」了後續指令的執行，這時候我們就說這個 method 是阻塞（blocking）的，因為程式的執行會一直 block 在這裡，直到執行完畢並且拿到回傳值為止。

如果後續的指令本來就都要等到檔案讀取完畢才能執行，例如說在檔案裡面尋找某個字串等等，這樣的方式問題不大。但如果後續有些指令跟讀取檔案完全不相干，這不就虧大了嗎？

舉例來說，如果我們想要讀取檔案，而且同時也想找出 1 到 99999999 之間的偶數：

```
const fs = require('fs')
const file = fs.readFileSync('./input.txt') // 在這邊等好幾秒才往下執行
console.log(file.toString())

const arr = []
for (let i = 2; i <= 99999999; i+=2) {
  arr.push(i)
}

console.log(arr)
```

上面的程式碼會先在讀取檔案那一行卡個幾秒，接著才執行下面的部分，算出 1 到 99999999 之間的偶數並且印出來。這兩件事情明明一點關聯都沒有，憑什麼印出偶數這件事情要等讀取檔案讀完才能做？難道兩件事情不能同時做嗎？這樣豈不是更有效率？

因此，我們需要另外一種方法來讓這兩件事情同時進行。

原本 readFileSync 的問題在於它會阻塞後續程式碼的執行，就好像我去家裡附近的滷味攤買滷味，點好了交給老闆之後就要站在旁邊等，哪裡也不能去，因為我想吃到熱騰騰的滷味。如果我回家了然後每隔十分鐘再過來，可能滷味已經冷掉了，我不想這樣，我買的又不是冰滷味。

所以我只好站在旁邊癡癡等，癡癡等，才能在第一時間就拿到剛起鍋的滷味。

阻塞（blocking）的相反就叫做非阻塞（non-blocking），意思就是不會阻擋後續程式碼的執行，就好像我去百貨公司美食街點餐一樣，點完以後店家會給我一個呼叫器（本體是紅茶的那間速食店也有），我拿到呼叫器以後就可以回位子上等，或我想先去逛個街也可以。等到餐點準備好的時候，呼叫器就會響，我就可以去店家領取餐點，不用在原地傻傻地等。

以讀取檔案來說，如果是非阻塞的話，是怎麼做到的呢？如果不會阻擋後續程式碼執行，那我該怎麼拿到檔案的內容？

就跟美食街需要透過呼叫器來通知餐點完成一樣，在 JavaScript 想要做到非阻塞，你必須提供一個呼叫器給這個讀取檔案的 method，這樣它才能在檔案讀取完畢時來通知你。在 JavaScript 裡面，function 就很適合當作呼叫器！

意思就是「當檔案讀取完畢時，請來執行這個 function，並且把結果傳進來」，而這個 function 又被稱作 callback function（回呼函式），是不是突然覺得這名字取得真好？

Node.js 裡的 fs 模組除了 readFileSync 這一個 blocking 的 method 以外，還提供了另一個叫做 readFile 的 method，就是我們前面提到的非阻塞版本的讀取檔案，我們來看看程式碼長什麼樣子：

```
// 引入內建 fs 模組
const fs = require('fs')

// 定義讀取檔案完成以後，要執行的 function
```

5 理解非同步

```
function readFileFinished(err, data) {
  if (err) {
    console.log(err)
  } else {
    console.log(data)
  }
}

// 讀取檔案，第二個參數是 callback function
fs.readFile('./README.md', readFileFinished);
```

可以看得出來 readFile 的用法跟 readFileSync 差不多，但差別在於：

1. readFile 多了一個參數，而且要傳進參數的是一個 function
2. readFileSync 有回傳值，回傳值就是檔案內容，readFile 看起來沒有

這就呼應到我上面所說的，blocking 與 non-blocking 的差別就在於 blocking 的 method 會直接回傳結果（也是因為這樣所以才會阻塞），但 non-blocking 的 method 執行完 function 以後就可以直接跳下一行了，檔案讀取完畢之後會把結果傳進 callback function。

在上面的程式碼中，readFileFinished 就是 callback function，就是美食街的呼叫器。「等餐點好了，讓呼叫器響」就跟「等檔案讀取完畢，讓 callback 被呼叫」是一樣的事情。

所以這一行：fs.readFile('./README.md',readFileFinished) 的白話文解釋很簡單，就是：「請去讀取 ./README.md 這個檔案，並且在讀取完畢以後呼叫 readFileFinished，把結果傳進去」。

那我怎麼知道結果會怎麼傳進來？這就要看 API 文件了，每個 method 傳進來的參數都不一樣，以 readFile 來說，callback 的第一個參數是 err，第二個參數是 data，也就是檔案內容。

所以 fs.readFile 做的事情很簡單，就是以某種不會阻塞的方式去讀取檔案，並且在讀取完成之後呼叫 callback function 並且把結果傳進去。通常 callback function 都會使用匿名函式的寫法讓它變得更簡單，所以比較常見的形式其實是這樣：

```
// 引入內建 fs 模組
const fs = require('fs')

// 讀取檔案
fs.readFile('./README.md', function(err, data) {
  if (err) {
    console.log(err)
  } else {
    console.log(data)
  }
});
```

可以想成就是直接在第二個參數的地方宣告一個 function 啦，因為沒有名稱也不用給名稱，所以就叫做匿名函式。

而 readFile 既然不會阻塞，就代表後面的程式碼會立刻執行，因此我們來把前面找偶數的版本改寫成非阻塞看看：

```
const fs = require('fs')

/*
  原來的阻塞版本：
  const file = fs.readFileSync('./README.md') // 在這邊等好幾秒才往下執行
*/

fs.readFile('./README.md', function(err, data) {
  if (err) {
    console.log(err)
  } else {
    console.log(data)
  }
});

const arr = []
for (let i = 2; i <= 99999999; i+=2) {
  arr.push(i)
```

5 理解非同步

```
}

console.log(arr)
```

這樣子在等待讀檔的那幾秒鐘，系統就可以先往下執行做其他事情，不需要卡在那邊。

幫大家重點回顧一下：

1. 阻塞（blocking）代表執行時程式會卡在那一行，直到有結果為止，例如說 readFileSync，要等檔案讀取完畢才能執行下一行

2. 非阻塞（non-blocking）代表執行時不會卡住，但執行結果不會放在回傳值，而是需要透過 callback function 來接收結果

同步與非同步

讀到這邊，你可能會疑惑說：「不是說要講同步與非同步嗎？怎麼還沒出現？」

其實已經講完了。

Node.js 的官方文件是這麼說的：

> **quote**
>
> Blocking methods execute synchronously and non-blocking methods execute asynchronously.

翻成中文就是：「阻塞的方法會同步地執行，而非阻塞的方法會非同步地執行」。

readFileSync 最後面的 Sync 就是代表 synchronous，說明這個方法是同步的，而 readFile 則是非同步的。

5-10

如果硬要用中文字面上的意思去解釋，會非常的痛苦，會想說：「同步不是同時進行嗎？感覺比較像是非阻塞阿，但怎麼卻反過來了？」

我從王建興前輩在 iThome 上發表的《程式設計該同步還是非同步？》[29] 這篇文章中得到了一個啟發，那就是只要換個方式解釋「同步」在電腦的領域中代表的意思就行了。

現在請想像有一群人腳綁在一起，在玩兩人三腳。這時候我們若是想讓他們「統一步伐」，也就是大家的腳步一致（同步），該怎麼做呢？當然是大家互相協調互相等待啊，腳速比較快的要放慢，比較慢的要變快。如果你已經踏了第一步，要等還沒踏出第一步的，等到大家都踏出第一步之後，才能開始踏出第二步。

所以不同的人在協調彼此的步伐，試著讓大家的腳步一致，就必須互相等待，這個就是同步。

非同步就很簡單了，就是意思反過來。雖然在玩兩人三腳，但沒有想要等彼此的意思，大家都各踏各的，所以有可能排頭已經到終點了，排尾還在中間的地方，因為大家腳步不一致，不同步。

程式也是一樣的，前面提過的又要讀檔又要印出偶數的範例中，同步指的就是彼此互相協調互相等待，所以讀檔還沒完成的時候，是不能印偶數的，印出偶數一定要等到讀取檔案結束之後才能進行。

非同步就是說各做各的，你讀檔就讀你的，我繼續印我的偶數，大家腳步不一致沒關係，因為我們本來就不同步。

總之呢，在討論到 JavaScript 的同步與非同步問題時，基本上你可以把非同步跟非阻塞劃上等號，同步與阻塞劃上等號。如果你今天執行一個同步的方法（例如說 readFileSync），就一定會阻塞；如果執行一個非同步的方法（readFile），就一定不會阻塞。

---

29 https://www.ithome.com.tw/voice/74544

5 理解非同步

不過大家要注意一件事情，如果你不是在 JavaScript 而是在其他的層次討論這個問題時，答案就不一樣了。舉例來說，當你在查阻塞非阻塞以及同步非同步的時候，一定會查到一些跟系統 I/O 有關的資料，我覺得那是不同層次的討論。

當你是在討論系統或是網路 I/O 的時候，非同步跟非阻塞講的就是兩件事情，同步跟阻塞也是兩件事，是有不同含義的。它會有個排列組合，例如說同步且阻塞，同步但非阻塞等等，一共可以產生四個組合。

但如果我們的 context 侷限在討論 JavaScript 的同步與非同步問題，基本上 blocking 就是 synchronous，non-blocking 就是 asynchronous，前面提到的 Node.js 的官方文件也是把這兩個概念給混用。

一旦我們把這兩個東西劃上等號，就很好理解什麼是同步，什麼是非同步了，我直接把上一個段落的重點回顧改一下就行了：

1. 同步代表執行時程式會卡在那一行，直到有結果為止，例如說 readFileSync，要等檔案讀取完畢才能執行下一行
2. 非同步代表執行時不會卡住，但執行結果不會放在回傳值，而是需要透過 callback function 來接收結果

瀏覽器上的同步與非同步

前面都是以 Node.js 當做例子，現在終於要回歸到我們比較熟悉的前端瀏覽器了。

在前端寫 JavaScript 的時候有一個很常見的需求，那就是跟後端 API 串接拿取資料。假設我們有一個函式叫做 getAPIResponse 好了，可以 call API 並且拿資料回來。

同步的版本會長得像這樣：

```
const response = getAPIResponse()
console.log(response)
```

5.1 逼不得已的非同步

同步會發生什麼事？就會阻塞後面的執行，所以假設 API Server 主機規格很爛跑很慢需要等 10 秒，整個 JavaScript 引擎都必須等 10 秒，才能執行下一個指令。在我們用 Node.js 當範例的時候，有時候等 10 秒是可以接受的，因為只有執行這個程式的人需要等 10 秒而已，我可以去滑個 Instagram 再回來就好。

可是瀏覽器可以接受等 10 秒嗎？

你想想看喔，如果把 JavaScript 的執行凍結在那邊 10 秒，就等於說讓執行 JavaScript 的執行緒（thread）凍結 10 秒。在瀏覽器裡面，負責執行 JavaScript 的叫做 main thread，負責處理跟畫面渲染相關的也是 main thread。換句話說，如果這個 thread 凍結 10 秒，就代表你怎麼點擊畫面都不會有反應，因為瀏覽器沒有資源去處理這些其他的事情。

也就是說，你的畫面看起來就像當掉了一樣。

舉一個生活中的例子來比喻，如果你去你家巷口的店面點一塊雞排，點完之後一定要在現場等，這時候如果你朋友來找你玩，按你家門鈴，你就沒辦法回應，因為你不在家。所以你朋友只好乾等在那邊，等你買完雞排才能幫他們開門。

但如果店家導入了線上排隊系統，點完雞排之後可以透過 App 查看雞排製作狀況，那你就可以回家邊看電視邊等雞排，這時候如果朋友來按門鈴，你就可以直接幫他們開門，你朋友不用乾等。

「等雞排」指的就是「等待 response」，「幫你朋友開門」指的就是「針對畫面的反應」，而「你」就是「main thread」。在你忙著等雞排的時候，是沒辦法幫朋友開門的。

畫面凍結的部分可以自己做一個很簡單的 demo 來驗證，只要建立一個這樣的 html 檔案就好了：

```
<!DOCTYPE html>
<html>
  <head>
    <meta charset="UTF-8">
```

5 理解非同步

```
  </head>
  <body>
    <div> 凍結那時間，凍結初遇那一天 </div>
  </body>
  <script>
    var delay = 3000 // 凍結 3 秒
    var end = +new Date() + delay
    console.log('delay start')
    while(new Date() < end) {}
    console.log('delay end')
  </script>
</html>
```

原理就是裡面的 while 會不斷去檢查時間到了沒，沒到的話就繼續等，所以會阻塞整個 main thread。如果你試著打開上面的網頁，會發現在 delay end 出現之前，畫面是完全沒有反應的，你連反白文字也不行。

你可以接受畫面凍結嗎？不行嘛，就算你可以接受，你老闆、你客戶也不可能接受，所以像是網路這麼耗時的操作，是不可能讓它同步執行的。既然要改成非同步，那依據之前學過的，就要改成用 callback function 來接收結果：

```
// 底下會有三個範例，都在做一模一樣的事情
// 主要是想讓初學者知道底下三個是一樣的，只是寫法不同

// 範例一
// 最初學者友善的版本，額外宣告函式
function handleResponst() {
  console.log(response)
}
getAPIResponse(handleResponst)

// 範例二
// 比較常看到的匿名函式版本，功能跟上面完全一樣
getAPIResponse(function(err, response) {
  console.log(response)
})

// 範例三
```

```
// 利用 ES6 箭頭函式簡化過後的版本
getAPIResponse((err, response) => {
  console.log(response)
})
```

AJAX 的全名是：Asynchronous JavaScript and XML，有沒有看到開頭那個 A 的全名是：Asynchronous，就代表是非同步送出 request 的意思。

這就是為什麼這個小章節的名稱叫做「逼不得已的非同步」，因為在瀏覽器上，非同步是必須的，是必要的。如果沒有了非同步，使用者體驗會變得很差。

事實上，其實 XMLHttpRequest 有提供同步的版本，XMLHttpRequest.prototype.open 的第三個參數就是 async，如果填入 false，就可以用同步的方式送出 request，只有收到 response 以後程式才會繼續往下執行。但嘗試過後你會發現瀏覽器（至少 Chrome 會）也印出了警告標語：

> **quote**
>
> Synchronous XMLHttpRequest on the main thread is deprecated because of its detrimental effects to the end user's experience.

寫著同步的 XMLHttpRequest 會影響使用者體驗，所以已經是個被棄用的功能，建議不要使用。

講到 XMLHttpRequest，之前我們用了一個假想中的函式 getAPIResponse 來做示範，主要是想說明「網路操作在前端不適合用同步的方式」，接著可以來看一下實際在前端呼叫後端 API 的程式碼會長什麼樣子：

```
var request = new XMLHttpRequest();
request.open('GET', 'https://jsonplaceholder.typicode.com/users/1', true);

request.onload = function() {
  if (this.status >= 200 && this.status < 400) {
    console.log(this.response)
  }
};
```

5 理解非同步

```
request.send();
```

你可能會想說：咦，怎麼看起來不太一樣？ callback function 在哪裡？

這邊的 callback function 就是 request.onload = 後面的那個函式，這一行的意思就是說：「當 response 回來時，請執行這個函式」。

此時，眼尖的人可能會發現：「咦？怎麼 request.onload 這個形式有點眼熟？」

你以為陌生卻熟悉的 callback

callback function 的意思其實就是：「當某事發生的時候，請利用這個 function 通知我」，雖然乍看之下會以為很陌生，但其實你早就在用了。

例如說：

```
const btn = document.querySelector('.btn_alert')
btn.addEventListener('click', handleClick)

function handleClick() {
  alert('click!')
}
```

「當某事（有人點擊 .btn_alert 這個按鈕）發生時，請利用這個 function（handleClick）通知我」，handleClick 不就是個 callback function 嗎？

又或者是：

```
window.onload = function() {
  alert('load!')
}
```

「當某事（網頁載入完成）發生時，請利用這個 function（匿名函式）通知我」，這不也是 callback function 嗎？

再舉最後一個範例：

```
setTimeout(tick, 2000)
function tick() {
  alert('時間到！')
}
```

「當某事（過了兩秒）發生時，請利用這個 function（tick）通知我」，這都是一樣的模式。

在使用 callback function 時，有一個初學者很常犯的錯誤一定要特別注意。都說了傳進去的參數是 callback function，是一個「function」，不是 function 執行後的結果（除非你的 function 執行完會回傳 function，這就另當別論）。

舉例來說，標準錯誤範例會長得像這樣：

```
setTimeout(tick(), 2000)
function tick() {
  alert('時間到！')
}

// 或者是這樣
window.onload = load()
function load() {
  alert('load!')
}
```

tick 是一個 function，tick() 則是執行一個 function，並且把執行完的回傳結果當作 callback function，簡單來講就是這樣：

```
// 錯誤範例
setTimeout(tick(), 2000)
function tick() {
  alert('時間到！')
}

// 上面的錯誤範例等同於
let fn = tick()
setTimeout(fn, 2000)
```

5 理解非同步

```
function tick() {
  alert('時間到！')
}
```

由於 tick 執行後會回傳 undefined，所以 setTimeout 那行可以看成：setTimeout(undefined,2000)，一點作用都沒有。

把 function 誤寫成 function call 以後，會產生的結果就是，畫面還是跳出「時間到！」三個字，可是兩秒還沒過完。因為這樣寫就等於是你先執行了 tick 這個 function。

window.onload 的例子也是一樣，可以看成是這樣：

```
// 錯誤範例
window.onload = load()
function load() {
  alert('load!')
}

// 上面的錯誤範例等同於
let fn = load()
window.onload = fn
```

所以網頁還沒載入完成時就會執行 load 這個 function 了。

再次重申，tick 是 function，tick() 是執行 function，這兩個的意思完全不一樣。

幫大家重點複習：

1. 瀏覽器裡執行 JavaScript 的 main thread 同時也負責畫面的 render，因此非同步顯得更加重要而且必須，否則等待的時候畫面會凍結

2. callback function 的意思其實就是：「當某事發生的時候，請利用這個 function 通知我」

3. fn 是一個 function，fn() 是執行 function

5-18

Callback function 的參數

前面有提到說 callback function 的參數需要看文件才能知道，我們舉底下這個點擊按鈕為例：

```
const btn = document.querySelector('.btn_alert')
btn.addEventListener('click', handleClick)

function handleClick() {
  alert('click!')
}
```

從 MDN 的文件上，可以看到有一個叫做 event 的 object 會被傳進去，而這個 object 是在描述這個發生的事件。聽起來很抽象，但我們可以實際來實驗看看：

```
const btn = document.querySelector('.btn_alert')
btn.addEventListener('click', handleClick)

function handleClick(e) {
  console.log(e)
}
```

當我們點擊這個按鈕之後，可以看到 console 印出了一個有超級多屬性的物件：

```
{
  "isTrusted": true,
  "altKey": false,
  "altitudeAngle": 1.5707963267948966,
  "azimuthAngle": 0,
  "bubbles": true,
  "button": 0,
  "buttons": 0,
  "cancelBubble": false,
  "cancelable": true,
  "clientX": 19,
  "clientY": 18,
```

5 理解非同步

```
  // ...
}
```

　　仔細看你會發現這個物件其實就是在描述我剛剛的「點擊」,例如說 clientX 與 clientY 代表著剛剛這個點擊的座標。最常用的,你一定也聽過的就是 e.target,可以拿到這個點擊事件發生的 DOM 物件。

　　不過這時新手可能會有個疑問:「剛剛文件上明明寫說傳進來的參數叫做 event,為什麼你用 e 也可以?」

　　這是因為 function 在傳送以及接收參數的時候,注重的只有「順序」,而不是文件上的名稱。文件上的名稱只是參考用的而已,並不代表你就一定要用那個名稱來接收。function 沒有那麼智慧,不會根據變數名稱來判斷是哪個參數。

　　所以你的 callback function 參數名稱想要怎麼取都可以,handleClick(e)、handleClick(evt)、handleClick(event) 或是 handleClick(yoooooo) 都可以,都可以拿到瀏覽器所傳的 event 這個物件,只是叫做不同名稱而已。

　　Callback function 會接收什麼參數,要看文件才會知道。如果沒有文件的話,沒有人知道 callback 會被傳什麼參數進來。話雖然是這樣講,但在很多地方參數都會遵循一個慣例。

　　在提到這個慣例之前,我們必須先認識非同步與同步的另一個差別:錯誤處理。

　　回到我們開頭舉的那個同步讀取檔案的範例:

```
const fs = require('fs') // 引入內建 file system 模組
const file = fs.readFileSync('./README.md') // 讀取檔案
console.log(file) // 印出內容
```

　　如果今天 ./README.md 這個檔案不存在,執行之後就會在 console 印出錯誤訊息:

```
fs.js:115
    throw err;
```

5.1 逼不得已的非同步

```
    ^

Error: ENOENT: no such file or directory, open './README.md'
    at Object.openSync (fs.js:436:3)
    at Object.readFileSync (fs.js:341:35)
```

要處理這種錯誤，可以用 try...catch 的語法去包住：

```
const fs = require('fs') // 引入內建 file system 模組

try {
  const file = fs.readFileSync('./README.md') // 讀取檔案
  console.log(file) // 印出內容
} catch(err) {
  console.log('讀檔失敗')
}
```

當我們用 try...catch 包住以後，就能夠針對錯誤進行處理，以上面的例子來說，就會輸出「讀檔失敗」這四個字。可是如果換成非同步的版本，事情就有點不太一樣了，請先看底下的範例程式碼：

```
const fs = require('fs') // 引入內建 file system 模組

try {
  // 讀取檔案
  fs.readFile('./README.md', (err, data) => {
    console.log(data) // 印出內容
  })
} catch(err) {
  console.log('讀檔失敗')
}
```

執行以後，console 居然沒有任何反應！明明發生了錯誤，可是卻沒有被 catch 到，這是為什麼呢？這就是同步與非同步另一個巨大的差異。

在同步的版本當中，我們會等待檔案讀取完畢才執行下一行，所以讀取檔案的時候出了什麼錯，就會把錯誤拋出來，我們就可以 try…catch 去處理。

5 理解非同步

但是在非同步的版本中，fs.readFile 這個 function 只做了一件事，就是跟 Node.js 說：「去讀取檔案，讀取完之後呼叫 callback function」，做完這件事情之後就繼續執行下一行了。

所以讀取檔案那一頭發生了什麼事，我們是完全不知道的。

舉個例子，這就好像是餐廳的內外場，假設我負責外場，有人點了一碗牛肉麵，我就會朝廚房大喊：「一碗牛肉麵！」，就繼續服務下一個人了。喊完之後內場有沒有真的開始做牛肉麵？我不知道，但應該要有。內場如果牛肉賣完了做不出來，我喊的當下也是不會知道的。

那我要怎麼知道？

假設牛肉真的賣完了，內場會主動來跟我說嘛，這時候我才會知道牛肉賣完了。

這就好像非同步的範例一樣，那一行只負責告訴系統「去讀檔」，剩下的不干它的事，如果發生什麼事，系統必須主動告訴我，要用 callback 的方式來傳遞。

因此 callback 通常會有兩個參數，第一個是 err，第二個是 data，這樣你就知道 err 是怎麼來的了。只要在讀檔的時候碰到任何錯誤，例如說檔案不存在、檔案超過記憶體大小或是檔案沒有權限開啟等等，都會透過這個 err 參數傳進來，這個錯誤你用 try…catch 是抓不到的。

所以，當我們非同步地執行某件事情的時候，有兩點我們一定會想知道：

1. 有沒有發生錯誤，有的話錯誤是什麼
2. 這件事情的回傳值

舉例來說，讀取檔案我們會想知道有沒有錯誤，也想知道檔案內容。或是操作資料庫，我們會想知道指令有沒有下錯，也想知道回傳的資料是什麼。

既然非同步一定會想知道這兩件事，那就代表至少會有兩個參數，一個是錯誤，另一個是回傳值。而錯誤「依照慣例」通常會放在第一個參數，其他回傳值放第二個以及第二個之後。

為什麼呢？

因為錯誤只會有一個，但回傳值可能有很多個。

舉例來說，假設有一個 getFileStats 的 function 會非同步地去抓取檔案狀態，並且回傳檔案名稱、檔案大小、檔案權限以及檔案擁有者。如果把 err 放最後一個參數，我們的 callback 就會長這個樣子：function cb(fileName,fileSize,fileMod,fileOwner,err)

我一定要把所有參數都明確地寫出來，我才能拿到 err。換句話說，假設我今天只想要檔案名稱跟檔案大小，其他的我不在意，該怎麼辦？不怎麼辦，一樣得寫這麼長，因為 err 在最後一個。

如果把 err 擺前面的話，我就只要寫：function cb(err,fileName,fileSize) 就好，後面的參數我不想拿的話不要寫就好。這就是為什麼要把 err 擺在最前面，因為我們一定會需要 err，但不一定需要後面所有的參數。因此你只要看到有 callback function，通常第一個參數都代表著錯誤訊息。

所以很常會看到這種處理方式，先判斷有沒有錯誤再做其他事情：

```js
const fs = require('fs')
fs.readFile('./README.md', (err, data) => {
  // 如果錯誤發生，處理錯誤然後返回，就不會繼續執行下去
  if (err) {
    console.log(err)
    return
  }

  console.log(data)
});
```

5 理解非同步

最後補充三點，第一點是 error first 只是個「慣例」，實際上會傳什麼參數還是要根據文件而定，你也可以寫一個把錯誤放在最後一個參數的 API 出來（但你不應該這樣做就是了）。

第二點是儘管是非同步，還是有可能利用 try catch 抓到錯誤，但是錯誤的「類型」不一樣，例如說：

```
const fs = require('fs')

try {
  // 讀取檔案
  fs.readFile('./README.md')
} catch(err) {
  console.log('讀檔失敗')
  console.log(err)
  // TypeError [ERR_INVALID_CALLBACK]: Callback must be a function
}
```

這邊抓到的錯誤並不是「讀取檔案」所產生的錯誤，而是「呼叫讀取檔案這個 fucntion」所產生的錯誤。以前面餐廳的例子來說，就是客人點餐的時候你就知道東西賣完了，所以你根本不必去問內場，就可以直接跟客人說：「不好意思我們牛肉麵賣完囉，你要不要考慮點別的」。

最後一點想補充的是，有些人可能會問說：「那為什麼 setTimeout 或是 event listener 這些東西都沒有 err 這個參數？」

那是因為這幾個東西的應用場合不太一樣。

setTimeout 的意思是：「過了 n 秒後，請呼叫這個 function」，而 event listener 的意思是：「當有人點擊按鈕，請呼叫這個 function」。

「過了 n 秒」以及「點擊按鈕」這兩件事情是不會發生錯誤的。

但像是 readFile 去讀取檔案，就有可能在讀取檔案時發生錯誤；而 XMLHttpRequest 則是有另外的 onerror 可以用來捕捉非同步所產生的錯誤。

最後一樣來整理重點：

1. callback function 的參數跟一般 function 一樣，是看「順序」而不是看名稱，沒有那麼智慧

2. 依照慣例，通常 callback function 的第一個參數都是 err，用來告訴你有沒有發生錯誤（承第一點，你想取叫 e、error 或是 fxxkingError 都可以）

3. 非同步還是有可能用 try catch 抓到錯誤，但那是代表你在「呼叫非同步函式」的時候就產生錯誤

5.2 理解非同步的關鍵：Event loop

在上一個小章節中，我們探索了非同步的基本概念以及 callback function，其實我認為 JavaScript 的非同步與其說是一種選擇，不如說是逼不得已。如同我之前所說過的，若是沒有了非同步，那 main thread 就會被卡住，造成極差的使用者體驗。

但對於 UI 的更新來說，慣例就是使用一個 thread，否則會有 race condition 以及其他問題的發生，對於 UI 狀態的維護就會變得更加複雜。例如說 Android 也是這樣，在其他 thread 上無法更新 main thread 的內容，所以假設你用另外一個 thread 去呼叫 API 並且取得資料，還是要回到 main thread 才能更新 UI。

JavaScript 引擎本身是 single thread，那對於 single thread 來說，要怎麼做到非同步呢？又該在什麼時機點去執行 callback function 呢？這一切都是倚賴於一個叫做 event loop 的機制。

什麼是 event loop？

在介紹 event loop 之前，我們要先有一個概念。

那就是大家常說的：「JavaScript 是 single thread」，指的是「執行 JavaScript 本身的功能，只有一個 thread」，而不是說：「所有有用到 JavaScript 的操作，都只有一個 thread」。

5 理解非同步

這兩者的差別非常巨大，舉例來說，當你在瀏覽器上面用 fetch 送出一個網路的請求時，對 JavaScript 而言，它做的事情就是跟瀏覽器說：「幫我發一個請求」，而接下來瀏覽器去處理這個請求，完成以後再通知 main thread。

換言之，雖然 JavaScript 的執行本身是同步的，但那些非同步的操作，很多都有別的 thread 在做處理。反過來想也可以，如果真的所有操作（包含等待網路請求等等）全都跑在同一個 thread，那當你在等待 response 時，整個 UI 就會卡住不動，怎麼想都很不合理。

而這次要介紹的 event loop，本質上就是讓 runtime（瀏覽器）可以跟 JavaScript 互動的一個機制，用來協調各種非同步的操作該讓如何執行。這也是為什麼 event loop 這個東西的規格並不是寫在 ECMAScript，而是寫在 HTML 的 spec 裡面。

這正是因為 event loop 是屬於 runtime 的東西，而不是 JavaScript 本身的東西。同時也說明了瀏覽器的 event loop，跟 Node.js 的 event loop 是兩套不同的東西，雖然都叫做 event loop，但是執行的順序跟實作細節都會有所不同。

從 event loop 規格的開頭中可以看得更明確：

> quote
>
> To coordinate events,user interaction,scripts,rendering,networking,and so forth,user agents must use event loops as described in this section

為了協調 event、使用者互動、腳本、畫面渲染以及網路等等，user agent（通常是指瀏覽器）必須照這個章節所說的來使用 event loop。

開宗明義就講說 event loop 是幹嘛的，就是拿來處理 JavaScript 跟其他行為的互動。而這整個模型很簡單，一句話說明就是：「有任務的時候就執行，任務執行完再執行下一個」。

如果轉化成程式碼，大概就是：

```
while(hasTask) {
  runFirstTask()
}
```

可以預見任務會有很多個，因此會被放在一個叫做 task queue 的地方，裡面堆滿了要執行的 task。

那到底怎樣叫做任務呢？

根據規格中的定義，像是事件處理（例如說 onclick handler）、parse HTML 或是執行 script 等等，都算是一個任務。

比如說底下的程式碼：

```
console.log(1)
console.log(2)
console.log(3)
```

這一整段就是一個「執行 script」的 task。

那什麼時候才能新增一個 task 呢？通常都是在碰到一些非同步操作的時候，舉例來說：

```
console.log(1)
console.log(2)
console.log(3)
setTimeout(() => {
  console.log('timeout')
}, 1000)
```

這一整段依然是一個 task，當 JavaScript 在處理這個任務（你可以把處理任務想成是一行一行執行）時，碰到了 setTimeout，就會叫瀏覽器去處理，瀏覽器收到通知以後，在 1000 毫秒過後，就會往 task queue 放入一個新的 task，內容就是你傳入的 callback function。

簡單來講的話，當你呼叫 setTimeout(fn,1000) 時，實際上做的事情是：

1. 跟瀏覽器說：幫我設個計時器，1000 毫秒後啟動
2. 繼續執行其他程式碼
3. 等瀏覽器發現過了 1000 毫秒，就會把 fn 丟到 task queue

5 理解非同步

等到現在的 task 執行完以後,才會去拿下一個 task。把這個工作流程變為程式碼,就會變成剛剛寫的那樣:

```
while(hasTask) {
  runFirstTask()
}
```

上面的這段程式碼所表達的機制,就是所謂的 event loop。

從範例中學習 event loop

如果要用更專業的術語來講的話,當我們在執行程式時,會有一個 call stack,來表示我們現在執行的函式。以底下的程式碼為例:

```
function abs(n) {
  return n > 0 ? n : -n;
}

function add(a, b) {
  return abs(a) + abs(b)
}

console.log(add(2, 3))
```

如同剛剛所講的,這一整段腳本就是一個 task,也是第一個 task,因此會被拿來執行。當我一開始要跑這整段程式的時候,call stack 裡面會長得像這樣:

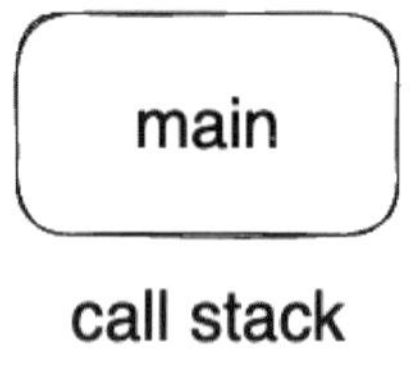

▲ 圖 5-1

5.2 理解非同步的關鍵：Event loop

　　有寫過 C 的會知道程式通常需要有個入口點，叫做 main function，雖然說 JavaScript 並沒有一定要有這種名稱的函式，但入口點這個概念是類似的，因此我們就先把它叫做 main 了。接著執行到 console.log(add(2,3)) 這行時，會先執行到 add(2,3)，當進入到 add 這個函式時，call stack 就會變成：

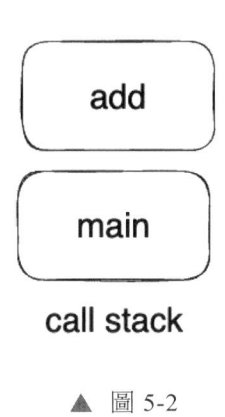

▲ 圖 5-2

　　在 add 裡面會先執行 abs(a)，此時進入了 abs 函式，所以 call stack 會變成：

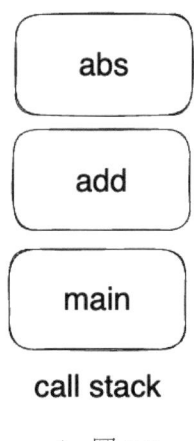

▲ 圖 5-3

　　接著 abs(2) 回傳 2，這時候 abs 執行完畢，於是 call stack 就把它去除掉，恢復成：

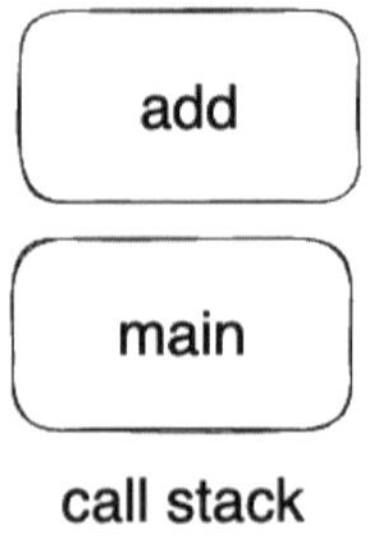

```
       add
      main
    call stack
```

▲ 圖 5-4

再來會需要計算 abs(3)，於是 call stack 上面又多加了一個 abs，跟剛剛計算 abs(2) 時一樣，接著執行完畢，abs 被拿掉，回到 add，而 add 的計算有了結果，就回傳 5，然後 add 也被拿掉，回到 main：

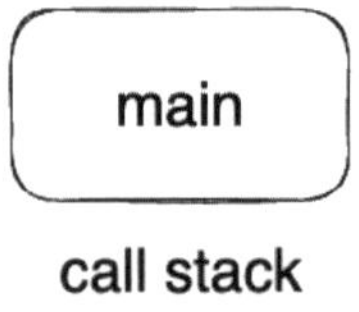

```
      main
    call stack
```

▲ 圖 5-5

回到 main 以後 add(2,3) 計算完了，執行 console.log，所以 call stack 會變這樣：

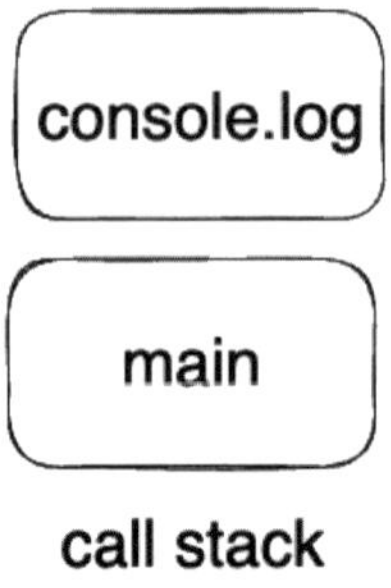

```
   console.log
      main
    call stack
```

▲ 圖 5-6

5.2 理解非同步的關鍵：Event loop

接著 console.log 執行完畢，印出 5，從 call stack 中拿掉，而此時 main 裡面所有的函式都執行完畢，於是 main 也被拿掉，call stack 就變成空的，也就代表這個 task 被執行完畢。

而所謂的 event loop，就是擴充上面這個模型，加上我們剛剛講的非同步任務結束後會排隊的 queue（通常被稱之為 task queue），把整張圖變成這樣：

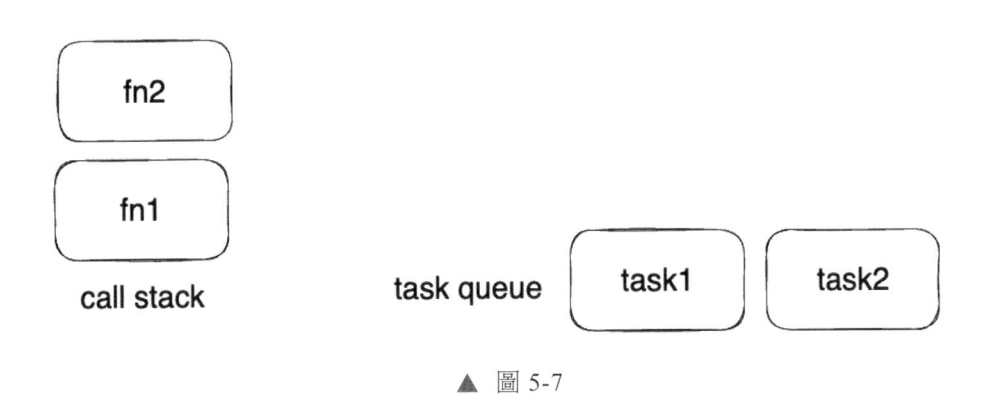

▲ 圖 5-7

而運作原理就跟剛剛講的一樣：

1. 如果 call stack 裡面還有東西，就把裡面的東西都執行完

2. 如果 call stack 沒東西，就執行 task queue 裡的東西。所謂的執行，其實就是把 task queue 裡的 task 放入 call stack 中

3. 回到第一步

底下我們來看一個簡單的範例：

```
console.log('start')
setTimeout(() => {
  console.log('timeout!')
}, 1000)
console.log('end')
```

5 理解非同步

一開始一樣先進入這整個 script，call stack 最上層是 main，接著執行 console.log，call stack 最上面是 console.log，執行完畢後印出 start，從 call stack 中移除。再來呼叫到 setTimeout，進入 setTimeout 時 call stack 最上層是 setTimeout，如下所示：

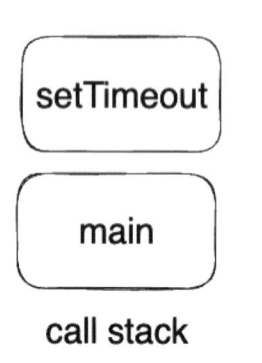

▲ 圖 5-8

在執行 setTimeout 時，就是跟瀏覽器說：「1 秒後幫我執行我傳入的這個 function」，為了方便辨識，我們把這個傳入的 function 叫做 timeFn 好了。跟瀏覽器講完以後，setTimeout 就執行完了，並且從 call stack 中移除。

接著執行 console.log("end')，進入 console.log 時加入到 call stack，執行完畢後移除並印出 end，最後 main 也執行完畢，移除。

此時 call stack 跟 task queue 都是空的，而一秒之後瀏覽器依照約定，把非同步的結果 timeFn 丟到了 task queue：

▲ 圖 5-9

5-32

5.2 理解非同步的關鍵：Event loop

而此時因為 call stack 是空的，所以執行 queue 裡的 timeFn，在執行時會變成這樣：

```
    timeFn

  call stack              task queue
```

▲ 圖 5-10

接下來的流程我們都知道了，就是在裡面執行 console.log，並且放入 call stack，印出 timeout!，從 call stack 中移除，而 timeFn 也沒有別的東西，於是也被移掉，再次回到兩者皆空的狀況。

這就是 event loop 的基本概念，以及在 JavaScript 中處理非同步的方式。

想要驗證自己是否有徹底了解這個機制，思考看看底下兩個小測驗準沒錯：

測驗一

```
console.log('start')
setTimeout(() => {
  console.log('timeout')
}, 0)
console.log('end')
```

請問上面程式碼的執行結果是？

1. start,timeout,end

2. start,end,timeout

測驗二

```
setTimeout(() => {
  console.log('timeout!')
}, 1000)
```

5-33

5 理解非同步

```
while(true) {
  console.log('loop')
}
```

請問上面程式碼的執行結果是？

1. 一堆 loop，但是在一秒後會有一個 timeout

2. 只有一堆 loop，不會有 timeout

這兩題都能答對的話，對 event loop 的基礎概念就沒什麼問題了。

在第一題中，我們設置了一個 0 秒後會觸發的 timeout，想要知道執行結果的話，按照老樣子用人腦去模擬就可以得到答案了。

會先印出 start 這個應該沒問題，就不多講了，接著執行 setTimeout，告訴瀏覽器：「0 秒後我要執行 timeFn」，此時因為是 0 秒，所以瀏覽器可能剛收到通知以後，就直接把 timeFn 丟到 task queue 去了：

▲ 圖 5-11

但問題是我們的 call stack 裡面還有東西，程式碼還沒全部執行完畢。因此儘管 timeFn 已經在 task queue 裡了，它會先被忽略，會先把 main 裡的 console.log("end") 執行完畢，才去執行 task queue 裡的東西。

因此，第一題的答案是 start,end,timeout。

5.2 理解非同步的關鍵：Event loop

第二題的話，在一秒後 call stack 也會長得像這樣：

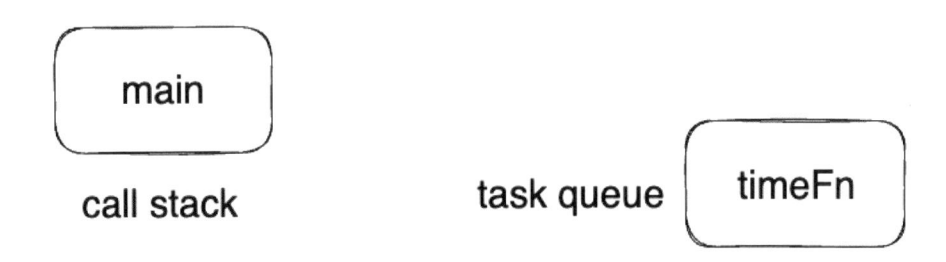

▲ 圖 5-12

我們一秒後想執行的 function 已經被瀏覽器推到了 task queue，但是 call stack 裡還有東西，所以不會被觸發。那 call stack 什麼時候才會變空？很遺憾地，永遠不會。

因為裡面有個無窮迴圈，所以手邊的事情永遠不會忙完。換句話說，task queue 裡的東西永遠不會被拿出來執行。因此答案是 2，只有一堆 loop，不會有 timeout。

瞭解了 event loop 的機制以後，可以回去翻第五章的開頭，有問了大家四個小問題，可以看看在理解機制前與機制後，對那四題的回答是否有差異。

接下來，我們來解答前面那四個問題，相信這四個問題的解答一定能讓人更理解非同步的運作機制。

解答時間

1. 活動網站

小明在一間專門辦活動的網站擔任前端工程師，被主管指派一個任務，那就是要加一段程式碼，呼叫後端 API 來取得「活動是否已經開始」，開始的話才前往活動頁，否則就不做任何事。

5 理解非同步

假設 getAPIResponse 是一個非同步的 function，會利用 ajax 去呼叫 API 之後取得結果，而 /event 這個 API 會回傳 JSON 格式的資料，其中 started 這個 boolean 的欄位代表著活動是否已經開始。

於是小明寫出以下程式碼：

```
// 先設一個 flag 並且設為 false，表示活動沒開始
let isEventStarted = false

// call API 並取得結果
getAPIResponse('/event', response => {
  // 判斷活動是否開始並設置 flag
  if (response.started) {
    isEventStarted = true
  }
})

// 根據 flag 決定是否前往活動頁面
if (isEventStarted) {
  goToEvent()
}
```

請問：這段程式碼有沒有問題？如果有的話，問題在哪裡？

答案是有問題，這整段程式碼把同步與非同步混著寫，是最常見的錯誤。

要等 call stack 清空以後，event loop 才會把 callback 丟到 call stack，所以最後判斷 isEventStarted 的這一段程式碼會先被執行。當執行到這一段的時候，儘管 response 已經回來了，但 callback function 還在 task queue 裡面待著，所以判斷 isEventStarted 的時候一定會是 false。

正確的方法是把判斷活動是否開啟的邏輯放在 callback 裡面，就可以確保拿到 response 以後才做判斷：

```
// call API 並取得結果
getAPIResponse('/event', response => {
  // 判斷活動是否開始並設置 flag
  if (response.started) {
```

```
    goToEvent()
  }
})
```

2. 慢慢等

在完成了活動網頁之後，小明覺得自己對非同步好像還是沒有那麼熟悉，於是就想來做個練習，寫出了底下的程式碼：

```
let gotResponse = false
getAPIResponse('/check', () => {
  gotResponse = true
  console.log('Received response!')
})

while(!gotResponse) {
  console.log('Waiting...')
}
```

意思就是在 ajax 的 response 回來之前會不斷印出 waiting，直到接收到 response 才停止。

請問：以上寫法可以滿足小明的需求嗎？如果不行，請詳述原因。

答案是不行。

還記得 event loop 的條件嗎？「當 call stack 為空，才把 callback 丟到 call stack」。

```
while(!gotResponse) {
  console.log('Waiting...')
}
```

這一段程式碼會不斷執行，成為一個無窮迴圈。所以 call stack 永遠都有東西，一直被佔用，task queue 裡面的東西根本丟不進 call stack。

因此小明原本的程式碼無論有沒有拿到 response，都只會一直印出 waiting，並且跳不出 while，形成無窮迴圈。

3. 詭異的計時器

小明被主管指派要去解一個 bug，在公司的程式碼裡面找到了這一段：

```
setTimeout(() => {
  alert('Welcome!')
}, 1000)
// 後面還有其他程式碼，這邊先略過
```

這個 bug 是什麼呢？就是這個計時器明明指定說 1 秒之後要跳出訊息，可是執行這整段程式碼（注意，底下還有其他程式碼，只是上面先略過而已）以後，alert 卻在 2 秒以後才跳出來。

請問：這有可能發生嗎？無論你覺得可能或不可能，都請試著解釋原因。

答案是有可能。

瀏覽器會在一秒之後把 callback 丟到 task queue，那為什麼兩秒之後才會執行呢？因為這一秒 call stack 被佔用了。

只要 setTimeout 底下的程式碼做了很多事情並佔用了一秒鐘，callback 就會在一秒之後才能執行，例如說：

```
setTimeout(() => {
  alert('Welcome!')
}, 1000)

// 底下這段程式碼會在 call stack 佔用一秒鐘
const end = +new Date() + 1000
while(end > new Date()){

}
```

所以 setTimeout 只能保證「至少」會在 1 秒後執行，但不能保證 1 秒的時候一定執行。換句話說，如果你在實務上想要做到精準的計時，寫一個每 1 秒會執行一次的 setInterval，並且每次執行都把一個變數 +1 是沒有用的，寫出來的計時器不會精準。

5.2 理解非同步的關鍵：Event loop

再者，當你切換到別的 tab 時，閒置的 tab 有可能會被瀏覽器暫停運作，導致你的 setInterval 根本不會觸發，切回來的時候時間就亂掉了。因此比較好的做法是同樣執行 setInterval，但是在裡面並不是把變數 +1 這麼簡單，而是先記錄好計時器開始的時間點，並且在每次執行 callback 時都取得現在時間，然後把兩個相減，就可以獲得正確的秒數。

4. 執行順序大考驗

```
execute(function() {
  console.log('callback')
})
console.log('hello')
```

請問：最後的輸出順序為何？是先 hello 再 callback，還是先 callback 再 hello，還是不一定？

答案是不一定。

因為我沒有說 execute 是同步還是非同步的，你不要看到 callback 就以為是非同步，callback 與非同步是兩個概念，是分開的。

舉例來說，我的 execute 可以這樣實作：

```
function execute(fn) {
  fn() // 同步執行 fn
}

execute(function() {
  console.log('callback')
})
console.log('hello')
```

輸出就會是 callback 然後 hello。

也可以這樣實作：

```
function execute(fn) {
  setTimeout(fn, 0) // 非同步執行 fn
```

```
}
execute(function() {
  console.log('callback')
})
console.log('hello')
```

輸出就會是先 hello 再 callback。

新手很常見的一個誤區就是把 callback 與非同步畫上等號，因為看到很多教學都把這兩件事情放在一起講，因此就順勢認為所有 callback 一定都是非同步執行的，但這個觀念是錯誤的。

callback 代表的只是「某事發生時，就來通知我」，並沒有規範這個「某事發生」或是「通知」一定是要同步還是非同步，所以都有可能。儘管我們看到的 callback 都是非同步的居多，但也是有同步的 callback 存在，請大家不要忘記了。

5.3 Promise 與 async/await

我們從 callback 開始談起了非同步，並且講解了 event loop 的機制，知道了背後是怎麼運作的。但你會發現其實最近的程式碼中，已經滿少出現 callback function 的了，而是會用另外一種叫做 Promise 的方式取而代之。除此之外，也多了一種 async/await 的語法，讓非同步的程式碼看起來就像同步一樣。

在講解這些東西之前，我們不妨先來思考一下 callback function 的缺點是什麼？有了 callback function 還不夠嗎？

如同之前所提過的，callback function 其實就只是：「某件事情完成以後，請呼叫這個函式來通知我」而已，將其運用在非同步上面，通常也都會遵循著「第一個參數是 error」這個風格。

而這就是 callback function 的缺點之一，這個所謂「第一個參數是 error」是個約定俗成的事項，並沒有強制力。換句話說，如果我今天寫了一個 library，硬要把 error 放到第二個參數也是可以的。畢竟 callback function 的基底就是一個 function 而已，沒有人能限制這個 function 該怎麼被呼叫，以及會呼叫多少次。如果有些 library 出現了 bug，搞不好這個 callback function 會被呼叫到很多次也說不定。

或如果從另外一個角度來看這件事情的話，我會說是「function 只是剛好能應用在非同步操作上，並不是說接收了 function，就一定是非同步」，就像我前面舉的例子一樣：

```
execute(function() {
  console.log('callback')
})
console.log('hello')
```

請問輸出會是什麼？

答案是不確定，因為 execute 裡面的操作可以是同步，也可以是非同步，這是沒辦法保證的。

因此，我們會需要一個標準，一個清楚的 API 告訴我們說：「這個就是拿來給非同步用的」，而這個 API 就叫做 Promise。換言之，它是專門為了非同步操作而出現的東西。

Promise 的基本使用方式

一個最常見的例子是在網頁上送出請求，以往用 XMLHttpRequest 的時候，會這樣寫：

```
var xhr = new XMLHttpRequest();

// 設置好 onload 的 callback function
xhr.onload = function() {
  if (xhr.status >= 200 && xhr.status < 300) {
    console.log(xhr.responseText);
  } else {
    console.error('Request failed with status:', xhr.status);
```

5 理解非同步

```
  }
};

// 設置好 onerror 的 callback function
xhr.onerror = function() {
  console.error('Request failed');
};

// 送出請求
xhr.open('GET', 'https://jsonplaceholder.typicode.com/posts/1', true);
xhr.send();
```

你看,這其實就是一個「把 callback 用在非同步,但格式很自由」的範例,我必須看文件才知道要設置 onload 與 onerror 這兩個函式。如果我使用的是別的 API,說不定是 onsuccess 以及 onerror,就需要記很多套標準。

總之呢,在上面的範例中我們使用了 onload 以及 onerror 來接收成功以及失敗的結果。

而如果運用了 Promise,會變成這樣:

```
fetch('https://jsonplaceholder.typicode.com/posts/1')
  .then(response => {
    if (!response.ok) {
      throw new Error('Request failed');
    }
    console.log(response)
  })
  .catch(error => {
    console.error('Request failed:', error);
  });
```

fetch 所回傳的東西是一個 Promise,你可以接上 .then 以及 .catch,這兩個的作用等同於剛剛的 onload 以及 onerror,但差別在於強制規範了傳入 callback 的方法。也就是說,當你發現一個操作回傳的是 Promise 的時候,你立刻就能知道三件事情:

1. 這個操作絕對是非同步

2. 你可以用 .then(function) 來接收成功的結果

3. 你可以用 .catch(function) 來接收失敗的結果

換句話說，非同步的操作結構都會長得像這樣：

```
某個操作()
  .then(result => {
    // 接收成功的結果
  })
  .catch(error => {
    // 接收失敗的結果
  });
```

有了 Promise 以後，這些非同步操作就有了規範，你不用再去看文件才能知道是要用 onload、onsuccess 還是 onresult，一律用 .then 就對了。也不需要去記說第一個參數是 error，現在都用 .catch 來接收失敗的結果。

Promise 成功地把非同步操作變得規範化，節省了開發者的時間，碰到非同步，用 Promise 就對了。

除了使用這些已經會回傳 Promise 的 API 以外，我們也能夠自己把非同步操作變成一個 Promise。舉例來說，在沒有 Promise 的時候，我們的 sleep 函式可能會長得像這樣：

```
function sleep(ms, cb) {
  setTimeout(cb, ms)
}

sleep(2000, () => {
  // 至少兩秒後印出 hey!
  console.log('hey!')
})
```

5 理解非同步

改成 Promise 的寫法會變成這樣：

```javascript
function sleep(ms) {
  return new Promise(resolve => {
    setTimeout(resolve, ms)
  })
}

sleep(2000).then(() => {
  // 至少兩秒後印出 hey!
  console.log('hey!')
})
```

利用 new Promise 可以建立一個新的 Promise 物件，接著可以傳入一個函式，接收一個 resolve 參數，只要呼叫 resolve，Promise 就會執行 then 裡面的 function。

現在其實有許多 API 都已經改用 Promise 了，例如說前面在講 callback 時有提到的 Node.js 中的 fs.readFile，現在也有 Promise 的版本，讓非同步操作變得更加有規範。

那除了這點以外，Promise 還有哪些 callback 沒有的優點呢？

首先，Promise 保證你傳入的 callback function 只會被呼叫到一次，不必擔心被重複呼叫：

```javascript
const p = new Promise((resolve) => {
  resolve(1)
  resolve(2)
})

p.then((result) => {
  console.log(result) // 1
})
```

再來還有一個很棒的特性，那就是你在 .then 中回傳的東西，可以在下一個 .then 裏面接收：

5.3 Promise 與 async/await

```js
const p = new Promise((resolve) => {
  resolve('start')
})

p.then((result) => {
  console.log(result) // start
  return 'step1'
}).then((result) => {
  console.log(result) // step1
  return 'step2'
}).then((result) => {
  console.log(result) // step2
})
```

但如果只有這樣的話，其實沒什麼意思，真正強大的地方在於，如果你在 .then 裡面回傳的是一個 Promise，那下一個 then 接收的會是這個 Promise 的結果。看底下的範例比較清楚：

```js
const p = new Promise((resolve) => {
  resolve('p1')
})

const p2 = new Promise((resolve) => {
  resolve('p2')
})

p.then((result) => {
  console.log(result) // p1
  return p2
}).then((result) => {
  console.log(result) // p2
})
```

在這個範例中，我們在 p.then 裡面回傳了 p2，這是一個 Promise，而下一個 .then 接收的就不是 p2 了，而是 p2 resolve 以後的結果。我舉一個更實際的案例好了，假設我們有個 API 可以拿到所有使用者的 ID，然後有另一個 API 可以拿到某個 ID 的詳細資料，如果我們想拿第一筆的詳細資料，用 callback 的話會這樣做：

```
getUsers((err, users) => {
  getUserById(users[0].id, (err, user) => {
    console.log('user:', user)
  })
})
```

如果用 Promise 的話,則會變成這樣:

```
getUsers().then(users => {
  getUserById(users[0].id).then(user => {
    console.log('user:', user)
  })
})
```

但如果搭配剛剛講的特性,也就是在 then 中回傳的 Promise 會被解析,就可以把程式碼改成這樣:

```
getUsers().then(users => {
  return getUserById(users[0].id)
}).then(user => {
  console.log('user:', user)
})
```

這樣做的好處是什麼?好處是我們把結構給「壓平」了,如果上面的程式碼看不出來,我舉一個更極端的例子,假設一共要依序打四個 API,分別做的事情是:

1. 取得所有城市的 ID

2. 取得第一間城市的餐廳列表

3. 取得第一間餐廳的詳細資料

4. 取得餐廳的主人資料

用 callback 的話,會寫成這樣:

```
getCities((err, cities) => {
  getRestaurants(cities[0], (err, restaurants) => {
```

```
    getRestautant(restaurants[0].id, (err, restaurant) => {
      getUserById(restautent.ownerId, (user) => {
        console.log(user)
      })
    })
  })
})
```

隨著我們要依序呼叫的非同步操作愈多，這個巢狀也就愈深，縮排也愈多，最後就會變成俗稱的「callback hell」，可讀性會變得比較差。

但改成 Promise 以後，就可以把結構壓平：

```
getCities().then(cities => {
  return getRestaurants(cities[0])
}).then(restaurants => {
  return getRestautant(restaurants[0].id)
}).then(restaurant => {
  return getUserById(restautent.ownerId)
}).then(user => {
  console.log(user)
})
```

雖然說只是把縮排變不見而已，但在可讀性上面還是有增加一些的，這就是 Promise 可以帶來的額外好處。

總之呢，我覺得 Promise 最大的貢獻在於讓非同步變得有規範，不像以前 callback 是靠約定俗成的方式來決定該怎麼傳值跟傳錯誤。一旦有了規範以後，很多事情就簡單了，不用看文件就知道我需要用 .then 來拿結果，用 .catch 來捕捉錯誤。

讓非同步看起來像同步：async 與 await

儘管 Promise 把非同步操作變得更有規範，也把我們從 callback hell 中拉回來，可是依舊沒有辦法避免掉可讀性的問題。一旦使用了非同步操作，可讀性就會稍微變差一點。

5 理解非同步

舉例來說，假設有一個操作是先打第一隻 API 建立新的使用者，而 response 會有這個使用者的 ID，接著要再打第二隻 API 才能拿到資料，如果是用 React 之類的，大概會這麼寫：

```
function addUser(user) {
  setIsLoading(true)

  postUser(user)
    .then(id => {
      return getUserById(id)
    })
    .then(result => {
      setNewUser(result)
    })
    .catch(err => {
      toast.error('失敗')
    })
    .finally(() => {
      setIsLoading(false)
    })
}
```

當我們在 Promise 的 then 中回傳另一個 Promise 時，就可以繼續用 .then 來接收這個 Promise 的結果。利用這個特性，就可以像我剛剛講的把巢狀壓平，變成只有一層而已，可讀性會好一些些。除此之外也利用了 finally，確保無論如何都會正確設置 loading 的狀態。

但你知道可讀性最高的是什麼嗎？可讀性最高的程式碼，就是「假裝這些操作都是同步的」，就可以寫成底下這樣：

```
function addUser(user) {
  try {
    setIsLoading(true)

    const id = postUser(user)
    const result = getUserById(id)

    setNewUser(result)
```

```
  } catch (err) {
    toast.error('失敗')
  } finally {
    setIsLoading(false)
  }
}
```

對吧？如果這些操作都是同步的話，就可以寫成上面這個形式，可讀性是最好的，就是我們在寫程式碼的時候最常碰到的樣子，只要順順讀下來就可以知道發生哪些事情，沒有多餘的 callback function 來干擾視覺，更不需要什麼 .then、.catch 跟 .finally。

有夢最美，希望相隨，在 JavaScript 中沒有辦法這樣寫，因為這樣寫的話是沒辦法接收結果的，畢竟非同步就不是這樣運作的。但幸好在 ES2017 之後，多了一組 async/await 的語法，讓你可以用非常類似的寫法，只需要在函式加上 async，並且在 Promise 前面加上 await 即可：

```
async function addUser(user) {
  try {
    setIsLoading(true)

    const id = await postUser(user)
    const result = await getUserById(id)

    setNewUser(result)
  } catch (err) {
    toast.error('失敗')
  } finally {
    setIsLoading(false)
  }
}
```

很神奇吧！只要在 addUser 前面加上 async，並且在 postUser 以及 getUserById 這兩個會回傳 Promise 的函式之前加上 await，就可以利用「很像同步會寫出來的程式碼」，來執行非同步操作。

不過可不要誤會了，這只是看起來很像同步而已，事實上這整串其實還是非同步的，基本上就等價於剛剛寫的 Promise 版本：

```
function addUser(user) {
  setIsLoading(true)

  postUser(user)
    .then(id => {
      return getUserById(id)
    })
    .then(result => {
      setNewUser(result)
    })
    .catch(err => {
      toast.error('失敗')
    })
    .finally(() => {
      setIsLoading(false)
    })
}
```

換句話說，原本我們要得到 Promise 的執行結果，只能用 promise.then (callback)，現在可以用 result = await promise，而錯誤處理也是一樣的，從 promise.catch(callback) 變成了我們熟悉的 try catch。

從 callback 再到 Promise，讓非同步操作有了統一的規範，而 JavaScript 又基於 Promise 新增了 async/await 的語法，讓 Promise 可以用看起來很像同步的語法來執行，增加了不少可讀性。

現在我自己日常開發時，能用到 async/await 就直接用了，已經很少用到 callback function 了。

該如何理解 async/await 的執行順序？

我發現有些人會容易誤解 async/await 這個語法，例如說底下這兩個 function：

5.3 Promise 與 async/await

```
const sleep = ms => new Promise((resolve) => {
  setTimeout(resolve, ms)
})

async function test1() {
  await sleep(1000)
  console.log('test1')
}

async function test2() {
  sleep(1000)
  console.log('test2')
}

test1()
test2()
```

test1 跟 test2 差別在哪裡？該如何理解它們的差別？

前者有加上 await，代表 sleep() 這個操作一定要完成，才會繼續執行下一行。而後者沒有加上 await，代表不需要等待，就會直接執行下一行。

我認為用 Promise 其實是最容易理解的，可以在心裡把上面兩種使用方式，轉變為底下的 Promise：

```
async function test1() {
  await sleep(1000)
  console.log('test1')

  // 等價於
  sleep(1000).then(() => {
    console.log('test1')
  })
}

async function test2() {
  sleep(1000)
  console.log('test2')
```

5 理解非同步

```
// 等價於
sleep(1000).then(() => {
})
console.log('test2')
}
```

如果有加上 await，其實就是把後面的操作都包在 .then 裡面；沒有加的話，兩者就是平行的，因此不需要等 Promise resolve，也會繼續執行後面的操作。

再舉一個例子，底下這兩個函式的差別在哪裡？

```
async function test1() {
  for(let i=1; i<=10; i++) {
    await fetch('/?q=' + i)
  }
}

async function test2() {
  for(let i=1; i<=10; i++) {
    fetch('/?q=' + i)
  }
}
```

如同前面所說的，有加 await 代表會等待，因此 test1 中，執行到 fetch 時會先發出第一個請求，並且等待 response，收到 response 以後才會跑下一圈迴圈，發出第二個請求，以此類推。

而 test2 中因為沒有 await，所以執行 fetch 送出請求後，就立刻到了下一圈，再送出第二個請求，因此會在短時間內送出 10 個請求，不像 test1 會是一個一個慢慢送。

再來一個例子，底下的程式碼會怎麼執行？

```
async function test() {
  const arr = [1,2,3]
  arr.forEach(async (item) => {
    await fetch('/?q=' + item)
  })
```

```
}

test()
```

你可能會想說:「因為有 await,所以跟剛剛提的例子一樣,會先送出請求 1, 收到 response 後再送出請求 2,以此類推」,但其實並不是這樣的,而是三個請求會在短時間內送出,並不會等 response 回來。

為什麼呢?因為 forEach 背後的流程如下:

```
function forEach(arr, fn) {
  for(let item of arr) {
    fn(item)
  }
}

async function test() {
  const arr = [1,2,3]
  forEach(arr, async (item) => {
    await fetch('/?q=' + item)
  })
}

test()
```

forEach 就只是遍歷一個陣列,然後針對每一個元素去執行傳入的 function。如果要變成前面講的那種一個一個等待的形式,是 forEach 裡面的那句 fn(item) 前面要加上 await,才會變成這個行為,在 fn 裡面加上 await 是沒用的。

換句話說,只有在加上 await 的那一個段落會等待,其他地方是不會的。這個是有些人滿常會出錯的地方,但只要把握 forEach 的執行原理跟 await 的使用時機,就能夠知道到底哪些地方會等,哪些地方又不會。

另外,之所以前面會一直講說可以把 async/await 用 Promise 來想,是因為它其實就只是 Promise 的語法糖,本質上還是個 Promise。一個 async function 的回傳值就是一個 Promise,因此兩者甚至可以混用:

5 理解非同步

```
async function test() {
  const result = await fetch('/').then(res => res.json())
  return result
}

test().then((result) => {
  console.log(result)
})
```

不過大部分情形都不會兩種混用,那有什麼狀況可能會不傾向用 async/await,而是當成 Promise 來用呢?我們來看底下這個範例:

```
async function getUsers() {
  const result = await fetch('/users')
  const json = await result.json()
  return json.users
}

async function getRoles() {
  const result = await fetch('/roles')
  const json = await result.json()
  return json.roles
}

async function init() {
  const users = await getUsers()
  const roles = await getRoles()

  setUsers(users)
  setRoles(roles)
}
```

在這個範例中,由於 await 的特性,我們會先等 getUsers 的 response,接著才執行 getRoles。但其實這兩個 API 是沒有順序關係的,兩個應該要一起執行。如果想要一起執行的話,就必須改成這種寫法:

```
async function init() {
  getUsers().then(users => setUsers(users))
```

5.3 Promise 與 async/await

```
  getRoles().then(roles => setRoles(roles))
}
```

這時候如果把 getUsers 以及 getRoles 當作是 promise 來用，就可以忽略 await 的特性，讓兩個請求同時發出去。但其實有一個更好的解法，那就是運用 Promise.all：

```
async function init() {
  const [users, roles] = await Promise.all([
    getUsers(),
    getRoles()
  ])
  setUsers(users)
  setRoles(roles)
}
```

不過 Promise.all 的特性是必須全部都成功才會成功，其中一個如果是 reject，就會整個都 reject。因此在實務上更適合的是 Promise.allSettled，可以拿到每一個的結果，不會像 Promise.all 那樣一個失敗就全部失敗。

最後我們來講一下 Promise 的執行順序，來看看底下的範例，猜猜輸出會是什麼：

```
console.log('start')
const p1 = new Promise(resolve => {
  console.log('new promise')
  setTimeout(resolve, 1000)
})
console.log('end')
p1.then(() => {
  console.log('then')
})
```

以前有一段時間我一直以為 Promise 是在 .then 的時候才執行的，因此輸出順序是 start、end、new promise 然後 then，但後來發現其實這樣想是錯的。

正確的執行順序是 start、new promise、end 最後 then，當我們在 new 一個 Promise 的時候，傳進去的 function 就立刻同步地被執行了。

5-55

5 理解非同步

換句話說，Promise 其實只是把非同步或同步的操作結果留著，等待有人來註冊 callback function，就把結果傳給那個 function，僅此而已。因此可以把 .then 理解成是：「註冊一個 callback」。

而 Promise 的另一個特性就是，.then 永遠是非同步的，也就是說 callback 的呼叫永遠是非同步的，來看底下這個範例比較清楚：

```
const p1 = new Promise(resolve => {
  console.log('new promise')
  resolve(1)
})
p1.then(() => {
  console.log('then')
})
console.log('end')
```

new promise 會是第一個被印出的，這個應該沒有問題，剛剛就有講過了。但我們在 Promise 裡面直接呼叫了 resolve，因此當執行 .then 時，Promise 就已經是 resolved 的狀態了，因此有些人覺得第二個被印出的會是 then，最後才是 end。

但如同我剛剛說的，無論是用 .then 還是 .catch 所註冊的 callback 都一定是非同步的，因此會是 end 先被印出，再來才是 then。如果看到這邊還是不清楚為什麼「非同步會在後面才被印出」，可以回去複習前面講 event loop 的章節。

那為什麼會這樣呢？既然都 resolve 了，為什麼不直接執行 .then 就好？

因為如果這樣做的話，會有一個問題，那就是有時候 .then 會是同步的，有時候會是非同步的，反而造成了更多問題，很難去預測程式碼的執行順序，需要看看 Promise 裡面到底執行了什麼，才能知道是哪一種。

因此，.then 的執行永遠都是非同步的，會讓我們好 debug 很多，更有一致性，不需要知道 Promise 裡面執行的操作到底是同步還非同步，反正 .then 裡面的函式一定是非同步地被呼叫。

5.3 Promise 與 async/await

同理，async/await 也是一樣的：

```
async function test() {
  console.log(1)
  await 1
  console.log(2)
}

test()
console.log('end')
```

上面這段程式碼的輸出會是：1,end,2，儘管 await 後面接的不是 Promise，後面的操作也會變成非同步的。如果這個概念對你來說有點困難，可以試著把 async/await 還原成 Promise 的形式，可能會更好懂一點：

```
function test() {
  return new Promise(resolve => {
    console.log(1)
    Promise.resolve(1).then(() => {
      console.log(2)
    })
  })
}

test()
console.log('end')
```

async function 其實就是回傳一個 Promise，而 await 1 就是 Promise.resolve(1)，後續的操作都放在 .then 裡面。

最後的最後，我們再來拆解一個 async function，把它變成 Promise 的形式，再熟悉一次這段過程：

```
async function getData() {
  let url = 'https://httpbin.org/json'
  const resp = await fetch(url)
  const json = await resp.json()
  console.log('json', json)
```

5-57

5 理解非同步

```
  return json
}

getData()
```

上面這一段 async 的函式,可以轉成底下的 Promise:

```
function getData() {
  return new Promise(resolve => {
    let url = 'https://httpbin.org/json'
    fetch(url).then(resp => {
      resp.json().then(json => {
        console.log('json', json)
        resolve(json)
      })
    })
  })
}

getData()
```

　　由於 async function 回傳的會是一個 Promise,因此最外層直接包一個 new Promise,再來掌握一個重點就好,那就是:「碰到 await 就變成 .then」,把握這個原則之後就簡單了。如果還是不熟悉的話,可以兩個對照著多試幾次,應該就會熟悉了。

再多瞭解 Promise 一點

　　稍微整理一下目前我們對 Promise 的理解。

　　Promise 是一種可以統一非同步行為的物件,只要把非同步操作包裝成 Promise,就可以利用 .then 取得結果,利用 .catch 捕捉到錯誤,並且還可以用 async/await 的語法讓它看起來很像同步的程式碼。

　　因為 Promise 本來就是為了非同步產生的,所以無論如何,.then 以及 .catch 註冊的函式都會是非同步執行的,而且只會被執行一次。其實除了 .catch 以外，.then 本身就可以傳入兩個 function 了，第一個就是成功時會執行的 function，第二個則是失敗的時候，不過實務上比較少用，因為 .catch 的可讀性還是會更高一些。

前面有寫到過另外一個很實用的方法，叫做 .finally，用法跟 try…catch…finally 是一樣的，意思就是：「不管成功還是失敗，最後都會執行 finally」：

```
new Promise((resolve, reject) => {
  reject(1)
}).then(() => {
  console.log('success')
}).catch(() => {
  console.log('fail')
}).finally(() => {
  console.log('finally')
})
```

上面這段程式碼最後的輸出為：「fail,finally」。

那 finally 會用在哪裡呢？通常都用在「不管成功或失敗，你都想執行的程式碼」。舉一個 Vue 的例子好了，如果你用一個叫做 isLoading 的 ref 來控制 loading 狀態，並且 UI 會跟著改變，那執行操作時，你可以這樣寫：

```
function handleCreate() {
  isLoading.value = true
  createUser(data).then(() => {
    toast.success('建立成功')
  }).catch((err) => {
    toast.error('建立失敗：', err.message)
  }).finally(() => {
    isLoading.value = false
  })
}
```

因為不管成功或失敗，最後一定都要把 isLoading 恢復成 false，所以寫在 finally 裡面是最合適的了。若是用 async/await 的話，也能寫成一樣的形式，而且可讀性更好：

5 理解非同步

```
function handleCreate() {
  try {
    isLoading.value = true
    await createUser(data)
    toast.success(' 建立成功 ')
  } catch (err) {
    toast.error(' 建立失敗：', err.message)
  } finally {
    isLoading.value = false
  }
}
```

另外，前面有提到過可以把 .then 與 .catch 視為是一種「註冊 callback function」的行為，而這個註冊的動作其實可以不只有一個：

```
const result = fetch('https://httpbin.org/json')
result.then((response) => {
  console.log('response1', response)
})
result.then((response) => {
  console.log('response2', response)
})
```

前面所講的「.then 只會被呼叫到一次」，指的是單一個 .then，如果你註冊兩次的話，那理所當然兩個都會被呼叫到，但重點是這兩個分別只會被呼叫最多一次，這並不違背我們之前所提的概念。

看到這邊，應該會對 Promise 的概念越來越清晰，其實它本質上就是：「執行操作並把結果存起來，等你來取的時候再給你」，僅此而已。

除了前面介紹過可以用來同時執行多個 Promise 的 all 以及 allSettled 以外，還有另外兩個 race 跟 any 可以用。

先來講一下 Promise.race，它會接收多個 promise，並且在任何一個 resolve 或 reject 時回傳結果。直接舉個例子好了：

```
Promise.race([
  new Promise((r) => setTimeout(() => r('500'), 500)),
```

5-60

5.3 Promise 與 async/await

```
  new Promise((r) => setTimeout(() => r('300'), 300)),
]).then(result => {
  console.log(result) // 300
}).catch(err => {
  console.log(err)
})

Promise.race([
  new Promise((r) => setTimeout(() => r('500'), 500)),
  new Promise((_, reject) => setTimeout(() => reject('err'), 300)),
]).then(result => {
  console.log(result)
}).catch(err => {
  console.log(err) // err
})
```

在上面兩個範例中，都是第二個 300 毫秒後會有結果的 Promise 優先，因此最後用 .then 以及 .catch 接收到的結果，就會是那個跑最快的 Promise 的結果。雖然用上面這個範例可以讓大家知道 Promise.race 在幹嘛，但應該還是會想說：「可是能用在哪裡？」，別擔心，就讓我來舉一個很有用的例子：timeout。

假設我們現在需要打一個 API 拿資料，如果 3 秒內沒有結果的話就當作失敗並且跳出錯誤訊息，一個簡單的實作如下：

```
function getData() {
  return new Promise((resolve, reject) => {
    setTimeout(() => {
      reject('timeout')
    }, 3000)

    fetch('https://httpbin.org/delay/5')
      .then(resolve)
      .catch(reject)
  })
}

async function main() {
  try {
```

5-61

5 理解非同步

```
    const result = await getData()
    console.log(result)
  } catch (err) {
    console.log(err)
  }
}
main()
```

若是運用了 race 的特性,可以改寫成這樣:

```
const timeout = ms =>
  new Promise((_, reject) => setTimeout(() => {
    reject('timeout')
  }, ms))

function getData() {
  return Promise.race([
    timeout(3000),
    fetch('https://httpbin.org/delay/5')
  ])
}
```

因為 race 會回傳先有結果的 Promise,所以只要傳入我們原本想做的操作跟一個 3 秒後會 reject 的 Promise,就能製造出 timeout 的效果,這樣的可讀性會比剛剛還要再高一點,比較好看懂。

不過上面的方式只是先返回而已,請求並沒有取消。如果想要同時有 timeout 跟取消請求的功能,可以用 AbortController 或是更簡單的 AbortSignal.timeout(3000) 來取代原本我們自己寫的 timeout。

再看另一個範例,底下是 Visual Studio Code 的其中一段原始碼[30],就把 Promise.race 用在了 timeout,讓初始化不要 block 使用者超過五秒:

---

30 https://github.com/microsoft/vscode/blob/2dd85deb72d1493dff7b6b128d2b646e2156c73e/src/vs/workbench/browser/web.main.ts#L405

```
try {
  await Promise.race([
    // Do not block more than 5s
    timeout(5000),
    this.initializeUserData(userDataInitializationService, configurationService)]
  );
} catch (error) {
  logService.error(error);
}
```

　　Promise.race 的作用是「先有結果的贏」，無論這個結果是成功或是失敗都一樣，而有另外一個類似的 Promise.any，作用是「先 resolve 的贏」，意思就是它不管 reject 的情形，只關注 resolve。

　　這又可以用在哪裡呢？

　　我們來考慮另外一個情境，假設你需要拿一個資料，例如說現在的比特幣價格好了，而你有多個資料來源可以參考，但這幾個都不太穩定，因此你決定全部拿，但只要最快的結果，就可以這樣寫：

```
try {
  const price = await Promise.any([
    getBtcPriceFromCoinhako(),
    getBtcPriceFromCoinmarketcap(),
    getBtcPriceFromOracle(),
  );
  console.log(price)
} catch (err) {
  console.log(err);
}
```

　　那為什麼不能用 Promise.race 呢？這是因為我們不關心失敗的狀況，如果是用 Promise.race 的話，第一個先回傳失敗，就算第二個後來成功了，也不會拿到第二個的資料。我們關注的是成功的情況，所以想拿的結果是第一個成功的，因此更適合使用 Promise.any。

5 理解非同步

講完了這些實際使用 Promise 時會用到的東西以及技巧以後,我們來談點比較少碰到的。

首先我們來看看 Promise 的 chaining,之前有提過說你可以一直 .then,不斷串接下去:

```
fetch('https://httpbin.org/json')
  .then(() => {
    return 1
  })
  .then(() => {
    return 2
  })
  .then((n) => {
    console.log(n)
  })
```

像這種用法,如果有寫過 jQuery 的人應該不會太陌生:

```
$('#content')
    .find('p') // 選擇所有底下的 <p> 元素
    .eq(0)     // 選擇第一個 <p> 元素
    .text('Hello, World!') // 把文字改成 "Hello, World!"
    .css('color', 'red');  // 改 CSS
```

雖然用法看起來很像,但其實背後是完全不同的。jQuery 的這種方式,實作上是每一個方法的回傳值都是 this,所以可以一直不斷接下去,原理大概是像這樣:

```
function Integer(num) {
  this.num = num
}

Integer.prototype.add = function(n) {
  this.num += n
  return this
}
```

5-64

```
Integer.prototype.toNumber = function() {
  return Number(this.num)
}

console.log(
  new Integer(1)
    .add(5)
    .add(3)
    .add(9)
    .toNumber()
) // 18
```

只要在方法中回傳 this 就行了。

雖然 Promise 的用法看起來也很像這樣，但其實完全不同。以 Promise 來說，其實每一次 .then 都會建立一個新的 Promise，換句話說，背後的概念就像這樣：

```
fetch('https://httpbin.org/json')
  .then((res) => {
    return res.json()
  })
  .then((result) => {
    console.log(result)
  })


// 等價於
const p1 = fetch('https://httpbin.org/json')
const p2 = p1.then((res) => {
  return res.json()
})
const p3 = p2.then((result) => {
  console.log(result)
})
```

fetch 會回傳第一個 Promise，.then 以後又會回傳第二個 Promise，最後的 .then 也會回傳 Promise，所以這整個過程中其實是有三個 Promise 被建立。

同樣以剛剛我們自己寫的那個 Integer 來舉例，會像是這樣：

```javascript
function Integer(num) {
  this.num = num
}

Integer.prototype.add = function(n) {
  // 直接建立一個新的，而不是回傳 this
  return new Integer(this.num + n)
}

Integer.prototype.toNumber = function() {
  return Number(this.num)
}

console.log(
  new Integer(1)
    .add(5)
    .add(3)
    .add(9)
    .toNumber()
) // 18
```

最後要講到的是實務上比較不會碰到的狀況，像是下面這樣：

```javascript
Promise.resolve(1)
  .then()
  .then(123)
  .then(res => {
    console.log(res) // 1
  })
```

之前有講到當我們在 .then 裡面回傳一個值的時候，這個值會被當作下一個 .then 接收到的東西。但在上面的例子中，我們第一個 .then 是空的，第二個 .then 不是函式，而是一個數字，一直到第三個 .then 才終於是個合格的函式。

以結果來看，最原始的 Promise 輸出被我們最後一個 .then 給接收到了。

5-66

這大概就像是一個管道的概念，我們可以在 Promise 之間接起一條條的水管，讓第一個 Promise 的輸出可以流到下一個 Promise 去。而 .then 中要傳入合格的 function，才能接住從上一層流下來的東西，否則只會繼續往下層流去，直到有人接住為止。

5.4 從 Promise 開始擴充 event loop 模型

前面有提過 Promise 的 callback 一定是非同步的，那下面程式碼的輸出結果會是什麼？

```
console.log('start')
Promise.resolve(1)
  .then(() => {
    console.log('resolved')
  })
console.log('end')
```

答案就是：「start,end,resolved」，因為 .then 是非同步的嘛，搭配我們以前學過的 event loop 概念，應該不難理解。如果你認為的輸出並不是這樣的話，可以翻回去複習一下非同步的順序以及 event loop，再翻回來繼續往下看。

那如果是這樣呢？我在最前面加一個 setTimeout：

```
setTimeout(() => {
  console.log('timeout')
}, 0)
console.log('start')
Promise.resolve(1)
  .then(() => {
    console.log('resolved')
  })
console.log('end')
```

根據我們之前學過的概念，順序應該會是：「start,end,timeout,resolved」，前兩個是同步的，後兩個則是依照放進去 task queue 的順序，因為 timeout 先，所以會在前面。

但如果實際去跑，會發現順序是：「start,end,resolved,timeout」，沒想到先放進去的 timeout，卻跑到了最後面！之所以會有這個結果，是因為我們對 event loop 的認識其實還不夠，之前學習的模型不夠完整，因此需要做個修正。

在修正以前，我們先來複習一次 event loop 的行為：

```
while(true) {
  if ( 還有 task) {
    let task = 拿第一個 task 出來()
    task.run()
  }
}
```

簡單來說就是不斷從 task queue 裡面拿 task 出來執行，等到當前的任務執行完畢，才會執行下一個任務。

Promise 的行為不同，就是因為上面的這個模型不夠精確。

Task 與 microtask

事實上，非同步任務其實還分成兩種，第一種就是之前講的 task，而另外一種則是之前沒學過的概念，叫做 microtask，micro 是微小的意思，因此有人把它翻譯成：「微任務」，而為了與 microtask 做出區別，也有人習慣在 task 前面冠上一個相對的「大」，變成 marcotask。

不過在本書中，不會使用 macrotask 這個名詞，而是遵循著規格用 task 以及 microtask 這兩個名詞（晚點會看到規格上的定義）。

而 microtask 的處理順序其實也很好理解，都叫做 micro 了，照理來說會是更小的任務，因此要盡快解決，所以只要一找到機會（當 call stack 為空的時候），就會把 microtask 處理掉，而且是一次處理完。

5.4 從 Promise 開始擴充 event loop 模型

Promise 在呼叫 .then 以及 .catch 的時候，同樣都是非同步，但卻屬於 microtask，而又因為 microtask 會盡快執行，所以才會比 setTimeout 還優先，這也解釋了我們剛剛範例的輸出為什麼是這樣：

```
setTimeout(() => {
  console.log('timeout')
}, 0)
console.log('start')
Promise.resolve(1)
  .then(() => {
    console.log('resolved')
  })
console.log('end')
```

在剛剛的範例中，當我們的 script task 結束之後，microtask queue 裡面有一個任務，而 task queue 裡面也有一個任務。由於 microtask 需要盡快執行，因此會先執行 microtask 的，也就是 Promise.prototype.then，所以會先輸出 resolved，再來才輸出 timeout。

那接著來猜猜看底下的輸出會是什麼：

```
setTimeout(() => {
  console.log('timeout')
}, 0)
console.log('start')
Promise.resolve(1)
  .then(() => {
    console.log('resolved1')
    Promise.resolve(2).then(() => {
      console.log('resolved2')
    })
  })
console.log('end')
```

在全部程式碼跑完一遍，還沒有執行任何非同步的任務時，task queue 裡面有 setTimeout 的 callback，而 microtask queue 裡面則是有 Promise.resolve(1) 的 callback，此時 start 跟 end 都已經被印出來了。

5-69

接著，剛剛提過 microtask 優先，因此會先執行 Promise.resolve(1) 的 callback，先印出 resolved1，接著再把 Promise.resolve(2) 的 callback 丟進去 microtask queue 裡面。

此時因為 microtask queue 裡面依然有東西，所以還是會先被執行，因此印出了 resolved2，執行完以後 microtask queue 空了，最後才會拿出 task queue 裡的任務，執行 setTimeout 的 callback，印出 timeout。

只要把握「microtask 一定要全部處理完，才會處理 task」的原則，就不難知道最後的執行順序。

如果來一個更複雜的範例的話，會長得像這樣：

```
setTimeout(() => {
  console.log('timeout')
}, 0)

Promise.resolve()
  .then(() => {
    console.log('promise1-1')
    Promise.resolve().then(() => {
      console.log('promise1-2')
    })
  })

Promise.resolve().then(() => {
  console.log('promise2-1')
  setTimeout(() => {
    console.log('promise2-2')
  }, 0)
})
```

碰到執行順序的問題時其實很簡單，我們一步一步看就好。

當我們把這整個 script 任務跑完以後，queue 長得會像這樣：

5.4 從 Promise 開始擴充 event loop 模型

1. microtask queue:[第一個 Promise 的 then, 第二個 Promise 的 then]

2. task queue:[第一個 setTimeout]

接著因為 call stack 空了，因此從 microtask 中拿出第一個任務，也就是第一個 Promise 的 then，會執行：

```
console.log('promise1-1')
Promise.resolve().then(() => {
  console.log('promise1-2')
})
```

此時先把 promise1-1 印出來，接著再插入了一個 microtask，此時的 microtask queue 有兩個元素，第一個是之前還沒跑完的，第二個是剛剛插入的。

執行完這個 microtask 以後，再往 microtask 拿任務，會拿到這個：

```
console.log('promise2-1')
setTimeout(() => {
  console.log('promise2-2')
}, 0)
```

一樣先把 promise2-1 印出來，接著呼叫 setTimeout，跟瀏覽器說當時間到了的時候，往 task queue 放入一個任務。

結束以後，我們把最後一個 microtask 拿出來：

```
console.log('promise1-2')
```

就只是把 promise1-2 印出來而已，印完之後 microtask 清空了，於是往 task queue 拿任務，會依序拿出印出 timeout 的任務，以及印出 promise2-2 的任務。

所以呢，最後的順序為：promise1-1,promise2-1,promise1-2,timeout,promise2-2。

只要遵循著「先跑完 microtask，再跑 task」的原則，要知道執行順序就不是什麼難事。

那除了 Promise 的 callback 是 microtask 以外，還有哪些任務是 microtask 呢？還有一個用來監控 DOM 的 MutationObserver 也是，以及另外一個聽名字就知道是的 queueMicrotask，這些都是 microtask。

除了 microtask 以外的非同步任務，基本上都可以當作是 task，基本上啦。

Event handler 的同步與非同步

補充了 microtask 與 task 的知識以後，我們來看看 event handler。前面有提到過，event handler 也是一種 task，因此假設我們有這樣的 HTML，由 container 包著 box：

```
<div id=container>
  <div id="box">click me</div>
</div>
```

搭配上底下的 JavaScript：

```
<script>
 document.querySelector('#container')
   .addEventListener('click', () => {
     console.log('click container')
     Promise.resolve().then(() => {
       console.log('container promise')
     })
   })
 document.querySelector('#box')
   .addEventListener('click', () => {
     console.log('click box')
     Promise.resolve().then(() => {
       console.log('box promise')
     })
   })
</script>
```

當我在畫面上點了 box 的時候，會輸出什麼？

答案會是：click box,box promise,click container,container promise。

5.4 從 Promise 開始擴充 event loop 模型

如果按照由 Jake Archibald 所寫的經典文章《Tasks,microtasks,queues and schedules》[31] 中的說法，當你點擊畫面時，會執行一個叫做 dispatch event 的 task，接著在這個 task 中先執行了 box 的 click handler，印出 click box，接著新增一個 microtask，此時雖然 task 還沒執行完，但是 stack 是空的，因此有時間執行 microtask，於是就輸出 box promise。

接著執行 container 的 callback，輸出 click container，然後新增一個 microtask，此時 click function 執行完畢，call stack 為空，因此執行剛剛的 microtask，輸出 container promise。

這個說法我一開始有個地方非常不能理解，那就是如果 stack 已經是空的，不是就代表 task 已經執行完畢嗎？那為什麼還可以繼續執行下一個 callback？不過我後來看了他在 JSConf 的演講[32]，發現重點應該是「script」。

舉個例子，假設我們有底下的程式碼：

```
console.log(1)
console.log(2)
```

按照之前所說的，call stack 會先有一個叫做 script（或你習慣叫 main 也可以）的東西，接著才執行 console.log(1)，然後 console.log(2)，執行完以後再把 script pop 掉，整個任務結束。因此 call stack 是空的，就代表 script 已經被 pop 掉了，同時也代表任務結束。

但是在剛剛的案例中，並沒有 script 這個步驟，因此才會發生：「任務還在執行，但是 call stack 是空的」的狀況。

不過 event handler 的有趣之處不只如此，而是在「由人去點擊而觸發事件」以及「用 JavaScript 去觸發事件」，會是不同的狀況。還是剛剛的程式碼，我們現在不點了，而是在最後面加上一行：

```
document.querySelector('#box').click()
```

---

31 https://jakearchibald.com/2015/tasks-microtasks-queues-and-schedules/
32 https://www.youtube.com/watch?v=cCOL7MC4Pl0&ab_channel=JSConf

此時的執行順序會變得完全不同。

輸出變成了：click box,click container,box promise,container promise。

之所以會有這樣的行為，是因為用 JavaScript 去觸發事件的話，會是同步的！這點因為我有在工作上實際碰到過，所以印象非常深刻，當初也大吃了一驚。看底下這個範例最好懂：

```
<div id=container>
  <div id="box">click me</div>
</div>
<script>
  document.querySelector('#box')
    .addEventListener('click', () => {
      console.log('click box')
      Promise.resolve().then(() => {
        console.log('box promise')
      })
    })


  console.log('before click')
  document.querySelector('#box').click()
  console.log('after click')
</script>
```

最後的輸出是：before click,click box,after click,box promise，從這個輸出中就可以知道，這個 event handler 的呼叫是同步的，因為 click box 的輸出在 before 跟 after 中間。如果是非同步的話，那 click box 的輸出會在 after 之後。

也就是說，當我們呼叫 .click() 以後，就會立刻執行 click 的 event handler，由於整個 event 的傳遞都是同步的，因此當然會先把所有的 event listener 都執行完畢，最後才執行 microtask。

5-74

Event loop 與畫面的更新

在談到 event loop 與更新畫面的關聯之前，先來聊聊「更新畫面」這件事情。

如果要透過 JavaScript 更新畫面的話，需要透過 DOM 物件，例如說我想把 document.body 的背景變成紅色，可以這樣做：

```
document.body.style.background = 'red'
```

那如果我更新了兩次呢？像是這樣：

```
document.body.style.background = 'red'
document.body.style.background = 'blue'
```

在畫面中會看見背景突然變紅色，又變成藍色嗎？答案是不會的，只會看到藍色而已。這背後的原理非常重要，代表著「更新 DOM 跟更新畫面是兩回事」，你更新了 DOM，畫面不一定會馬上更新。

要等到畫面更新的時候，才會依照那時候的顏色去繪製，而不是你每改變一次就更新一次，否則的話也太沒效率了。那畫面大概多久會重新繪製呢？這通常要依據螢幕的更新率來看，以 60hz 的螢幕來說，就是一秒鐘更新 60 次，每一次我們叫做一個 frame（俗稱的幀或是影格），因此一秒有 60 個 frame 的話，一個 frame 就是 1000/60 大約是 16.6 毫秒，也就是說每 16.6 毫秒會更新一次畫面。

知道這個特性以後，我們可以來看看底下的這個用 JavaScript 實作的動畫：

```
<div id=container>
  <div id="box"></div>
</div>
<style>
  #box {
    width: 100px;
    height: 100px;
    background: red;
    position: relative;
  }
</style>
```

5 理解非同步

```
<script>
  function animate() {
    let left = 0
    const timer = setInterval(() => {
      if (left > 1000) {
        clearInterval(timer)
        return
      }
      box.style.left = `${left++}px`
    }, 4)
  }

  animate()
</script>
```

在這段程式碼中,畫面上的方格每 4 毫秒就會被更新一次 left 的值,所以會在畫面上不斷往右移動,直到達到 1000px 為止。如果你自己去瀏覽器上面跑過一遍的話,會發現這個動畫看起來有點不太連貫。

這是為什麼呢?

因為剛剛有提到,大約是每 16 毫秒才會更新一次畫面,而在這 16 毫秒中我們已經跑了四次的 function,left 已經被加 4 了,因此實際看到的畫面其實是每 4px 在動(其實不一定真的會跑到 4 次,還要看其他因素,有可能只跑到兩三次),並不是 1px 1px 在移動。

如果我們想要在每一次更新畫面的時候移動 1px,這時候需要用到另外一個函式,叫做 requestAnimationFrame,這個函式會在每一次瀏覽器要更新畫面之前呼叫。程式碼修改成這樣:

```
<div id=container>
  <div id="box"></div>
  <div id="box2"></div>
</div>
<style>
  #box {
    width: 100px;
```

5-76

5.4 從 Promise 開始擴充 event loop 模型

```
    height: 100px;
    background: red;
    position: relative;
  }

  #box2 {
    width: 100px;
    height: 100px;
    background: red;
    position: relative;
  }
</style>
<script>
  function animate() {
    let left = 0
    const timer = setInterval(() => {
      if (left > 1000) {
        clearInterval(timer)
        return
      }
      box.style.left = `${left++}px`
    }, 4)
  }

  function animate2() {
    let left = 0
    requestAnimationFrame(function run() {
      box2.style.left = `${left++}px`
      if (left < 1000) {
        requestAnimationFrame(run)
      }
    })
  }

  animate()
  animate2()
</script>
```

理解非同步

順便保留之前 setInterval 的版本作為對比，會發現利用 requestAnimationFrame 的版本會跑得比較慢，但動畫也會比較流暢，因為真的是 1px 1px 的在動，不像 setInterval 的版本一次會移動好幾個 px。

那假設我們想要點一個按鈕之後，讓整個畫面變藍色之後立刻變紅色，該怎麼做呢？很直覺就會想到可以這樣做：

```
<body></body>
<script>
  document.body.onclick = function() {
    document.body.style.background = 'blue'
    requestAnimationFrame(() => {
      document.body.style.background = 'red'
    })
  }
</script>
```

但其實這樣是行不通的，因為畫面更新是在執行 requestAnimationFrame 的 callback 之後，因此我們其實是先把背景顏色改成藍色，接著在繪製前又變成紅色，所以最後只會有紅色而已。

如果想達成我們的目標，就需要兩層 requestAnimationFrame：

```
<body></body>
<style>
</style>
<script>
  document.body.onclick = function() {
    document.body.style.background = 'blue'
    requestAnimationFrame(() => {
      requestAnimationFrame(() => {
        document.body.style.background = 'red'
      })
    })
  }
</script>
```

5.4 從 Promise 開始擴充 event loop 模型

假設現在的 frame 叫做 f1，下一個 frame 叫做 f2，在 f1 要 render 之前，會執行我們之前安排好的 callback：

```
requestAnimationFrame(() => {
  document.body.style.background = 'red'
})
```

這個 requestAnimationFrame 的 callback 會被放到下一個 frame，也就是 f2 去，因此 f1 結束時的背景顏色是藍色，到下一個 f2 render 前會執行剛剛安排好的 function，將背景改成紅色，然後繪製。

不過你實際去試的話不一定看得出來就是了，因為一個 frame 只有 16 毫秒，可能根本看不到。想要看見效果的話，可以試試底下這個範例，一直反覆換顏色：

```
<body></body>
<script>
 document.body.onclick = function run () {
    document.body.style.background = 'black'
    requestAnimationFrame(() => {
      requestAnimationFrame(() => {
        document.body.style.background = 'grey'
        requestAnimationFrame(() => {
          requestAnimationFrame(() => {
            run()
          })
        })
      })
    })
  }
</script>
```

我自己試過如果是紅色跟藍色會太閃，因此換成黑色跟灰色了。這一段程式碼的效果是點了按鈕以後，f1 是黑色，f2 是灰色，f3 又是黑色，以此類推，會以最快的速度在黑色跟灰色之間切換（請謹慎執行，眼睛可能會感到些許不適）。

5 理解非同步

總之呢，如果你在程式碼中看到兩層的 requestAnimationFrame，就代表這裡面的操作想要在下一個 frame render 之前被執行到。

而 render 這個動作，其實也有被定義在 event loop 裡面，它是被放在最後一個步驟，而且如果瀏覽器判斷這一圈已經花太多時間的話，會直接跳過這個步驟，因此並不是每一圈的 event loop 都會執行 render。

所以呢，我們可以透過塞一大堆 task 來把時間拖慢，就能讓瀏覽器跳過 render，範例如下：

```
<body></body>
<style></style>
<script>
  let total = 0
  document.body.onclick = function run (first = true) {
    if (first) {
      setTimeout(function timeout() {
        total++
        // 不斷往 task queue 塞東西
        for(let i=1; i<=100000; i++) {
          setTimeout(() => {
            total++
          }, 10)
        }
        // 遞迴呼叫
        setTimeout(timeout, 10)
      }, 10)
    }
    document.body.style.background = 'black'
    requestAnimationFrame(() => {
      requestAnimationFrame(() => {
        document.body.style.background = 'grey'
        requestAnimationFrame(() => {
          requestAnimationFrame(() => {
            run(false)
          })
        })
      })
    })
```

}
</script>
```

執行了上面的程式碼之後，會發現畫面閃爍的頻率變低了，這正是因為有些 render 被跳過，所以才不會像一開始閃得這麼快。這些範例其實是在告訴我們說，無論是執行什麼任務，都需要注意時間，如果跑太慢超過 16ms 的話，就會拖累到畫面的更新，造成畫面的 lag。

# 在 React 以及 Vue 中的應用

理解非同步之所以是一件非常重要的事情，是因為或許你在日常開發上沒注意到，但其實時時刻刻都會用到非同步的相關概念。尤其是現代的前端框架，其實背後有許多的非同步概念在裡面。

以 Vue 來說，請問底下的網頁按下 h1 以後會輸出什麼？

```
<!DOCTYPE html>
<head>
  <script src="https://unpkg.com/vue@3.2.20"></script>
</head>
<body>
  <div id="app">
    <h1 @click="update">Count: {{ count }}</h1>
  </div>

  <script>
    const { createApp, ref} = Vue;

    createApp({
      setup() {
        const count = ref(0);

        function update() {
          count.value++
          console.log(count.value) // ?
          console.log(document.querySelector('h1').innerText) // ?
```
```

5 理解非同步

```
    }
    return { count, update };
  }
}).mount('#app');
</script>
</body>
</html>
```

這是一個用 Vue3 寫的簡單網頁，按下按鈕之後 count.value 會先加 1，因此第一個 count.value 理所當然會輸出 1，但重點是第二個 console.log，我們直接去 query DOM 的值，此時的值會是什麼？

這個值的結果會關乎到 Vue 底層是如何運作的，如果我們在更新了 count 之後 DOM 會立刻被更新，那麼印出來的就會是 Count:1，如果不會立刻更新，那就會是 Count:0，而實際試過之後，會發現是後者，結果是 Count:0。

這個簡單的實驗告訴我們說當你更新了 Vue 中的狀態時，DOM 並不會立即更新，而這在現代的前端框架裡面是很常見的事情。由於頻繁更新 DOM 是一件需要避免的事情（效能因素），因此大部分的前端框架都會一次把所有要更新的東西集合在一起，最後統一更新一次就好。

舉例來說，如果我有這樣的程式碼：

```
for(let i=0; i<100; i++) {
  count.value = i
}
count.value = 1
```

如果每改一次 value 就會更新一次 DOM 的話，那就會呼叫到 101 次，但如果沒有及時更新的話，只需要呼叫一次就好。這其實就很像之前提過的頁面 render，並不是你改變 DOM 就會 render，這兩件事情是分開的。

這點其實在 Vue 的官方文件[33]裡面也說明得很清楚了：

---

33 https://cn.vuejs.org/api/general.html#nexttick

5.4 從 Promise 開始擴充 event loop 模型

> **quote**
>
> 當你在 Vue 中更改響應式狀態時，最終的 DOM 更新並不是同步生效的，而是由 Vue 將它們快取在一個佇列中，直到下一個「tick」才一起執行。這樣是為了確保每個組件無論發生多少狀態改變，都僅執行一次更新。

那如果我們想要取得更新後的 DOM，該怎麼做呢？根據官方文件，在 Vue 裡面可以用 nextTick：

```
function update() {
  count.value++
  console.log(count.value)
  nextTick(() => {
    console.log(document.querySelector('h1').innerText)
  })
}
```

只要在 nextTick 裡面傳入一個 function，就能確保拿到更新後的 DOM。那到底 nextTick 的實作是什麼呢？我們來看一下 Vue3 的原始碼[34]，為了方便閱讀，我把 TypeScript 的部分轉成 JavaScript 了

```
const resolvedPromise = Promise.resolve()
let currentFlushPromise = null

export function nextTick(
  this,
  fn,
){
  const p = currentFlushPromise || resolvedPromise
  return fn ? p.then(this ? fn.bind(this) : fn) : p
}
```

這不就是我們熟悉的 Promise 嗎？

---

34 https://github.com/vuejs/core/blob/v3.4.21/packages/runtime-core/src/scheduler.ts#L52

5 理解非同步

剛才有提過在 Vue 裡面對於 DOM 的更新會是一起做的，而為了一次性更新 DOM，會有一個叫做 flush 的函式，因此這邊才會有 currentFlushPromise，如果有的話，就把 nextTick 排在 currentFlushPromise 之後，用 .then 新增一個 microtask；沒有的話就用 Promise.resolve().then 的方式新增一個 microtask。

總之呢，nextTick 利用了 microtask 來確保在任務處理完以後，能夠盡快執行傳入的函式。

而在 Vue2 裡面，nextTick 的實作[35] 更複雜一點，而且包含了一堆註解說明會碰到的 edge case，我們一起來分段看一下：

```
// Here we have async deferring wrappers using microtasks.
// In 2.5 we used (macro) tasks (in combination with microtasks).
// However, it has subtle problems when state is changed right before repaint
// (e.g. #6813, out-in transitions).
// Also, using (macro) tasks in event handler would cause some weird behaviors
// that cannot be circumvented (e.g. #7109, #7153, #7546, #7834, #8109).
// So we now use microtasks everywhere, again.
// A major drawback of this tradeoff is that there are some scenarios
// where microtasks have too high a priority and fire in between supposedly
// sequential events (e.g. #4521, #6690, which have workarounds)
// or even between bubbling of the same event (#6566).
```

第一段裡面提到在 Vue 2.5 時有嘗試用過 task，但是會碰到一些問題，因為有直接附上 issue 的編號，所以我順手查了一下 issue 的標題：

[#7109]In Vue 2.5，the use of MessageChannel in nextTick function will lead to audio can not play in some mobile browsers

[#7153]Input@keydown class binding-Micro/Macro Task

[#7546]iPad/iPhone keyboard is not shown when input gets focus(works in Vue 2.4.x)

---

35 https://github.com/vuejs/vue/blob/v2.7.16/src/core/util/next-tick.ts

5.4 從 Promise 開始擴充 event loop 模型

[#7834]Unable to simulate click in $nextTick

[#8109] 在 ios 的 safari 上 bfcache 失效

基本上都是跟 event handler 有關的，而且沒辦法修，因此後來改回用 microtask，雖然還是有一些問題，但至少都有 workaround。

看到這邊我好奇 Vue 2.5 的實作是什麼，因此去看了一下 [36]：

```js
// An asynchronous deferring mechanism.
// In pre 2.4, we used to use microtasks (Promise/MutationObserver)
// but microtasks actually has too high a priority and fires in between
// supposedly sequential events (e.g. #4521, #6690) or even between
// bubbling of the same event (#6566). Technically setImmediate should be
// the ideal choice, but it's not available everywhere; and the only polyfill
// that consistently queues the callback after all DOM events triggered in the
// same loop is by using MessageChannel.
/* istanbul ignore if */
if (typeof setImmediate !== 'undefined' && isNative(setImmediate)) {
  timerFunc = () => {
    setImmediate(nextTickHandler)
  }
} else if (typeof MessageChannel !== 'undefined' && (
  isNative(MessageChannel) ||
  // PhantomJS
  MessageChannel.toString() === '[object MessageChannelConstructor]'
)) {
  const channel = new MessageChannel()
  const port = channel.port2
  channel.port1.onmessage = nextTickHandler
  timerFunc = () => {
    port.postMessage(1)
  }
}
```

---

36 https://github.com/vuejs/vue/blob/v2.5.0/src/core/util/env.js

5 理解非同步

在 Vue 2.5 中的註解就提到了用 microtask 會碰到的問題,因此改用 task,而最理想的新增 task 的方式是 setImmediate,但不一定每個環境都有,因此次佳的解法是利用 MessageChannel。

短暫看完了 Vue 2.5 以後,再讓我們看回來現在最新的 Vue 2.7 的註解,註解中提到了用 microtask 也會碰到一些問題,那到底是哪些問題呢?

[#4521]checkbox can not be selected if it's in a element with@click listener?

[#6690]Select value is not updated correctly when input handler triggers class change

[#6555]@click would trigger event other vnode@click event

看起來也是跟都跟 event handler 有關係,而其中最有趣的莫屬 #6566 這個了,這個 issue 是這樣的,先來看一下它的 HTML 結構的重點部分:

```html
<div class="header" v-if="expand">
  <i @click="expand = false, countA++">Expand is True</i>
</div>
<div class="expand" v-if="!expand" @click="expand = true, countB++">
  <i>Expand is False</i>
</div>
```

兩個 div,第一個只會在 expand 是 true 的時候出現,第二個則相反,而程式剛開始時 expand 會是 false。接著點擊 Expand is True 的話,照理來說 expand 會變成 false,然後 countA++,接著改成顯示第二個 div。

那實際的行為呢?

實際的行為是當我們點了 Expand is True 之後,expand 還是 true,而且不只 countA++,連 countB 都 ++ 了!這代表我們放在第二個 div 的 click 也被執行了,但根本不在同一個 node 阿,連 parent 都不是。

幸好 issue 底下有作者親自出來解釋發生了什麼事情。

5.4 從 Promise 開始擴充 event loop 模型

首先，當點擊了 Expand is True 以後，執行到 event listener 的 expand=false ,countA++，而更新 DOM 的 microtask 被觸發了（比 event bubbling 還早），而 Vue 有個特性是如果 HTML 結構一樣的話會被重用，因此當我們從 expand=false 切到 expand=true 時，並不是把第一個 div 刪掉，重新建立一個，而是直接沿用原本的 div。

因此更新完以後，就等於是把 click 的 event listener 加在原本的 div 上，而此時事件冒泡才冒泡到外層的 div，而這時的 event listener 就是剛剛才加上去的，因此就被執行到了，expand 又變回 true，而 countB 也加一。

這個 bug 的根本原因有兩個，第一個是 DOM 的重用，導致在 template 中看起來不同的 div，其實是同一個（但這是 feature），而第二個原因就是 microtask 比事件冒泡還快。

而作者給出的 workaround 是在 div 上面加 key，就能避免元素的重用。

但你有沒有覺得第二個原因看起來很眼熟？不就是我們之前看的這個範例嗎：

```
<div id=container>
  <div id="box">click me</div>
</div>

<script>
 document.querySelector('#container')
    .addEventListener('click', () => {
      console.log('click container')
      Promise.resolve().then(() => {
        console.log('container promise')
      })
  })
  document.querySelector('#box')
    .addEventListener('click', () => {
      console.log('click box')
      Promise.resolve().then(() => {
```

```
      console.log('box promise')
    })
  })
</script>
```

因為 microtask 會在 callback 間被執行，所以當我們點擊 box 時，輸出是 click box,box promise,click container,container promise。這恰巧就是這個 Vue 的 bug 所碰到的狀況，也是註解中提到的：「microtask 甚至會在 event bubbling 中間執行」。

看完了 microtask 可能會有的問題以後，我們繼續看 Vue 2.7 裡面 nextTick 的實作：

```
// The nextTick behavior leverages the microtask queue, which can be accessed
// via either native Promise.then or MutationObserver.
// MutationObserver has wider support, however it is seriously bugged in
// UIWebView in iOS >= 9.3.3 when triggered in touch event handlers. It
// completely stops working after triggering a few times... so, if native
// Promise is available, we will use it:
/* istanbul ignore next, $flow-disable-line */
if (typeof Promise !== 'undefined' && isNative(Promise)) {
  const p = Promise.resolve()
  timerFunc = () => {
    p.then(flushCallbacks)
    // In problematic UIWebViews, Promise.then doesn't completely break, but
    // it can get stuck in a weird state where callbacks are pushed into the
    // microtask queue but the queue isn't being flushed, until the browser
    // needs to do some other work, e.g. handle a timer. Therefore we can
    // "force" the microtask queue to be flushed by adding an empty timer.
    if (isIOS) setTimeout(noop)
  }
  isUsingMicroTask = true
}
```

話說寫得好的註解就長這樣，用註解來說明為什麼這樣做，說明了「為什麼使用 Promise」，以及可能會碰到的問題，而不是只說「我這邊用了 Promise 喔」。

5.4 從 Promise 開始擴充 event loop 模型

根據註解，想要新增一個 microtask，可以利用 Promise 或是 MutationObserver（跟我們之前提到的一致），雖然 MutationObserver 的支援度更高，但是在 iOS 9.3.3 以上版本的 UIWebView 會有問題，因此第一優先順序改為 Promise。

而 Promise 在 UIWebView 上也不是完全沒有問題，雖然把 microtask 放進 queue 裡了，但沒有被執行，因此需要用一個空的 setTimeout 讓瀏覽器知道該做事了，才會去執行 microtask。像這種應該也屬於 UIWebView 本身的 bug，這邊只是加個 workaround。

接著我們來看一下如果沒有 Promise 的話會做什麼：

```
else if (
  !isIE &&
  typeof MutationObserver !== 'undefined' &&
  (isNative(MutationObserver) ||
    // PhantomJS and iOS 7.x
    MutationObserver.toString() === '[object MutationObserverConstructor]')
) {
  // Use MutationObserver where native Promise is not available,
  // e.g. PhantomJS, iOS7, Android 4.4
  // (#6466 MutationObserver is unreliable in IE11)
  let counter = 1
  const observer = new MutationObserver(flushCallbacks)
  const textNode = document.createTextNode(String(counter))
  observer.observe(textNode, {
    characterData: true
  })
  timerFunc = () => {
    counter = (counter + 1) % 2
    textNode.data = String(counter)
  }
  isUsingMicroTask = true
```

如果沒有 Promise 可以用，就退而求其次用 MutationObserver，在註解裡面一樣有紀錄許多會有 bug 的環境。而 MutationObserver 的用法就是新增一個

textNode，然後去監聽文字的改變，如果有需要新增一個 microtask，就去改變它的文字，就會觸發 callback 了。

最後來看看如果這兩個都沒有該怎麼辦：

```js
} else if (typeof setImmediate !== 'undefined' && isNative(setImmediate)) {
  // Fallback to setImmediate.
  // Technically it leverages the (macro) task queue,
  // but it is still a better choice than setTimeout.
  timerFunc = () => {
    setImmediate(flushCallbacks)
  }
} else {
  // Fallback to setTimeout.
  timerFunc = () => {
    setTimeout(flushCallbacks, 0)
  }
}
```

若是都沒有的話，就會退回到 setImmediate，再沒有的話才使用 setTimeout。不過 setImmediate 只有在 IE 10、11 以及舊版 Edge 中有支援而已，在現代的瀏覽器中已經不存在了（如果你有用過，很可能是在 Node.js 裡面用的，Node.js 還有這個 API）。

以上就是 Vue2 以及 Vue3 的 nextTick 實作，從這些實作的原始碼中，我們可以驗證之前所學的知識並且學以致用，例如說前面學到的 event handler 的執行順序，就正好在 Vue 的 bug 上碰到，而且透過原始碼以及官方文件，我們也可以知道 Vue 的 render 機制以及為什麼要用 nextTick。

看完了 Vue 以後，我們來看看 React。

如同剛剛所說的，現代的前端框架基本上都會有自己的更新機制，更新狀態以後哪些 DOM 要更新、什麼時候更新，都是由框架自己決定的。以 React 來說，在 2017 年時正式發佈的 React 16 新增了一個叫做 React Fiber 的機制。

在 React 中，每一個 component 都是一個 function，而需要 render 的東西就是執行 function 後的結果。當你改動了上層的 component 以後，底下所有的

component 都會跟著「re-render」，也就等於是 function 會重新被呼叫一次。要注意的是這裡的「re-render」與畫面更新是不同的，我指的只是 function 被重新呼叫，回傳新的 Virtual DOM，而接下來 React 會進一步比對前後的差異，接著才去更新 DOM。

但總之呢，重點就是「呼叫 function」這件事情一定是省不了的，因為 component 就是一個 function，你一定要呼叫 function 才知道回傳值是什麼，才知道到底要 render 什麼東西。呼叫完 function 以後，還需要把比對後的結果更新到 DOM 上面。

當你的 component 太多的時候，就會發生一個問題，那就是這些同步的指令花的時間太久，導致一次 render 花太多時間，會讓畫面變得沒反應。底下是一個極度簡化過後的範例，render 了 10 萬筆資料：

```html
<!DOCTYPE html>
<body>
  <button onclick="render()">render</button>
  <button id=counter onclick="incCounter()">counter:0</button>
  <div id="time">N/A</div>
  <div id="app"></div>

  <script>
    let count = 0
    function incCounter() {
      count++
      counter.innerText = `counter:${count}`
    }

    function render() {
      app.innerHTML = ''
      const start = performance.now()

      App().forEach(arr => {
        arr.forEach(item => {
          const element = document.createElement(item.tag)
          element.textContent = item.content
          app.appendChild(element)
```

```
      })
    })

    const end = performance.now()
    time.innerText = (end - start) + 'ms'
  }

  function App() {
    return Array(1_00_000).fill(0).map((_, index) => {
      return User(index)
    })
  }

  function User(userId) {
    return [
      UserProfile(userId),
      UserLogs(userId)
    ]
  }

  function UserProfile(userId) {
    return {
      tag: 'strong',
      content: 'User profile: ' + userId
    }
  }

  function UserLogs(userId) {
    return {
      tag: 'div',
      content: 'User logs: ' + userId
    }
  }
</script>
</body>
</html>
```

5.4 從 Promise 開始擴充 event loop 模型

畫面上有一個 counter 按鈕,每按一次 counter 就會加一,並且反映在畫面上,點幾次就是幾次,而另外一個 render 按鈕按下去以後會模擬 render 的行為,呼叫函式(component)以後再把東西新增到 DOM 上去。

如果只是點擊 counter 按鈕的話看起來沒問題,但如果點完 render 之後馬上跑去點 counter,就會發現大概會有 1 ～ 2 秒左右的時間畫面是不動的,counter 並沒有增加。這就是因為一次新增的 DOM 太多,導致 main thread 卡住,因此就沒辦法處理其他例如說點擊 counter 的事件,所以整個畫面當掉。

雖然說實際狀況下可能不會一次新增十萬個 node,但這只是模擬一個情境而已,而且在這個程式碼中其實我們做的事情已經很簡單了,實際上 React 會做的事情複雜得多。

render 造成畫面卡死一段時間,這是我們不希望看到的狀況,那應該怎麼解決這個問題呢?

既然卡死是因為阻塞 main thread,那只要不把 main thread 阻塞住就沒事了。舉例來說,我們可以把 10 萬次 render 分成 10 次,每次 10000 個,然後利用 event loop 的機制把剩下的操作放在下一次的 tick,就能空出時間讓瀏覽器執行其他 task。

底下是有修改以及新增的部分:

```
async function asyncRender(arr, count, start) {
  if (start >= arr.length) {
    return
  }
  arr.slice(start, start + count).forEach((arr) => {
    arr.forEach(item => {
      const element = document.createElement(item.tag)
      element.textContent = item.content
      app.appendChild(element)
    })
  })

  // 等待下一次 tick 的時候
  await new Promise(r => setTimeout(r, 0))
```

5 理解非同步

```
  // render 下一批資料
  return asyncRender(arr, count, start + 10000)
}

async function render() {
  app.innerHTML = ''
  const start = performance.now()

  const result = App()
  // 從同步 render 改成非同步 render
  await asyncRender(result, 10000, 0)
  const end = performance.now()
  time.innerText = (end - start) + 'ms'
}
```

改成非同步 render 的版本以後，雖然整體 render 的時間變長了，但換來的好處是在 render 時不會把 main thread 塞住，就算是按下 render 以後立刻按 counter，也能看到 counter 增加，而不是整個畫面卡住不動。

上面講這些，其實最重要的觀念就是透過把同步操作調整成非同步，就可以騰出時間讓瀏覽器做其他事情，而不是卡在這邊。而 React Fiber 就是採取類似的機制，把 render 甚至把 function call 都變成了非同步的，自己實作出了一套完整的機制。

剛剛我提供的簡單範例只是把改變 DOM 這一段變成非同步的，而在 React 中每一個 component 的 render 都是一次函式呼叫，如果 component 的層級很深，那有可能還沒到改變 DOM，光是呼叫函式就跑超久，因此連這一段也可以改成非同步的。

總之呢，React Fiber 的核心概念與我剛剛示範的類似，都只是：「把同步的操作換成非同步的」，當然 React 的底層實現更複雜，牽涉到的範圍也更廣，我們先了解核心概念就好。

5.4 從 Promise 開始擴充 event loop 模型

在剛才的範例中,我是用 setTimeout 把剩下的任務放到下一次的 tick,那在 React 裡面又是怎麼做的呢?

在 React 16.0 版本裡面,是用了一個叫做 requestIdleCallback 的 API,這個 API 專門用來執行非同步的任務,而且只會在瀏覽器有剩餘資源的時候被執行。簡單來說呢透過這個 API,可以讓瀏覽器決定什麼時候要執行這個非同步的任務。

對於沒有這個 API 的環境來說,React 則是自己實作了一套 polyfill,從程式碼[37] 註解中可以看到設計概念:

```
// This is a built-in polyfill for requestIdleCallback. It works by scheduling
// a requestAnimationFrame, storing the time for the start of the frame, then
// scheduling a postMessage which gets scheduled after paint. Within the
// postMessage handler do as much work as possible until time + frame rate.
// By separating the idle call into a separate event tick we ensure that
// layout, paint and other browser work is counted against the available time.
// The frame rate is dynamically adjusted.
```

這個 polyfill 的實作原理是先用 requestAnimationFrame 呼叫一個函式,並且把 frame 的開始時間存起來,接著利用 postMessage 的方式來新增一個非同步的 task,在執行 callback 時盡可能執行更多的工作,直到超時(超出一個 frame 的長度,如 16ms)為止。

像是這樣的策略其實就比我們剛剛的聰明很多,我們原本是固定次數分批 render,但更好的方式是動態去計算有多少時間可以執行,在可能的時間中盡可能執行多一點任務。而我們也可以看到用來新增 task 的方式是 postMessage,透過 event handler 來新增一個 task。

但 postMessage 有個壞處是必須在 window 上面綁一個 onMessage 事件,會污染到 window 的 event handler(開發者可能不會預期到這件事)。

---

[37] https://github.com/facebook/react/blob/v16.0.0/src/renderers/shared/ReactDOM-FrameScheduling.js

5 理解非同步

接著在 React 16.4.0[38] 中，因為測試相關的理由[39] 把原生的 requestIdleCallback 整個拔掉了，直接用他們之前自己模擬的版本。然後到了 React 16.7.0[40]，剛才講的 window.onMessage 被拔掉了[41]，原因跟我剛講的類似，除了會污染到以外，你在 postMessage 時如果開發者自己的網站上放了其他的 message event handler，全部都會被呼叫到，但這是沒有必要的。

拔掉之後，把這個部分改成用 MessageChannel 來實作，它的使用方式其實跟之前差不多：

```
console.log('start')
const channel = new MessageChannel();
channel.port1.onmessage = function(e) {
  console.log('callback', e.data)
}
channel.port2.postMessage('hello')
console.log('end')
```

輸出會是：start,end,callback hello，原因就是之前提過的，event listener 的處理是非同步的，因此這樣其實就等於是新增一個 task。話說順便提一下，onmessage 本來就只能透過 JavaScript 用 postMessage 觸發，因此跟以前講過的用 JavaScript 呼叫 click 不一樣，不會因為用 JavaScript 觸發事件就變成同步。

話說同樣都是 task，我們之前都是使用了 setTimeout(fn,0)，那為什麼 React 不也這樣使用呢？這是因為 setTimeout 其實有一個隱藏的限制，我們執行底下程式碼就能看出來了：

```
let prev = 0
let counter = 0
function run() {
```

---

38 https://github.com/facebook/react/blob/v16.4.0/packages/react-scheduler/src/ReactScheduler.js

39 https://github.com/facebook/react/pull/12648

40 https://github.com/facebook/react/blob/v16.7.0/packages/scheduler/src/Scheduler.js

41 https://github.com/facebook/react/pull/14234

```
  if (counter++ > 100) return
  const now = performance.now()
  if (prev) {
    console.log(now - prev)
  }
  prev = now
  setTimeout(run, 0)
}

run()
```

在這段測試的程式碼中,我們不斷利用 setTimeout 呼叫 test 並印出跟上次的差距,在這 100 次中只有前 4 次的間隔在 1ms 以內,從第 5 次開始就變成了至少 4ms,這就是著名的 setTimeout 的 4ms 限制。

這個限制有明文寫在規格[42]內:

> **quote**
>
> If nesting level is greater than 5,and timeout is less than 4,then set timeout to 4.

但如果是用 MessageChannel,就沒有這個困擾:

```
let prev = 0
let counter = 0
const channel = new MessageChannel();
channel.port1.onmessage = test
channel.port2.postMessage('')

function test() {
  if (counter++ > 100) return
  const now = performance.now()
  if (prev) {
    console.log(now - prev)
```

---

[42] https://html.spec.whatwg.org/multipage/timers-and-user-prompts.html#timer-initialisation-steps

5 理解非同步

```
  }
  prev = now
  channel.port2.postMessage('')
}
```

可以清楚看見每一次的 callback 幾乎都在 0.1ms 裡面被呼叫，速度比 setTimeout 快上許多，這就是為什麼選擇使用 MessageChannel 的原因。

而到了 React 16.9.0[43] 的時候，加上了一個實驗性[44] 的功能，把 requestAnimationFrame 也丟掉，全部都使用 MessageChannel 就好，每次只在 callback 中執行 5ms，接著就把控制權還給瀏覽器。

又過了幾個版本，在 React 16.12.0[45] 的時候，正式把 MessageChannel 扶正，並且將最早 requestAnimationFrame 的程式碼全數移除[46]。到這裡的時候，最早在 React 16.0 版本的 requestAnimationFrame 以及 requestIdleCallback 都被幹掉了，而最後這套利用 MessageChannel 的機制也一直保持到現在（React 18.2.0）。

那到底為什麼要把那兩個拔掉？MessageChannel 勝出的點在哪裡呢？

根據 React 開發者之一 gaearon 的說法[47]，requestIdleCallback 被執行的時間太晚了，會浪費很多時間，所以他們才自己用 MessageChannel 去實作 loop 的機制並且每 5ms 讓出一次資源。另一方面，從程式碼[48] 的註解中也可以看見不用 requestAnimationFrame 的原因：

---

43 https://github.com/facebook/react/blob/v16.9.0/packages/scheduler/src/forks/SchedulerHostConfig.default.js

44 https://github.com/facebook/react/pull/16214

45 https://github.com/facebook/react/blob/v16.12.0/packages/scheduler/src/forks/SchedulerHostConfig.default.js

46 https://github.com/facebook/react/pull/16672

47 https://github.com/facebook/react/issues/21662#issuecomment-859671432

48 https://github.com/facebook/react/blob/v16.12.0/packages/scheduler/src/forks/SchedulerHostConfig.default.js#L113C3-L116C77

5.4 從 Promise 開始擴充 event loop 模型

```
// Scheduler periodically yields in case there is other work on the main
// thread, like user events. By default, it yields multiple times per frame.
// It does not attempt to align with frame boundaries, since most tasks don't
// need to be frame aligned; for those that do, use requestAnimationFrame.
```

原因是大部分要執行的任務都不需要跟 frame 對齊，換句話說就是這個任務的執行是在 frame 的開頭或結束都沒差，跟 frame 沒什麼關係，但是 requestAnimationFrame 只會在 frame render 前執行，直接跟 frame 綁定了，因此他們才選擇自己實作一套機制，就可以不被 frame render 的時機所限制住。

以上就是 React Fiber 機制在實作 scheduler 時的演化過程，從最早的 requestAnimationFrame 搭配 requestIdleCallback，再到用 window.postMessage 來實作 requestIdleCallback 的 polyfill，接著把 window.postMessage 換成 MessageChannel，最後連 requestAnimationFrame 都拔掉，只剩下 MessageChannel。

相信看完這個機制的演變過程之後，應該會對上面有提到過的這些 API 更加熟悉，同時也對 React 內部的機制更加瞭解了一點。

最後我們再看兩個東西，一個是我偶然發現的，存在於 React 程式碼[49]中的雙層 requestAnimationFrame（如果忘記什麼是兩層的 requestAnimationFrame，可以翻到前面去複習）：

```
export function requestPostPaintCallback(callback: (time: number) => void) {
  localRequestAnimationFrame(() => {
    localRequestAnimationFrame(time => callback(time));
  });
}
```

函式的名稱叫做：「requestPostPaintCallback」，這名字取得不錯，安排一個 paint 完以後的 callback，大家以後需要的話可以抄起來用，同事問你取這名字的意義是什麼，你就說 React 也這樣取，不服來辯。

---

[49] https://github.com/facebook/react/blob/e373190faf3b994707f09488c1a7832f4a91e15a/packages/react-dom-bindings/src/client/ReactFiberConfigDOM.js#L1864

另一個是在 React 裡面新增一個 microtask 的程式碼[50]：

```
const localPromise = typeof Promise === 'function' ? Promise : undefined;
export const supportsMicrotasks = true;
export const scheduleMicrotask: any =
  typeof queueMicrotask === 'function'
    ? queueMicrotask
    : typeof localPromise !== 'undefined'
    ? callback =>
        localPromise.resolve(null).then(callback).catch(handleErrorInNextTick)
    : scheduleTimeout; // TODO: Determine the best fallback here.
```

如果有 queueMicrotask 就用，沒有的話就用 Promise，再沒有的話就用 setTimeout，滿簡潔的。跟 Vue 的差別在於 Vue 沒有用 queueMicrotask，而是先嘗試 Promise，沒有 Promise 的話會用 MutationObserver 當作 fallback，但是 React 則沒有。

那為什麼 Vue 不用 queueMicrotask 呢？

根據 Vue 官方[51]的說法，Vue3 的支援度是 Safari 10 以上，但是 Safari 12.2 以上才開始支援 queueMicrotask，如果切過去用 queueMicrotask 的話會是一個 breaking change，而且帶來的效益不高。

同樣地，那為什麼 React 不使用 MutationObserver 作為 fallback 呢？這個我倒是沒有查到，或許是因為 Promise 的支援度已經夠高了吧。

話說前面講到的「把同步任務拆成多個非同步任務，來避免阻塞 main thread」，其實在 setTimeout 的規格中就有一段[52]在講這個，而且給了一個很棒的範例：

---

50 https://github.com/facebook/react/blob/main/packages/react-dom-bindings/src/client/ReactFiberConfigDOM.js#L655

51 https://github.com/vuejs/core/issues/5901

52 https://html.spec.whatwg.org/multipage/timers-and-user-prompts.html

5.4 從 Promise 開始擴充 event loop 模型

```
function doExpensiveWork() {
  var done = false;
  // ...
  // 這一段最多執行 5 毫秒
  // 如果事情做完了，把 done 設成 true
  // ...
  return done;
}

function rescheduleWork() {
  var id = setTimeout(rescheduleWork, 0); // 安排下一次的任務
  if (doExpensiveWork())
    clearTimeout(id); // 如果任務結束，把 timer 清掉
}

function scheduleWork() {
  setTimeout(rescheduleWork, 0);
}

scheduleWork(); // 插入一個 task
```

這跟我們剛剛自己手寫的 async rendering 原理其實是一樣的，都是利用不斷插入 task 來讓出空間給其他任務執行。要注意的是如果用 microtask 是沒辦法的，因為 microtask 會不斷執行，因此就跟同步差不多了，沒辦法讓出空間。

那 microtask 適合用在哪些地方呢？在 queueMicrotask 的規格[53]上也給了兩個很實用的範例，第一個範例如下：

```
MyElement.prototype.loadData = function (url) {
  if (this._cache[url]) {
    this._setData(this._cache[url]);
    this.dispatchEvent(new Event("load"));
  } else {
    fetch(url).then(res => res.arrayBuffer()).then(data => {
```

---

53 https://html.spec.whatwg.org/multipage/timers-and-user-prompts.html#microtask-queuing

```
    this._cache[url] = data;
    this._setData(data);
    this.dispatchEvent(new Event("load"));
  });
  }
};
```

在 loadData 方法中,發出 load event 的時機點會因為有沒有命中快取而不同,進而造成底下程式碼的執行順序不穩定:

```
element.addEventListener("load", () => console.log("loaded"));
console.log("1");
element.loadData();
console.log("2");
```

如果有命中快取的話,順序就會是 1,loaded,2,因為 dispatch 的 event 是同步執行的。如果沒有命中,就會變成 1,2,loaded。如果想讓順序永遠都一樣的話,就只要把 dispatchEvent 包在 queueMicrotask 裡面即可,就可以永遠都是非同步的,保持順序一致。

第二個使用情境也很常見,假設我們在前端會需要發送一些事件追蹤給後端,但又不想每次產生一個事件就送一次請求,希望能夠批量處理,這時候該怎麼做呢?可以自己實作一套 queue 的機制來處理,例如說每累積 5 次事件就送出之類的,但使用 queueMicrotask,可以達到類似的效果:

```
const queuedToSend = [];

function sendData(data) {
  queuedToSend.push(data);

  if (queuedToSend.length === 1) {
    queueMicrotask(() => {
      const stringToSend = JSON.stringify(queuedToSend);
      queuedToSend.length = 0;

      fetch("/endpoint", stringToSend);
    });
```

5-102

```
    }
}
```

只要是在同一次同步的任務執行裡面產生的所有事件，都會一次送出，因為當 microtask 被執行時，代表前面同步的程式碼都跑完了，事件累積完畢。

Event loop 的規格

前面講了這麼多，最後我們進入閱讀規格的環節，一起來學習規格中的用語，以及這個機制是怎麼被描述的。由於 event loop 並不屬於 JavaScript 這個程式語言的一部分，因此是被定義在 HTML 標準之中[54]，我們先來看一下開頭：

> quote

To coordinate events,user interaction,scripts,rendering,networking,and so forth,user agents must use event loops as described in this section.Each agent has an associated event loop,which is unique to that agent.

開頭就提到說為了要協調事件、使用者互動、script、畫面渲染以及網路等等，瀏覽器必須使用 event loop，直接說明了為什麼我們需要它，以及它的目的是什麼。

接著來看下一段：

> quote

The event loop of a similar-origin window agent is known as a window event loop.The event loop of a dedicated worker agent,shared worker agent,or service worker agent is known as a worker event loop.And the event loop of a worklet agent is known as a worklet event loop.

---

54 https://html.spec.whatwg.org/multipage/webappapis.html#event-loops

5 理解非同步

主要就是在講 event loop 其實有分很多種，我們之前談的都是 window event loop，而 web worker 跟 service worker 等等也會有自己的 event loop，叫做 worker event loop，worklet 也會有 worklet event loop 等等。

再繼續往下看的話，可以看到我們前面一直在講的 task queue 的定義：

> quote
>
> An event loop has one or more task queues. A task queue is a set of tasks.
>
> Note: Task queues are sets, not queues, because the event loop processing model grabs the first runnable task from the chosen queue, instead of dequeuing the first task.
>
> Note: The microtask queue is not a task queue.

一個 event loop 可能會有多個 task queue，而 task queue 就是一個有很多 task 的 set。這邊有趣的是在規格裡面，雖然它叫做 queue，但資料結構其實是 set，原因是在拿任務的時候並不是直接把 task queue 的第一個拿出來，而是找「第一個可以執行的」，跟傳統定義的 queue 是不同的。另外，也特別標明了 microtask queue 跟 task queue 是不同的東西。

那為什麼需要有多個 task queue 呢？在規格裡面也有解釋：

> quote
>
> For example, a user agent could have one task queue for mouse and key events (to which the user interaction task source is associated), and another to which all other task sources are associated. Then, using the freedom granted in the initial step of the event loop processing model, it could give keyboard and mouse events preference over other tasks three-quarters of the time, keeping the interface responsive but not starving other task queues.

5.4 從 Promise 開始擴充 event loop 模型

允許多個 task queue 的話，那瀏覽器就可以用不同的 queue 執行不同優先級的任務。舉例來說，鍵盤跟滑鼠的事件可以放在一個 queue，其他非同步事件放在另外一個，就可以優先處理這些事件。

接著就是重頭戲啦，我們來看一下 8.1.7.3 的 Processing model，在這個章節裡面有完整描述 event loop 的工作過程，但因為是規格所以細節很多，把所有細節放上來我覺得很多讀者可能會開啟自動導航模式，直接跳過每個細節，因此我選擇把細節刪掉，只留下重點部分，推薦有興趣的讀者們自己去閱讀規格的每個細節。

除此之外，為了方便閱讀，我也自動把規格翻譯成中文了，標號的話保持原樣，方便大家對照。

event loop 必須不斷執行以下的動作：

1. 把 oldestTask 與 taskStartTime 設為 null

2. 如果 event loop 內的 task queue 有至少一個 runnable task，那：

    2-1. 根據實作自己的定義，取出一個 task

    2-3. 讓 oldestTask = task，並把 task 從 taskQueue 中移除

    2-6. 執行 task

    2-8. 執行 microtask checkpoint

3. 紀錄 taskEndTime

4. 如果 oldestTask 不是 null（代表上面有取出 task）

    4-3. 回報 long task

5. 如果 task queue 中沒有其他 runnable 的 task，那：

    5-3. 執行 start an idle period 演算法

5-105

5 理解非同步

如果覺得步驟還是太多，可以先只關注第 2 步就好，因為第 2 步就是我們不斷在提的 event loop 概念，拿一個 task 出來執行，執行完以後去看 microtask。然而，上面還是有一些細節值得研究，第一個是：「什麼是 runnable task」？

原文是這樣寫的：「A task is runnable if its document is either null or fully active.」，這個 task 關聯的 document 如果是 null 或是 fully active，就是 runnable，而 document 的 fully active 會牽涉到 iframe 以及其他概念，大家可以先想成只要我停留在這個畫面上，就叫做 fully active 就行了，因此我們前面所舉例的每一個 task，其實都是 runnable task。

再來從 2-1 我們可以看到，該怎麼從 task queue 中取出要執行的 task，規格上並沒有定義，而是交給實作自己處理，也就是說你放 task 進去 queue 的順序，並不一定等同於最後被執行的順序，是有可能不同的。

接著就是 2-8，什麼是 microtask checkpoint？由於這個又是另外一個重點，我們先暫時跳過，等等再回來看。其他步驟中，值得談的就是 4-3 的回報 long task 以及 5-3 的「start an idle period 演算法」，這兩個細節都定義在其他的規格中。

其中回報 long task 這一步，細節在 Long Tasks API 的規格 [55] 中，其中會先檢查 task 的執行時間，需要超過 50 毫秒才會回報，否則直接返回。而這些回報的數據，可以從 DevTools 中看到，也能夠自己用 JavaScript 搭配 Performance-Observer 去拿：

```
const observer = new PerformanceObserver(item => {
  console.log(item.getEntries())
})

observer.observe({
  type: "longtask",
  buffered: true
});
```

---

55 https://w3c.github.io/longtasks/#report-long-tasks

再來「start an idle period 演算法」被定義在 requestIdleCallback 的規格中[56]，其實講白一點這一步就是在閒置的時候去呼叫 requestIdleCallback 啦，因此觸發條件才會是 task queue 中沒有 task 的時候，才會跑來這邊。

不過並不是到了這一步就一定會執行 requestIdleCallback，根據規格中的定義，還是要瀏覽器覺得現在是 idle 才會執行，如果突然有別的任務或是現在你切到別的分頁，都可能會讓瀏覽器把這個任務不斷往後推，直到瀏覽器覺得有資源而且有必要執行這個任務為止。

如果扣除掉剛那些回報 long task 的部分，其實 event loop 的核心就是：

2. 如果 event loop 內的 task queue 有至少一個 runnable task，那：

    2-1. 根據實作自己的定義，取出一個 task

    2-3. 把 task 從 taskQueue 中移除

    2-6. 執行 task

    2-8. 執行 microtask checkpoint

5. 如果 task queue 中沒有其他 runnable 的 task，那：

    5-3. 執行 start an idle period 演算法

這個模型跟我們之前講的其實都差不多，而現在終於可以來看那重要的 microtask checkpoint 了。一樣為了方便說明，我會翻譯成中文並且只保留我覺得比較重要的部分：

1. 如果「正在執行 microtask」的 flag 是 true，就 return

2. 將「正在執行 microtask」的 flag 設定成 true

3. 當 microtask queue 不是空的時候，不斷執行以下步驟：

---

[56] https://w3c.github.io/requestidlecallback/#start-an-idle-period-algorithm

5　理解非同步

3-1. 把 microtask queue 的第一個 microtask 拿出來

3-3. 執行 microtask

7. 將「正在執行 microtask」的 flag 設成 false

這基本上就是我們之前所說的，只要還有 microtask 就會不斷執行，直到 microtask 是空的為止。而規格上的註解有提到說為什麼需要設定「正在執行 microtask」這個 flag，是因為 3-3 在執行任務時，有可能這些任務會呼叫到另一個叫做「clean up after running script」的步驟，而這個步驟裡面會呼叫到「執行 microtask checkpoint」，因此如果沒有這個 flag，就會重新進來一次這個步驟，所以這個 flag 是為了避免這件事情的發生。

看到這裡，我們應該能知道之前學的 event loop、task 以及 microtask 的執行順序跟關係跟規格是對的上的，代表理解正確，有學習到基本的模型是如何運作的。

然而，規格中還有兩個概念值得我們學習，我們先講第一個：巢狀 event loop。

在規格中還有一個詞叫做「spinning the event loop」，中文翻譯大概就是開始一個新的 event loop，為什麼會有這個東西呢？這是因為在久遠的 IE 時代，有個叫做 showModalDialog 的函式，它的用法非常特別。

showModalDialog 可以新開一個網頁，並且會讓程式碼「同步地」等待，直到這個新開的網頁被關閉時，才繼續往下走。大家要知道，這種同步卡住程式碼的行為，在 2025 年的今天已經非常非常少了，少數殘留的會是 prompt 這種 API：

```
let result = prompt(' 請輸入年齡 ')
console.log(result)
```

當執行到 prompt 時，網頁會跳出一個視窗讓你輸入資訊，並且把你輸入的值設定給 result，接著在下一行印出來，這就是我所講的「同步卡住程式碼，得到結果才往下走」，而 showModalDialog 則是更進一步，可以想成類似於

prompt，但是內容你可以自訂，甚至是一個網頁，等到網頁主動回傳結果，視窗才會關閉，程式碼才會繼續往下走。

這種行為跟我們現在所熟悉的 window.open 或 iframe 其實都很不一樣，因為這兩種 API 雖然也可以開一個新網頁，但是它不會阻擋程式碼繼續往下執行。

為了要把 showModalDialog 的行為也列入標準，才會有所謂的巢狀 event loop，那就是當某個任務執行到 showModalDialog 時，這個新開的網頁也有自己的 event loop，你必須等這個 event loop 整個結束，才能到下一個 tick，就像巢狀迴圈那樣，這就是為什麼會有 spinning the event loop 這個步驟。

甚至在更早期也因為這個行為，把 microtask 分成兩種，一種叫做 solitary callback microtasks，另一種叫做 compound microtask，但已經在 2019 時把這個區分拿掉了[57]，所以現在只剩下一種 microtask。

showModalDialog 這個從 IE4 誕生的 API 早就已經被廢棄了，基本上都只有超古老的版本才支援，例如說 IE11、2015 年發布的 Chrome 42 或是 2017 年發布的 Firefox 55 等等（Safari 是例外，一直到 2023 發布的 16.3 都還支援），所以在現今的瀏覽器上，這個 API 是不存在的，已經被徹底拔掉了。

在 2021 年時就有人提出既然如此，是不是可以直接把 spinning the event loop 這個概念從規格上拔除[58]，但畢竟這也牽涉到不少東西，因此現在並沒有任何進展。

總之呢，把這個概念當作歷史遺跡就好了，就當聽故事一樣稍微知道曾經有這個東西的存在即可。

第二個值得我們學習的概念比剛剛這個重要許多，那就是 window 的 event loop 除了要跑我們剛剛講的那些步驟以外，還需要平行（in parallel）執行更多操作，而這些操作都是與 render 有關的。同樣地，為了讓大家更容易理解，我會大幅簡化流程，只留下我覺得重要的：

---

[57] https://github.com/whatwg/html/pull/4437

[58] https://github.com/whatwg/html/issues/6996

5　理解非同步

1. 等到 rendering opportunity 的出現

3. 新增一個更新 rendering 的 task，會做的事情有：

   3.2. 讓 docs 是所有 fully active 的 document

   3-3. 從 docs 中刪除 visibility state 是 hidden 的 document

5. 從 docs 中刪除瀏覽器認為可以跳過這次 render 的 document

8. 對所有 docs 發出 resize 事件

9. 對所有 docs 發出 scroll 事件

14. 執行所有 docs 的 animation frame callbacks

22. 更新所有 docs 的 rendering

　　這個流程就是我們之前所提過的「畫面更新也與 event loop 有關」，因為 rendering 的更新也有被定義在 event loop 中。從規格中可以看出，除了 event loop 以外，也有另外一個流程在執行，而且必須等到有了渲染時機（rendering opportunity）的時候才能執行操作。

　　那到底什麼是渲染時機呢？基本上就是由瀏覽器決定什麼時候有空做這件事情，並且會與畫面的更新率有關。就像是以前講的，如果螢幕是 60Hz，代表 1 秒希望能更新 60 次，那最理想的狀態就是每 16.7 毫秒有一次渲染機會，就能維持這個頻率。但如果 event loop 太忙，要執行的事情太多，就很有可能沒辦法維持這個頻率。

　　當渲染時機出現時，就開始決定哪些 document 需要渲染，會刪掉一些不需要的，例如說根本看不到的，就沒必要更新。接著才有空處理一些畫面相關的事件，如 resize 以及 scroll 等等，最後就是執行利用 requestAnimationFrame 安排的 animation frame callbacks，然後更新畫面。

　　這個流程與我們之前所說的也相符，用 requestAnimationFrame 加入的 callback 會在畫面 render 前執行，然而 event loop 忙碌的時候，有可能被跳過。

小結

在這個章節裡面，我們學習了超級多與非同步有關的概念，可見這個單元有多麼重要。先是從最基本的 callback 開始，理解同步跟非同步是什麼，阻塞與非阻塞又是什麼，在 JavaScript 的世界中，兩者基本上是等價的，同步就是阻塞，反之亦然。

接著我們看到了 event loop，學習了 task 與 call stack 的概念，為什麼要有 event loop？因為有了 event loop，JavaScript 才能跟瀏覽器彼此協調溝通，一起處理同步與非同步的各種事件，把兩個東西整合在一起。而理解 event loop 對於理解非同步也至關重要，心中一定要有那個模型。

再來就談到了 Promise 以及更新的語法糖 async/await，利用 Promise 統一非同步操作，讓它們有相同的介面以及存取方式，從此以後「非同步就用 Promise」變成標準概念，再搭配上 async/await，讓程式碼的可讀性大幅增加，解決以前百家爭鳴的 callback function 時代的缺點。

而學到了 Promise 以後，也發現了我們對於 event loop 的理解其實還不成熟，因此補上了一個 microtask 的概念，補強 event loop 的模型。那為什麼我們需要 task 跟 microtask 這兩種呢？我自己認為有一部分原因是因為我們想要一個有優先順序的 task。

如果只有 task 的話，那我勢必要等下一個 tick 才能執行另一個非同步操作，但有了 microtask 以後，我可以在執行時安排更多的 microtask，而且會立即執行，不需要等待下一個 tick，提供了一種類似優先度的安排，幫助我們去執行優先順序比較高的任務。

這其實也是未來發展的趨勢，現在已經有個叫做 Prioritized Task Scheduling API 的東西，能夠對每個任務的優先順序做更加的細化，但目前的瀏覽器支援度還太差，只有 Chrome 支援而已。說不定等過幾年這個 API 穩定以後，前面所有看到自己做任務調度的程式碼，都會改成用這一組 API 來實作。

回到正題，補強完 event loop 的模型以後，聊到了 event handler 的同步與

5 理解非同步

非同步，並且開始進入 rendering 的領域，講了更新 DOM 以及畫面渲染的關係，兩者是不同步的。意思就是，更新 DOM 以後畫面並不會馬上更新，兩個操作是切開的。因此如果需要不斷更新畫面，利用 requestAnimationFrame 會比 setTimeout 適合，因為後者可能會執行太多次。

再來是我相當喜歡的環節，那就是上面講的這些非同步知識在 Vue 與 React 中的應用。目前的前端框架幾乎都有自己的 scheduler 機制，在修改狀態之後會自己找時間更新 DOM，Vue 與 React 也不例外，因此我們看到了 Vue 的 nextTick 舊的與新的實作，更從中進一步理解了 task 與 microtask 的差異到底在哪。

在 React 的部分，說明了怎麼把同步的操作切成非同步，藉此避免阻塞 main thread，讓畫面的渲染更順暢。也看了很多個 React Fiber 版本的實作，從這些實作的演化中更進一步理解到底哪些 API 適合用在 scheduler。

例如說 microtask 其實不適合，因為執行時機的關係跟同步沒兩樣，一直安排 microtask 就會一直執行，沒辦法讓出空間給瀏覽器。而 task 的話 requestIdleCallback 不適合，因為會浪費太多時間，而 requestAnimationFrame 會跟畫面的更新綁定在一起，也不適合。setTimeout 雖然在範例中很常用，但是有 4 毫秒的延遲，因此也不太好。這就是為什麼 React 最後選擇了 MessageChannel，是目前來說最穩定的做法。

在最後的最後，看了許多規格上的說明，從規格中去印證我們方才所學的知識的正確性。因為篇幅關係以及希望降低難度，省略了很多我覺得沒這麼重要的細節，如 navigable、Document、fully active、agent、realm 這些概念，它們在 spec 中很常出現，但如果想要徹底理解，又要花好大一番功夫（我自己也還沒完全理解），有興趣的讀者們可以自己深入研究。

希望看完這個章節以後，大家能對 JavaScript 的非同步機制有著更廣也更深的認識，知道為什麼需要 event loop，也知道程式碼的執行順序；在需要用到非同步時，也能選擇適合的 API。

結語

　　以上就是本書的所有內容。

　　有些書教你釣魚，讓你學習如何學習；有些書給你魚吃，直接灌輸你知識。而我比較貪心一點，想要給你魚吃，同時也教你釣魚。若是只想傳授知識，我大可直接把書中引用規格的段落全部拿掉，講結論就可以了，說不定可讀性還比較好一點。

　　但我認為拿掉是沒有幫助的，我希望大家能夠去看看規格中所寫的內容。就像我在書中提過的一樣，ECMAScript 的規格是 JavaScript 的聖經，是驗證某項知識是否正確的必經之路。不要求完全看懂，就算只是看過也好，就已經贏過大部分的人了。

　　「驗證某項知識是否正確」這件事情原本就很重要了，在 AI 時代更是如此。當我問某個人：「你怎麼知道 XXX 是對的」的時候，如果他回答：「ChatGPT 說的」，那我只會覺得這種人被 AI 取代是早晚的事情。AI 能夠幫你找資料並且給出回答，甚至也能列出參考來源，但負責驗證跟下結論的人，終究還是我們自己。

　　因此，在書中我盡量附上原本參考的資料來源，這樣碰到問題時，大家都能知道要去哪邊找答案，去哪邊驗證某個知識的真偽性。我可能會寫錯，每個人都可能會寫錯，但至少我們知道正確答案要去哪裡找。

　　書中這些 JavaScript 的知識，帶給我最大的幫助就屬自信心了。當我在工作上碰到與 JavaScript 的問題時，我會有種自信是「這我應該知道答案」，而背後自信的來源就是這些知識。知識的廣度與深度，會決定你探索的上限，有些人的上限是網路文章，查不到就算了；有些人是 MDN，而有些人則是 ECMAScript，或甚至再更深到瀏覽器的原始碼。並不是所有問題都需要探索到這麼深，但當這種問題發生時，能解決的人自然能更凸顯他的價值所在。

　　每個人都是從學習以及模仿開始的，我十年前也看過一堆文章跟我講什麼是 this，什麼是 prototype，看了很多圖，看過很多規則，但幾乎沒有一個

5 理解非同步

能真正打到我，讓我發現：「原來只是這樣而已！」，沒有得到那個所謂的「Aha!moment」。不過還是有些文章成功做到了這件事，讓我十分佩服。

這也是為什麼我一直想用別的角度切入，帶大家去認識這些概念，雖然說我知道並不是每一個讀者都能認同或是欣賞書中的觀點，但至少我盡力了，並且認為自己有帶來一些不同的視角以及知識。我自己很喜歡那種：「啊！原來是這樣」的瞬間，例如說寫到 JavaScript 是用 UCS-2，進而連結到以前台灣傳簡訊的字數上限，我自己寫到這段時有種「這個視角好讚」的感覺，同時也希望大家能跟我有一樣的感受。

最後，希望這本書能為大家帶來幫助，無論是 JavaScript 的知識也好，或是探索知識的方法等等。如果你也能喜歡這本書，那真是太好了，但沒有的話也沒關係。

若是對書中提到的段落有任何問題，可以直接在臉書上搜尋「Huli 隨意聊」私訊我，或者是到 https://blog.huli.tw/about/ 中填寫回饋表單或透過網站上所寫的 email 聯繫我。

附錄

授權條款

底下為本書有引用到的開源程式碼或文件之授權條款，按照字母排序。

ECMAScript® 2024 Language Specification

COPYRIGHT NOTICE

© Ecma International

By obtaining and/or copying this work, you (the licensee) agree that you have read, understood, and will comply with the following terms and conditions.

This document may be copied, published and distributed to others, and certain derivative works of it may be prepared, copied, published, and distributed, in whole or in part, provided that the above copyright notice and this Copyright License and Disclaimer are included on all such copies and derivative works. The only derivative works that are permissible under this Copyright License and Disclaimer are:

(i) works which incorporate all or portion of this document for the purpose of providing commentary or explanation (such as an annotated version of the document),

(ii) works which incorporate all or portion of this document for the purpose of incorporating features that provide accessibility,

(iii) translations of this document into languages other than English and into different formats and

(iv) works by making use of this specification in standard conformant products by implementing (e.g. by copy and paste wholly or partly) the functionality therein.

However, the content of this document itself may not be modified in any way, including by removing the copyright notice or references to Ecma International, except as required to translate it into languages other than English or into a different format.

The official version of an Ecma International document is the English language version on the Ecma International website. In the event of discrepancies between a translated version and the official version, the official version shall govern.

The limited permissions granted above are perpetual and will not be revoked by Ecma International or its successors or assigns.

This document and the information contained herein is provided on an "AS IS" basis and ECMA INTERNATIONAL DISCLAIMS ALL WARRANTIES, EXPRESS OR IMPLIED, INCLUDING BUT NOT LIMITED TO ANY WARRANTY THAT THE USE OF THE INFORMATION HEREIN WILL NOT INFRINGE ANY OWNERSHIP RIGHTS OR ANY IMPLIED WARRANTIES OF MERCHANTABILITY OR FITNESS FOR A PARTICULAR PURPOSE.

facebook/react

https://github.com/facebook/react/blob/main/LICENSE

MIT License

Copyright (c) Meta Platforms, Inc. and affiliates.

Permission is hereby granted, free of charge, to any person obtaining a copy of this software and associated documentation files (the "Software"), to deal in the Software without restriction, including without limitation the rights to use, copy, modify, merge, publish, distribute, sublicense, and/or sell copies of the Software, and to permit persons to whom the Software is furnished to do so, subject to the following conditions:

The above copyright notice and this permission notice shall be included in all copies or substantial portions of the Software.

THE SOFTWARE IS PROVIDED "AS IS", WITHOUT WARRANTY OF ANY KIND, EXPRESS OR IMPLIED, INCLUDING BUT NOT LIMITED TO THE WARRANTIES OF MERCHANTABILITY, FITNESS FOR A PARTICULAR

PURPOSE AND NONINFRINGEMENT. IN NO EVENT SHALL THE AUTHORS OR COPYRIGHT HOLDERS BE LIABLE FOR ANY CLAIM, DAMAGES OR OTHER LIABILITY, WHETHER IN AN ACTION OF CONTRACT, TORT OR OTHERWISE, ARISING FROM,OUT OF OR IN CONNECTION WITH THE SOFTWARE OR THE USE OR OTHER DEALINGS IN THE SOFTWARE.

ungap/structured-clone

https://github.com/ungap/structured-clone/blob/v1.2.0/LICENSE

ISC License

Copyright (c) 2021, Andrea Giammarchi, @WebReflection

Permission to use, copy, modify, and/or distribute this software for any purpose with or without fee is hereby granted, provided that the above copyright notice and this permission notice appear in all copies.

THE SOFTWARE IS PROVIDED "AS IS" AND THE AUTHOR DISCLAIMS ALL WARRANTIES WITH REGARD TO THIS SOFTWARE INCLUDING ALL IMPLIED WARRANTIES OF MERCHANTABILITY AND FITNESS. IN NO EVENT SHALL THE AUTHOR BE LIABLE FOR ANY SPECIAL, DIRECT,INDIRECT, OR CONSEQUENTIAL DAMAGES OR ANY DAMAGES WHATSOEVER RESULTING FROM LOSS OF USE, DATA OR PROFITS, WHETHER IN AN ACTION OF CONTRACT, NEGLIGENCE OR OTHER TORTIOUS ACTION, ARISING OUT OF OR IN CONNECTION WITH THE USE OR PERFORMANCE OF THIS SOFTWARE.

v8/v8

https://github.com/v8/v8/blob/main/LICENSE.v8

Copyright 2006-2011, the V8 project authors. All rights reserved.

Redistribution and use in source and binary forms, with or without modification, are permitted provided that the following conditions are met:

* Redistributions of source code must retain the above copyright notice, this list of conditions and the following disclaimer.

* Redistributions in binary form must reproduce the above copyright notice, this list of conditions and the following disclaimer in the documentation and/or other materials provided with the distribution.

* Neither the name of Google Inc. nor the names of its contributors may be used to endorse or promote products derived from this software without specific prior written permission.

THIS SOFTWARE IS PROVIDED BY THE COPYRIGHT HOLDERS AND CONTRIBUTORS "AS IS" AND ANY EXPRESS OR IMPLIED WARRANTIES, INCLUDING, BUT NOT LIMITED TO, THE IMPLIED WARRANTIES OF MERCHANTABILITY AND FITNESS FOR A PARTICULAR PURPOSE ARE DISCLAIMED. IN NO EVENT SHALL THE COPYRIGHT OWNER OR CONTRIBUTORS BE LIABLE FOR ANY DIRECT, INDIRECT, INCIDENTAL,SPECIAL, EXEMPLARY, OR CONSEQUENTIAL DAMAGES (INCLUDING, BUT NOT LIMITED TO, PROCUREMENT OF SUBSTITUTE GOODS OR SERVICES; LOSS OF USE, DATA, OR PROFITS; OR BUSINESS INTERRUPTION) HOWEVER CAUSED AND ON ANY THEORY OF LIABILITY, WHETHER IN CONTRACT, STRICT LIABILITY, OR TORT (INCLUDING NEGLIGENCE OR OTHERWISE) ARISING IN ANY WAY OUT OF THE USE OF THIS SOFTWARE, EVEN IF ADVISED OF THE POSSIBILITY OF SUCH DAMAGE.

vercel/next.js

https://github.com/vercel/next.js/blob/canary/license.md

The MIT License (MIT)

Copyright (c) 2025 Vercel, Inc.

Permission is hereby granted, free of charge, to any person obtaining a copy of this software and associated documentation files (the "Software"), to deal in the

Software without restriction, including without limitation the rights to use, copy, modify, merge, publish, distribute, sublicense, and/or sell copies of the Software, and to permit persons to whom the Software is furnished to do so, subject to the following conditions:

The above copyright notice and this permission notice shall be included in all copies or substantial portions of the Software.

THE SOFTWARE IS PROVIDED "AS IS", WITHOUT WARRANTY OF ANY KIND, EXPRESS OR IMPLIED, INCLUDING BUT NOT LIMITED TO THE WARRANTIES OF MERCHANTABILITY, FITNESS FOR A PARTICULAR PURPOSE AND NONINFRINGEMENT. IN NO EVENT SHALL THE AUTHORS OR COPYRIGHT HOLDERS BE LIABLE FOR ANY CLAIM, DAMAGES OR OTHER LIABILITY, WHETHER IN AN ACTION OF CONTRACT, TORT OR OTHERWISE, ARISING FROM, OUT OF OR IN CONNECTION WITH THE SOFTWARE OR THE USE OR OTHER DEALINGS IN THE SOFTWARE.

vuejs/core

https://github.com/vuejs/core/blob/main/LICENSE

The MIT License (MIT)

Copyright (c) 2018-present, Yuxi (Evan) You and Vue contributors

Permission is hereby granted, free of charge, to any person obtaining a copy of this software and associated documentation files (the "Software"), to deal in the Software without restriction, including without limitation the rights to use, copy, modify, merge, publish, distribute, sublicense, and/or sell copies of the Software, and to permit persons to whom the Software is furnished to do so, subject to the following conditions:

The above copyright notice and this permission notice shall be included in all copies or substantial portions of the Software.

THE SOFTWARE IS PROVIDED "AS IS", WITHOUT WARRANTY OF ANY KIND, EXPRESS OR IMPLIED, INCLUDING BUT NOT LIMITED TO

THE WARRANTIES OF MERCHANTABILITY, FITNESS FOR A PARTICULAR PURPOSE AND NONINFRINGEMENT. IN NO EVENT SHALL THE AUTHORS OR COPYRIGHT HOLDERS BE LIABLE FOR ANY CLAIM, DAMAGES OR OTHER LIABILITY, WHETHER IN AN ACTION OF CONTRACT, TORT OR OTHERWISE, ARISING FROM, OUT OF OR IN CONNECTION WITH THE SOFTWARE OR THE USE OR OTHER DEALINGS IN THE SOFTWARE.

zloirock/core-js

https://github.com/zloirock/core-js/blob/v3.36.0/LICENSE

Copyright (c) 2014-2024 Denis Pushkarev

Permission is hereby granted, free of charge, to any person obtaining a copy of this software and associated documentation files (the "Software"), to deal in the Software without restriction, including without limitation the rights to use, copy, modify, merge, publish, distribute, sublicense, and/or sell copies of the Software, and to permit persons to whom the Software is furnished to do so, subject to the following conditions:

The above copyright notice and this permission notice shall be included in all copies or substantial portions of the Software.

THE SOFTWARE IS PROVIDED "AS IS", WITHOUT WARRANTY OF ANY KIND, EXPRESS OR IMPLIED, INCLUDING BUT NOT LIMITED TO THE WARRANTIES OF MERCHANTABILITY, FITNESS FOR A PARTICULAR PURPOSE AND NONINFRINGEMENT. IN NO EVENT SHALL THE AUTHORS OR COPYRIGHT HOLDERS BE LIABLE FOR ANY CLAIM, DAMAGES OR OTHER LIABILITY, WHETHER IN AN ACTION OF CONTRACT, TORT OR OTHERWISE, ARISING FROM, OUT OF OR IN CONNECTION WITH THE SOFTWARE OR THE USE OR OTHER DEALINGS INTHE SOFTWARE.